中国医学科学院医学实验动物研究所

中国实验动物学会

实验动物科学丛书 *19*

丛书总主编　秦　川

V 实验动物医学系列

实验动物医学管理

高　虹　主编

科学出版社

北京

内 容 简 介

本书侧重于实验动物医师的日常医学管理，包括三篇和附表。第一篇为实验动物规范化管理，涵盖实验动物医学管理政策法规、生物医学研究中的动物福利、实验动物管理和使用委员会、实验动物生物安全管理、职业健康与安全管理。第二篇为实验动物健康管理，从实验动物质量监测、实验动物常见疾病管理、实验动物免疫、动物接收和检疫等方面进行了介绍。第三篇为实验动物疼痛管理，包括实验动物疼痛的医学管理、实验动物麻醉和镇痛、动物实验手术管理、实验动物仁慈终点、实验动物安乐死等内容。附表部分包括实验动物给药量、实验动物检疫内容、实验动物疼痛判定指标、麻醉药和镇痛药的建议剂量范围等内容。

本书可为实验动物饲养管理人员、实验动物医师、使用实验动物的科研人员以及研究生提供参考。

图书在版编目（CIP）数据

实验动物医学管理 / 高虹主编 . — 北京：科学出版社，2022.6
（实验动物科学丛书；19）
ISBN 978-7-03-072221-8

Ⅰ.①实… Ⅱ.①高… Ⅲ.①实验动物－管理 Ⅳ.① Q95-33

中国版本图书馆 CIP 数据核字（2022）第 077221 号

责任编辑：罗 静 刘 晶 / 责任校对：宁辉彩
责任印制：吴兆东 / 封面设计：图阅盛世

科学出版社 出版
北京东黄城根北街 16 号
邮政编码：100717
http://www.sciencep.com
北京中科印刷有限公司 印刷
科学出版社发行 各地新华书店经销

*

2022 年 6 月第 一 版 开本：787×1092 1/16
2023 年 1 月第二次印刷 印张：16 1/4
字数：385 000
定价：168.00 元
（如有印装质量问题，我社负责调换）

编写人员名单

丛书总主编: 秦　川
主　　编: 高　虹
编写人员 (以姓氏拼音为序):
　　　　白　玉　北京诺和诺德医药科技有限公司
　　　　陈国元　中国科学院分子细胞科学卓越创新中心
　　　　杜春燕　郑州大学
　　　　高　虹　中国医学科学院医学实验动物研究所
　　　　郭新苗　北京万合科技有限公司
　　　　韩　雪　北京维通利华有限公司
　　　　贾六军　中国医学科学院阜外医院
　　　　孔　琪　中国医学科学院医学实验动物研究所
　　　　李　垚　上海交通大学
　　　　刘　津　埃列高生物科技服务 (上海) 有限责任公司
　　　　卢选成　中国疾病预防控制中心
　　　　乔　颖　北京亦赛生物技术有限公司
　　　　魏　强　中国医学科学院医学实验动物研究所
　　　　肖　冲　中国医学科学院医学实验动物研究所
　　　　严　安　中华人民共和国北京海关
　　　　于　品　中国医学科学院医学实验动物研究所
审稿人员:
　　　　王建飞　庞万勇　李　秦

丛　书　序

实验动物科学是一门新兴交叉学科，它集成生物学、兽医学、生物工程、医学、药学、生物医学工程等学科的理论和方法，以实验动物和动物实验技术为研究对象，为相关学科发展提供系统的生物学材料和相关技术。实验动物科学不仅直接关系到人类疾病研究、新药创制、动物疫病防控、环境与食品安全监测和国家生物安全与生物反恐，而且在航天、航海和脑科学研究中也具有特殊的作用与地位。

虽然国内外都出版了一些实验动物领域的专著，但一直缺少一套能够体现学科特色的丛书，来介绍实验动物科学各个分支学科和领域的科学理论、技术体系和研究进展。

为总结实验动物科学发展经验，形成学科体系，我从 2012 年起就计划编写一套实验动物丛书，以展示实验动物相关研究成果、促进实验动物学科人才培养、助力行业发展。

经过对丛书的规划设计后，我和相关领域内专家一起承担了编写任务。本丛书由我担任总主编，负责总体设计、规划、安排编写任务，并组织相关领域专家，详细整理了实验动物科学领域的新进展、新理论、新技术、新方法。本丛书是读者了解实验动物科学发展现状、理论知识和技术体系的不二选择。根据学科分类、不同职业的从业要求，丛书内容包括 9 个系列：Ⅰ实验动物管理系列、Ⅱ实验动物资源系列、Ⅲ实验动物基础系列、Ⅳ比较医学系列、Ⅴ实验动物医学系列、Ⅵ实验动物福利系列、Ⅶ实验动物技术系列、Ⅷ实验动物科普系列和Ⅸ实验动物工具书系列。

本丛书在保证科学性的前提下，力求通俗易懂，融知识性与趣味性于一体，全面生动地将实验动物科学知识呈现给读者，是实验动物科学、医学、药学、生物学、兽医学等相关领域从事管理、科研、教学、生产的从业人员和研究生学习实验动物科学知识的理想读物。

丛书总主编　秦　川　教授
中国医学科学院医学实验动物研究所所长
北京协和医学院比较医学中心主任
中国实验动物学会理事长
2019 年 8 月

前　言

实验动物是生命科学、医学创新研究的重要组成部分和可持续发展的重要支撑，是创新型国家战略资源之一，对保障人类健康、食品安全、生物安全等也都具有重要的战略意义。随着现代科学尤其是生命科学与技术的迅猛发展，实验动物已被广泛用作替代人类去获取与生命健康息息相关的各种科学实验、产品质量检定、环境检测等数据的重要工具，被称为"活的试剂"，几乎所有生命科学领域内的科研、生产、教学、检定、安全评价和成果评定都离不开实验动物。

实验动物医学(laboratory animal medicine)是专门研究和阐明实验动物疾病的诊断、治疗和预防及其在生物医学领域中应用的科学。"实验动物科学丛书"中的实验动物医学系列包括"实验动物疾病"和"实验动物医学管理"两个方面的内容。本次编写的是该系列的第二册。

实验动物医师(laboratory animal veterinarian)是从事实验动物疾病预防、诊断和治疗，以及实验动物护理和动物福利相关工作的人员，要求具有兽医学背景且经过实验动物医学的相关培训从事实验动物管理、疾病诊断防治、动物繁育等工作。他们的职责是确保实验动物的健康和福利，并支持高质量的动物实验研究。实验动物医师系列分为实验动物助理医师、实验动物医师和实验动物高级医师。随着我国实验动物科学和动物实验的迅速发展，对实验动物医师的需求越来越大，其责任也越来越大。

本书侧重于实验动物医师的日常医学管理，包括三篇和附表。第一篇实验动物规范化管理，涵盖实验动物医学管理政策法规、生物医学研究中的动物福利、实验动物管理和使用委员会、实验动物生物安全管理、职业健康与安全管理。第二篇为实验动物健康管理，从实验动物质量监测、实验动物常见疾病管理、实验动物免疫、动物接收和检疫等方面进行了介绍。第三篇为实验动物疼痛管理，包括实验动物疼痛的医学管理、实验动物麻醉和镇痛、动物实验手术管理、实验动物仁慈终点、实验动物安乐死等内容。附表部分包括实验动物给药量、实验动物检疫内容、实验动物疼痛判定指标、麻醉药和镇痛药的建议剂量范围等内容。

参加本书编写的作者有 10 余位，来自中国医学科学院医学实验动物研究所、中国医学科学院阜外医院、上海交通大学、郑州大学、中国科学院分子细胞科学卓越创新中心、中国疾病预防控制中心、中华人民共和国北京海关、北京诺和诺德医药科技有限公司、北京万合科技有限公司、北京维通利华有限公司、埃列高生物科技服务（上海）有限责任公司、北京亦赛生物科技有限公司等单位，均是长期从事实验动物工作的实验动物医师，有着非常丰富的实验动物疾病诊断、治疗和防治的经验。

本书可为实验动物饲养管理人员、实验动物医师、使用实验动物的科研人员及相关专业研究生提供参考。

高　虹
2022 年 5 月

目　　录

第一篇　实验动物规范化管理

第二篇　实验动物健康管理

第三篇　实验动物疼痛管理

第一篇
实验动物规范化管理

第一章　实验动物医学管理政策法规

实验动物医学（laboratory animal medicine，LAM）是研究实验动物疾病诊断、治疗、预防、控制，在动物实验过程中减少实验动物疼痛、不适、痛苦，以及鉴别可能影响动物实验研究因素的一门学科，是实验动物学和动物医学的交叉科学。实验动物医学培养出来的专业技术人员，为了区别于一般的兽医师而定名为实验动物医师。实验动物医师（laboratory animal veterinarian，LAV）是从事实验动物疾病预防、诊断和治疗，以及实验动物护理和动物福利相关工作的专业技术人员。

实验动物机构的实验动物医师负责人（机构总兽医师）对应美国《实验动物饲养管理和使用指南》中的主治兽医（attending veterinarian，AV）或欧洲的任命兽医（designated veterinarian，DV），就是对机构内所有实验动物的健康和福利负责的实验动物医师。一个实验动物机构可以有多个实验动物医师，但实验动物医师负责人（机构总兽医师）一般为一位。

实验动物福利（laboratory animal welfare）是人类保障实验动物健康和快乐生存权利的理念及其提供的相应外部条件的总和。实验动物伦理（laboratory animal ethics）是人类对待实验动物和开展动物实验所需遵循的社会道德标准及原则理论。实验动物医师、实验动物机构负责人、实验动物管理和使用委员会（Institutional Animal Care and Use Committee，IACUC）一起被视为实验动物福利伦理管理三位一体的核心要素。

实验动物医学管理（laboratory animal medicine management）是基于科学原则和实验动物福利要求，诊断和处理实验动物现存的或潜在的健康问题，以保障实验动物健康和福利的过程。实验动物医学管理通常包含欧美国家所称的"兽医护理"和"设施管理"。实验动物医学管理是实验动物管理和使用计划的重要组成部分，涉及每只实验动物的生命健康，涵盖了实验动物管理和使用的各个方面。

本章主要对国内外实验动物医学管理发展史及其相关的法规体系和标准体系进行了梳理，介绍实验动物医师和实验动物管理人员的资质及能力要求，目的是希望读者对国内外的实验动物医学管理进展及其相关政策法规和标准有所了解，根据工作需要，有针对性地学习并遵守实验动物管理法规和标准。

第一节　实验动物医学管理发展史

一、引言

实验动物是生命科学、人类健康和生物医药等众多领域的重要支撑条件，广泛应用于医学、药学、中医药、畜牧兽医、生物学等领域的科研、生产、检定和教学。1902年，世界公认的第一种实验动物品系 C57BL 小鼠，由美国哈佛大学的卡斯特培育而成。1909

年，卡斯特的学生李特培育出了第一个近交系——DBA 小鼠。中国最早使用实验动物是从 1918 年北平中央防疫处齐长庆博士饲养小鼠开始。1919 年，谢增恩博士捕捉野生地鼠鉴定肺炎球菌。1944 年，中国从印度引入英国出口的 Swiss 小鼠，并培育成至今中国广泛使用的昆明小鼠。

伴随着实验动物的出现和普及，实验动物医学及医学管理应运而生。有组织的实验动物医学起源于第二次世界大战后生物医学研究的显著增加。在此之前，实验动物学研究不需要大量实验动物医学专业人员参与实验动物医学管理。随着生物医学研究增加，实验动物机构认识到他们有责任为实验动物提供兽医护理。具有实验动物饲养和疾病专业背景的实验动物医师开始参与监督实验动物管理和使用项目。

实验动物医学管理是动物医学在实验动物管理领域的具体实践，强调实验动物健康和福利的改进。实验动物医学管理将实验动物医学、兽医学和动物科学应用于实验动物的获取及其管理、营养、繁殖和疾病等，还包括减少和预防研究中动物疼痛或痛苦的方法、识别影响动物实验研究中的复杂因素。其主要内容包括实验动物采购和运输、疾病防治和监测、临床护理和管理、外科手术和术后护理、疼痛和痛苦、麻醉和镇痛、安乐死等，甚至还可能包括实验动物环境设施的管理，以保障实验动物健康和福利。

从实验动物医师的工作内容来看，实验动物医学管理可以分为狭义和广义之分。狭义的实验动物医学管理是利用实验动物医学的技术方法来管理实验动物健康和福利，具体包括动物保定、体检和样本采集、临床病理学检查、疾病治疗、预防保健、生产繁殖、外科手术、安乐死及其他管理技术。

广义的实验动物医学管理不局限于实验动物疾病的预防、诊断和治疗，以及实验动物护理和动物福利相关工作，还涉及影响实验动物健康和福利的其他领域，包括实验动物生物学、实验动物医学史、实验动物法规标准、动物实验技术、人畜共患疾病、生物性危害因素、动物模型、实验动物遗传监测等，以及实验动物饲养、生物安全、实验动物行为学、实验动物遗传学、实验动物生理学、动物实验监管、动物模型开发、毒理学动物实验、实验动物病理学和实验动物外科学等领域。

实验动物医师必须有足够的权限开展设施、人员、设备和服务相关的实验动物医学管理，以满足实验动物的需求。这些包括但不限于：合法采购；适应和检疫；适当的动物房、饲养、营养和运动需求；每日健康检查和报告；疾病和伤害的预防、监测、响应；饲料垫料供应；紧急护理；虫害控制；对野生或外来动物的抓取和保定方法。

实验动物医师必需是 IACUC 的成员，应该在实验动物医学和科学领域有专门的培训和（或）经验。实验动物医师担任从实验动物饲养管理到识别和缓解疼痛、痛苦等问题的专家。科研人员应该在方案起草期间利用实验动物医师的专业知识，并在整个方案审查和实施过程中与其进行协商。许多 IACUC 要求实验动物医师对如何正确使用麻醉剂、镇痛药和安乐死方法提供咨询。实验动物医师至少应参与实验动物管理和使用最终方案的审查及批准。

实验动物医师与 IACUC 密切合作，促进对批准的实验动物研究方案进行批准后监测，以及每日监测所有动物护理和兽医护理计划的操作。实验动物医师在识别和预防职业健康及人畜共患病方面发挥着关键作用。实验动物医师必须与管理人员和安全专家紧密合作，制定标准操作程序（SOP），以减轻或消除职业健康风险因素。实验动物医师在培训动物护理人员及临床支持人员方面发挥着作用。培训应包括但不限于动物采购、运输、个体识别、处理、饲养、预防性医疗、实验动物医学管理、镇静和麻醉。

经验丰富的实验动物医师是实验动物设施管理团队的重要成员，应参与讨论涉及动物项目方案和动物饲养设施的问题。设施建设、笼具购买、饲养设备等可直接或间接影响动物健康和福利，或增加疾病传播风险。

二、中国实验动物医学管理发展史

中国实验动物医学教育开始于 1980 年，在北京举行高级实验动物科技讲习班，邀请时任美国马里兰州立大学医学院比较医学系主任的徐兆光博士授课，标志着实验动物医学培训的开端。从 1985 年起，北京农业大学（现中国农业大学）先后招收三届实验动物学本科专业学生，标志着实验动物学教育的开端。这批学生成为中国实验动物领域的第一批实验动物专业人才，也是实验动物领域的骨干力量。

1987 年，中国实验动物学会的成立，标志着实验动物学作为一个学科得到国家认可。中国实验动物管理由国家科技部主管，各省（自治区、直辖市）科技主管部门主管本地区的实验动物工作，国务院各有关部门负责管理本部门的实验动物工作。各省（自治区、直辖市）实验动物管理办公室对违反动物福利和相关法律法规、国家标准的行为进行处罚，包括吊销许可证、禁止开展实验动物相关活动等。

随着中国实验动物科学与技术的迅速发展，以及对实验动物质量、福利、伦理等方面的要求不断提高，实验动物医师的职责越来越明确。中国实验动物学会于 2016 年 12 月 14 日在北京成立实验动物医师工作委员会，主要开展有关实验动物医学方面的学术交流、技术咨询和实验动物医师的资格认定与考评，以及相关的科研、教学、培训、宣传等工作。中国实验动物学会实验动物医师工作委员会在 2017 年颁布了《中国实验动物学会实验动物医师专业水平评价实施细则》。我国参考欧美国家实验动物医学会的 Diplomate [经考试或审查合格的专科（兽）医师] 制度，结合我国《执业兽医管理办法》和《中华人民共和国执业医师法》、团体标准《实验动物 从业人员》（T/CALAS 1），将实验动物医师分为实验动物助理医师、实验动物医师和实验动物高级医师。根据该标准规定，经过专业培训，中国实验动物学会对于符合实验动物医师资质条件的数十位实验动物医师颁发了实验动物医师证书。2019 年 8 月，中国实验动物学会给 19 名从事实验动物疾病预防、诊断、治疗的实验动物医师颁发了实验动物高级医师证书。

三、国外实验动物医学管理发展史

（一）美国实验动物医学管理发展史

美国是国外实验动物医学管理发展较早的国家。1946 年，美国芝加哥大学的兽医师内森·R. 布鲁尔（Nathan R. Brewer）博士和西北大学的阿瑟·罗森伯格（Arthur Rosenberg）博士在波士顿举行的美国兽医协会（AVMA）会议上展示了实验性胃肠外科手术中犬的术前和术后护理问题，引发了其他几位兽医对实验动物医学的兴趣。1949 年，芝加哥地区的五家机构都有实验动物医师负责其机构的实验动物医学管理。芝加哥大学的内森·布鲁尔（N.R. Brewer）、伊利诺伊大学的伊莱休·邦德（Elihu Bond）、西北大学的班尼特·科恩（Bennett Cohen）、阿贡国家实验室的罗伯特·弗林（Robert Flynn）、赫克托恩医学研究所的罗伯特·施罗德（Robert Schroeder）等兽医师定期开会讨论实验动物医学管理问题。

1950 年 11 月 28 日，75 名对实验动物护理和管理感兴趣的专业人员在芝加哥大学开会，组建了动物护理小组（ACP）。随着 ACP 发展壮大，于 1967 年更名为美国实验动物学会（AALAS），成员扩展到所有从事实验动物工作的其他学科技术人员和科学家。

尽管实验动物医师在 ACP 的起源中发挥了重要作用，但仍然希望有一个专门从事实验动物医学的组织。1957 年 2 月 18 日，在内森·布鲁尔博士的领导下，美国实验动物医学委员会在美国伊利诺伊州成立。成立后申请成为美国兽医协会（AVMA）新专业委员会，成为第三个被美国兽医协会认可的兽医学分支专业（截止到 2021 年，有 22 个分支专业）。

美国实验动物医学会（ACLAM）主要探索建立实验动物医学领域专门培训，并在 1964 年提出了实验动物医学培训课程通用教学大纲。通过 ACLAM 认证考试的兽医师将获得专科兽医师即 Diplomate 证书。其目标与 1958 年首次提出的目标保持一致：鼓励实验动物医学的教育、培训和研究；建立实验动物医学专家资格的培训和经验标准；通过适当的认证和其他方式进一步认可这些合格的专家。经过完整的实验动物住院兽医师培训（2～4 年）或有 6 年及以上实验动物兽医师工作经验，同时有一篇在同行评阅杂志上发表的、与动物相关的文章，则兽医师有资格参加认证考试。

20 世纪 60 年代中期，美国约翰斯·霍普金斯大学医学院开始对兽医科研人员进行比较医学和病理学方面的培训。分子和比较病理生物学系（前身为比较医学系）获得了首批 NIH 兽医研究生培训补助金，在实验动物医学方面的强化培训同由杰出科学家指导的研究相结合。

（二）英国实验动物医学管理发展史

1947 年，英国医学研究委员会成立了实验动物局，以制定动物生产的国家标准，使商业生产者能够更好地满足实验动物使用者的需求。在威廉·莱恩 - 皮特（William Lane-Petter）的领导下，该局远远超出了这一职责范围，开创了"实验动物学"这一新学科，并成为国际知名的标准化实验动物生产商。英国医学研究委员会实验动物局（后来更名为"实验动物中心"）和威廉·莱恩 - 皮特在将实验动物生产和供应的全球标准系统化方面做了很多工作，如促进了国际实验动物科学理事会（ICLAS）的成立。

（三）其他国家实验动物医学管理发展史

1991 年，日本 250 名实验动物医师发起成立日本实验动物医学协会（JALAM），后来改称日本实验动物医学会（JCLAM），跟欧美等国家的实验动物医学会名称一致，并认证了 65 名实验动物专科兽医师。1996 年，在欧洲实验动物学会联合会（Federation of European Laboratory Animal Science Associations，FELASA）第 6 届论坛期间，欧洲一些实验动物医学家在比利时布鲁塞尔成立欧洲实验动物医学协会（ESLAV）。ESLAV 的一个专家组在 1999 年创建了欧洲实验动物医学会（ECLAM）并获得欧洲兽医专家委员会（EBVS）的临时认可，并在 2008 年得到 EBVS 的正式认可。

2005 年，美国、欧洲、日本和韩国的实验动物医学会组建"国际实验动物医学会联合会（IACLAM）"，截止到 2021 年，已经有 5 家会员单位（包括印度实验动物医学会）。IACLAM 通过认证实验动物专科兽医师，发展教育，整合教育资源，发展有关该领域的知识，并作为合作伙伴促进 3R（替代、减少、优化）原则，尤其是加强兽医在优化动物实验中的作用。欧洲实验动物医学会欢迎美国、日本和韩国的专科兽医师加入，授予"临时"欧洲专科兽医师称号，与欧洲专科兽医师享有相同的权益。日本实验动物医学会亦有相似的举措。世界范围已有近十个国家建立了实验动物医学会，对实验动物医师进行培训和资质认证。实验动物医师多数是在兽医学的基础上，经过实验动物医学专业知识培训和专门考核，成为实验动物专科兽医师。

第二节　政策法规中对实验动物医学管理的要求

一、引言

国际上不同国家对实验动物管理和立法有不同的特点，但在保障实验动物福利和保证实验动物质量两个方面具有共识。实验动物医学管理是实验动物管理的核心内容，是保障实验动物福利和实验动物质量的关键因素。

实验动物对于我们理解生物学、医学、兽医学等学科是不可或缺的，并有助于发现和开发现代医学实践中使用的几乎所有人类及动物保健产品和技术。使用实验动物开展动物实验，应充分考虑动物的利益，善待动物，防止或减少动物的应激、痛苦和伤害，尊重动物生命，制止针对动物的野蛮行为，采取痛苦最少的方法处置动物；动物实验方法和目的符合人类的道德伦理标准及国际惯例等。

多年来，实验动物医学专业不断发展，可以提供实验动物繁殖、管理和动物福利方面，以及实验设计和方法学方面的专业知识。实验动物医师还可为制定实验动物护理、使用、设施与环境的国家标准提供指导。

根据实验动物相关法律、法规和管理制度的要求，善待实验动物应实施规范的福利伦理审查，按照实验动物福利伦理的原则和标准，对使用实验动物的必要性、合理性和规范性进行专门审查。每个实验动物机构均应设立 IACUC，以负责本机构的实验动物福利伦理审查和监管，受理相应的举报和投诉。

实验动物机构必须赋予实验动物医师足够的权限，包括管理所有实验动物和兽医护理方案相关资源。实验动物医师应执行国家有关实验动物医学管理相关的法规和标准要求，并定期与 IACUC 沟通，接受相关知识和技能培训等继续教育。

二、中国实验动物医学管理的法规要求

1982 年，召开第一次中国实验动物大会后，中国开始建立国家及各行业部门实验动

物管理体系。科技部等部委相继出台了《实验动物管理条例》《实验动物质量管理办法》《实验动物许可证管理办法》等政策法规，其中涉及实验动物医学管理相关的实验动物疫病防控、质量控制等内容。

自 1988 年以来，国家科学技术委员会（现科技部）、卫生部（现卫生健康委员会）、农业部（现农业农村部）等七部委发布了包括《实验动物管理条例》（国家科学技术委员会令第 2 号）在内的 20 多项部门规章，内容涉及实验动物的质量、机构、设施、运输、安全、人员、职业健康、福利、IACUC 等。

1988 年，国家科学技术委员会颁布的《实验动物管理条例》（国家科学技术委员会令第 2 号）第六章规定，实验动物工作单位应当根据需要，配备科技人员和经过专业培训的饲育人员，其中科技人员包括实验动物医师。实验动物从业人员需要熟练掌握操作规程，爱护实验动物，不得戏弄或虐待实验动物。包括实验动物饲养人员和实验动物医师在内，直接接触实验动物的工作人员必须定期体检，患传染病者不宜承担实验动物工作。对必须进行预防接种的实验动物，应当根据实验要求或者按照《中华人民共和国动物防疫法》的有关规定，进行预防接种，但用作生物制品原料的实验动物除外。实验动物患病死亡的，应当及时查明原因，妥善处理，并记录在案。

《实验动物管理条例》的内容包括：根据实验动物的微生物状态对实验动物进行分类；检疫和传染病控制；提供合适的动物房；饲养和繁殖设施；合格的员工；使用经过认证的动物品种和品系；限制实验动物的进出口；安全可靠的动物运输；质量监控和准确的文件记录；职业健康和安全；违反规定的处罚等。所有实验动物进入目的建筑或实验室前，均需进行传染病控制隔离检疫，实施相关疫苗接种计划和传染病控制政策。该条例在2011 年、2013 年、2017 年和 2021 年进行了四次修订。其中 2021 年的修订，加强了全链条管理过程中各个重点节点的管控，健全了生产、运输、使用和废物处置各环节的监管措施。

1997 年 12 月 11 日，由国家科学技术委员会条件财务司发布的《实验动物质量管理办法》（国科发财字〔1997〕593 号）规定从事动物实验和利用实验动物生产药品、生物制品的单位需要申请实验动物使用许可证，并符合以下条件：实验动物饲育环境及设施符合国家标准；有经过专业培训的实验动物饲养和动物实验人员；具有健全有效的管理制度；有关法律、行政法规规定的其他条件。未取得实验动物使用许可证的单位，进行动物实验和生产药品、生物制品所使用的实验动物，一律视为不合格。不过，在政府职能改革过程中，部分省（自治区、直辖市）已经将实验动物管理下放到地方政府，个别省（自治区、直辖市）已取消实验动物许可证制度。

2006 年 9 月 30 日，由科技部颁布的《关于善待实验动物的指导性意见》（国科发财字〔2006〕398 号）规定实验动物生产单位及使用单位应设立实验动物管理委员会。实验动物应用过程中，应将动物的惊恐和疼痛减少到最低限度。使用实验动物进行研究的科研项目，应制定科学、合理、可行的实施方案。该方案经实验动物管理委员会批准后方可组织实施。使用实验动物进行动物实验应有益于科学技术的创新与发展；有益于教学及人才培养；有益于保护或改善人类及动物的健康、福利，或有其他科学价值。

《关于善待实验动物的指导性意见》提倡 3R 原则，并要求每个机构建立一个 IACUC 或伦理委员会来监督他们的动物管理和使用计划；描述了动物福利的五个方面，包括一般要求、饲养、实验、运输和实施措施。具体而言，该指南提到了以下内容：空间允许（允许自然行为）、环境丰富；为大型动物提供锻炼机会，如非人灵长类动物（NHP）和犬类；促进替代方法的开发和实施，以尽量减少动物的恐惧和痛苦；保定和保定装置；仁慈终点；人道安乐死（不在其他动物面前）。实施措施包括行政许可、IACUC 方案执行前批准和人员培训。

北京市、湖北省、云南省、江苏省、黑龙江省、广东省和吉林省等陆续为实验动物立法，并发布了一些管理法规。每个省（自治区、直辖市）的实验动物立法内容大同小异，基本上可以分为实验动物的生产与使用管理、实验动物质量检测与检疫、监督检查、生物安全与实验动物福利、法律责任等内容。以北京市为例，《北京市实验动物管理条例》由北京市人民代表大会常务委员会在 1996 年 10 月 17 日发布实施，2004 年 12 月 2 日和 2021 年 7 月 30 日进行了修订，是我国第一部实验动物管理地方法律。该条例要求北京市从事实验动物工作的单位，应当组织从业人员进行专业培训，合格后方可上岗；动物实验环境设施应当符合相应实验动物等级标准的要求，使用合格的饲料、笼具、垫料等用品；从事动物实验的人员应遵循替代、减少和优化的原则进行实验设计，使用正确的方法处理实验动物等。

三、国外实验动物医学管理的法规要求

欧美发达国家基本上在 20 世纪 50～70 年代先后开始对实验动物立法管理，近几十年又在不断加以完善和改进。

（一）美国实验动物医学管理法规

美国是实验动物医学管理法规较为健全，且具有代表性的发达国家。实验动物医学管理的核心是实验动物健康和福利管理。大多数美国实验动物机构必须遵守两个主要法规：《动物福利法》（AWA，1966 年制定）和《人道管理和实验动物使用的公共卫生服务政策》（PHS 政策，最初于 1985 年颁布）。

《动物福利法》提出制定犬、猫、非人灵长类、兔、豚鼠和仓鼠等动物的饲养、运输和"适当的实验动物医学管理"等标准，要求在实验动物医学事务中要有实验动物医师的参与，从而推动了实验动物管理和福利的改善。1978 年，美国食品药品监督管理局（FDA）颁布了《药物非临床研究质量管理规范》，对实验动物的疾病诊断、治疗、防治等提出了实验动物医学管理相关要求。

美国农业部植物卫生检验署（APHIS）负责监督 AWA 的执行。AWA 涵盖实验动物医学管理，包括对旨在最大限度减少或防止实验动物疼痛或痛苦的研究的监督和实施指南。所有温血动物物种都受 AWA 监管，但为科学目的饲养的小鼠、大鼠、鸟类和用于农业研究的农场动物除外。自 1970 年以来，实验动物医学管理规定就存在于 AWA 之下；1985 年，增加了对犬的运动和确保非人灵长类动物心理健康的要求。实验动物机构每年

向 APHIS 提交自查报告，APHIS 也会突击检查。如果违反 AWA 的要求，APHIS 会对实验动物机构给出罚款、刑事诉讼、取消实验动物使用资格等处罚措施。

美国国立卫生研究院（NIH）的 PHS 政策是面向 NIH 资助科学研究的实验动物医师护理标准。美国 PHS 政策适用于所有获得联邦 PHS 拨款的研究机构，内容涵盖所有脊椎动物，而不局限于温血动物。实验动物机构必须每年向联邦管理者提供以下资料：动物福利书面保证；其遵守 PHS 政策描述；更新年度报告；及时报告所有不合规事件；其他问题。不遵守 PHS 政策可能会导致该机构部分或所有研究项目的联邦资金被撤销。

美国 PHS 政策的实施依赖于《实验动物饲养管理和使用指南》（以下简称《指南》），该指南是 1963 年首次发布的一个实验动物管理标准，2011 年颁布第 8 版。PHS 政策要求研究机构使用该指南作为制定和实施涉及动物研究的项目方案的基础。在该指南的范围内，实验动物医师被授予对任何实验动物的福利负有不容置疑的责任，包括在实验期间的所有时间、在其生命的各个阶段，并有权开出治疗处方或要求安乐死。

实验动物医师具有整个实验动物生物学方面的广博知识，以及在比较医学、病理学、分子生物学和其他生物医学领域提供的专门研究培训经历。由于他们在实验动物医学方面的独特训练和专业知识，因此除了参与科学家的研究活动之外，通常还需要解决各种动物资源相关问题。通常要有一名实验动物医师成为 IACUC 成员，指导审查动物项目方案，就规程的制定与研究人员进行磋商，监督动物的日常观察并提供医疗服务。

随着实验动物物种研究扩展，对具有犬、猫、猕猴和其他常见实验动物物种专业知识的实验动物医师的需求将会增加。实验动物医师应熟悉以上实验动物疾病的全面知识，并根据工作需要接受高级专业知识培训。

（二）欧盟实验动物法规

2010 年，欧盟颁布《用于科学目的的动物保护欧共体条例（2010/63/EU）》，要求实验动物饲育公司、供应商和实验动物使用机构应随时能够提供一系列的实验动物医学管理。欧盟制定了为每个动物育种机构、供应商和使用机构提供实验动物医学专业知识的实验动物医师培训要求。

欧盟委员会、欧洲实验动物学会联合会（FELASA）等陆续发布了《用于实验及其他科学目的的脊椎动物保护欧洲公约》（ETS123）、《动物设施与护理指南》《欧盟保护实验动物新指令》《欧盟化妆品替代动物实验法规》等法规。

《用于实验及其他科学目的的脊椎动物保护欧洲公约》适用于任何用于实验或其他科学操作中的动物，并且这些操作会对动物产生疼痛、不安或长期伤害；不适用于任何非实验或临床兽医实践；鼓励开发科学研究的新方法，但是这种新方法必须可以获得与该公约所规定的实验方法同样的结果。在实验过程中，对动物引起的疼痛、痛苦、不安和持续的伤害要降低到最低程度。实验结束后，可选择实验动物安乐死或继续饲养。

在德国《动物保护法》中，实验动物被归类为用于实验目的、进一步教育和培训，或用于物质、产品或生物体的生产、制备、储存或繁殖，以及满足法律要求的动物，并因此受到不同程度的严格监管。在瑞士，对活体动物实施的所有此类措施都有相似的要求。

（三）日本实验动物法规

日本实验动物医学管理方面的法规，主要包括日本政府、日本实验动物学会等发布的《动物爱护及管理法》《实验动物饲养及保育标准》《关于大学等使用实验动物的注意事项》《动物处理方法指南》《动物实验指导方针》《实验动物安乐死规则》等。

日本政府于 1973 年颁布法律《动物爱护及管理法》以规范研究、测试和教育中动物的使用，其中第 11 条描述了为科学目的使用动物时的措施。该法律规定了防止虐待动物、合理地对待动物及其他关于保护动物的事项；要求在国民中树立爱护动物的传统，增加尊重生命、友爱、和平的文化素养，同时规定管理动物的有关事项。该法律规定动物是有生命的机体，任何人都不许随意杀死、伤害、虐待动物。不仅如此，考虑人类和动物的共存性，还应该了解动物的习性并正确地对待动物。

（四）其他国家实验动物法规

英国、加拿大等发达国家发布了《防止虐待动物法》《科研用动物居住和管理操作规程》《动物（科学实验）法》《动物设施中的健康与安全规定》等法规。1986 年，英国发布的《动物（科学实验）法》是为了保护科学研究中所使用的实验动物而制定的。主要原则是要求研究人员开展实验动物项目之前，需要获得个人和项目许可证，以及执行动物实验时所需的设施许可证。该法案指出，任何使用这些动物的科学实验都可能引起伤害、痛苦或永久性伤害，所以在进行动物实验前必须获得许可。个人许可证列出了个人在允许使用实验动物时需要掌握的技术。每当研究人员需要使用一项新的技术时，许可证中必须增补。项目许可证发给项目负责人。申请时，要求写清项目的科学目的、需要使用的动物数量和种类、需要对实验动物进行哪些操作，以及可能造成的动物疼痛、痛苦与伤害。设施许可证发给实验动物设施管理人员，需要保障实验动物设施的正常运行。英国内务部设立动物福利官员，检查各项许可证的运行情况是否符合动物福利法案的要求。

韩国于 1991 年颁布《动物保护法》，主要侧重于防止虐待伴侣动物，简单地规定了减轻实验动物疼痛和实施安乐死的条件。2008 年，韩国颁布《实验动物法》，规范了对动物实验伦理、动物设施的管理，包括建立动物实验操作委员会，其职能类似于 IACUC。2016 年，韩国颁布《动物研究方案审查指南》，内容包括根据动物痛苦、啮齿动物的仁慈终点、啮齿动物安乐死方法和其他审查方案标准对疼痛水平进行分类。啮齿类动物的仁慈终点由动物观察频率点、动物观察评分、动物观察和观察员培训的职责、IACUC 在选择仁慈终点中的作用、研究主题指南等内容组成。啮齿动物的安乐死方法被描述为可接受的、条件可接受的和不可接受的三类。

第三节　实验动物医学管理标准化要求

一、引言

实验动物医学管理相关的标准最早由国际实验动物科学理事会（ICLAS）、世界动物卫生组织（OIE）等国际组织发布，被国际上多数国家采纳。

我国自 1987 年卫生部发布医学实验动物的标准以来，至今已经发布了 200 多项实验动物领域标准。按照标准发布机构不同，可分为国家标准、行业标准、地方标准、团体标准和企业标准。国家标准主要规范实验动物行业基本活动，包括实验动物质量控制、健康监测、引种、品系命名和动物福利等方面。行业标准主要规范行业特色的实验动物活动，如规范非人灵长类动物饲养、进出口检疫等。地方标准主要规范具有地方特色的实验动物工作，如小型猪等。团体标准由中国实验动物学会组织制定，主要为了规范和引领实验动物行业发展的需要。

二、中国实验动物医学管理标准化要求

（一）国家标准

成立于 2005 年的全国实验动物标准化技术委员会（SAC/TC 281）已发布 87 项国家标准。实验动物医学管理相关国家标准涵盖饲料生产、健康监测、质量控制、引种、品系命名和安乐死等内容。以《实验动物 动物实验通用要求》（GB/T 35823）、《实验动物福利伦理审查指南》（GB/T 35892）为例，分别规范动物实验和福利审查，这些内容多涉及实验动物医学管理的内容。

《实验动物 动物实验通用要求》（GB/T 35823）制定的目的是规范我国动物实验，旨在对动物实验的管理要求、技术要求、过程控制和质量保证等方面的内容进行规范化管理。该标准规定了 IACUC 审查、动物实验室管理、实验条件、实验动物质量、基本技术操作规范、实验记录与归档等 6 个方面的原则性要求，适用于从事动物实验的各类机构。实验条件部分规定了动物实验的环境设施、饲养笼具、仪器设备、饲料营养、垫料、饮水、安全防护等内容。基本技术操作规范部分规定了实验动物获取、运输、隔离检疫、保定、麻醉和镇痛、术后护理、仁慈终点、安乐死和废弃物处理的有关要求。这些技术操作基本上都是实验动物医师的主要职责和必备的专业技能。

《实验动物 福利伦理审查指南》（GB/T 35892）是我国第一部实验动物福利伦理的国家标准，已经被《四川省实验动物质量管理办法》等政府部门文件所引用，广泛用于我国实验动物机构开展实验动物生产使用活动中动物福利审查。该标准规定了实验动物生产、运输和使用过程中的实验动物福利伦理审查及管理的要求，包括审查机构、审查原则、人员资质、设施条件、医师职责、动物来源、技术规程、动物饲养、动物使用、职业健康与安全、动物运输、审查程序、评审规则、文件和档案的技术要求，适用于实验动物福利伦理审查及其质量管理。

（二）团体标准

中国实验动物学会实验动物标准化专业委员会（1998 年成立）专门负责团体标准制修订工作。中国实验动物学会已发布 98 项团体标准，其中涉及实验动物医学管理的团体标准包括《实验动物 动物实验报告指南》（T/CALAS 5）、《实验动物 动物实验生物安全通用要求》（T/CALAS 7）、《实验动物 教学用动物使用指南》（T/CALAS 29）、《实验动物 安乐死指南》（T/CALAS 31）等。

《实验动物 动物实验报告指南》（T/CALAS 5）主要参考英国实验动物 3R 中心（NC3R）的《动物研究：体内实验报告指南》（ARRIVE 指南）编制而成。标准制定的目的是通过科学地指导动物实验设计、结果分析和实验报告的质量，使动物实验报告的科学性和信息量最大化，有效地减少实验动物的使用数量，最大限度地避免不必要的研究。值得注意的是，该标准并不适合所有的动物实验研究，需要使用者结合研究实际需要有选择地采用部分条款。

《实验动物 动物实验生物安全通用要求》（T/CALAS 7）规定了动物实验生物安全相关的实验动物质量要求、从业人员资格、动物实验要求、风险评估和风险控制、安全管理的通用要求。动物实验涉及的所有方面，包括动物、病原、试剂、操作等都应预先知道，并识别可能的危害。根据危害程度，提出风险评估，采取风险控制措施，是生物安全的核心工作，也是实验动物医师的重点工作范围。

《实验动物 安乐死指南》（T/CALAS 31）规定了实验动物安乐死的原则性要求，包括实施安乐死的基本原则、实施背景、仁慈终点、药物选择、常用方法等。该标准已经转化为国家标准。安乐死是需要实验动物医师指导或完成的工作，是保障实验动物福利的一个主要措施。

（三）行业标准和地方标准

国家农业农村部、国家林业和草原局等部委发布了十多项关于动物检疫、SPF 禽类、猕猴饲养管理、动物福利等行业标准，基本上都是实验动物医学管理的内容，如国家林业和草原局发布的《猕猴属实验动物人工饲养繁育技术及管理标准》（LY/T 1784）。国家质量监督检验检疫总局发布的《进出境实验动物现场检疫监管规程》（SN/T 2366）和《进境非人灵长类实验动物指定隔离场建设规范》（SN/T 3992）的内容涵盖了实验动物饲养管理和隔离检疫等工作。

三、国外实验动物医学管理标准化要求

（一）国际标准

国际实验动物科学理事会（ICLAS）、世界动物卫生组织（OIE）等国际组织发布了实验动物法规或标准。国际实验动物科学理事会的出版物包括《国际实验动物科学理事会实验动物技术人员教育和培训指南》《世界卫生组织 / 国际实验动物科学理事会在发展中国家建立实验动物机构指南》《小鼠遗传监测手册》《大鼠遗传监测手册》等。

世界动物卫生组织（OIE）在世界贸易组织（WTO）《SPS 协议》框架下制定国际动物及动物产品贸易卫生标准和规则，促进贸易发展，并发布了陆地动物福利标准，包括动物的运输、用于疾病控制目的的动物宰扑杀、研究和教育用动物的使用；水生动物福利标准包括养殖鱼类运输福利、人类消费用养殖鱼的击昏与宰杀福利要求、用于疾病控制目的的养殖鱼宰杀，里面都涉及实验动物。

OIE 国际标准 *Terrestrial Animal Health Code* 第七章《关于科研教学中使用实验动物》规定了实验动物福利基本要求。OIE 的规定中指出，使用实验动物必须考虑到动物在科

研教学中的动物福利及 3R 原则。不同国家应根据自身的文化、宗教及社会背景调整使用动物的管理体系，但应以此指南为基本原则。实验动物医师在实验动物饲养繁殖和动物实验中具有举足轻重的作用，因其独特的技能成为科研团队中必不可缺的角色。

（二）美国标准

美国联邦政府、美国实验动物学会等发布的《犬、猫饲养，护理，治疗，转运细则》《豚鼠和仓鼠的人道处理、护理、治疗和运输规范》《非人灵长类动物的人道主义护理、治疗和运输标准》《对犬、猫、兔、大鼠、豚鼠、非人灵长类和海洋中的哺乳动物以外的恒温动物的人性化饲养、管理、处理和运输的实施细则》《美国政府关于在检测、研究和培训中脊椎动物的使用和管理原则》《实验动物饲养管理和使用指南》（第 8 版）等。

1963 年，美国国立卫生研究院（NIH）发布《实验动物设施和管理指南》，其中的一项基本要求就是必须为动物提供充分的实验动物医学管理。2011 年修订的《实验动物饲养管理和使用指南》（第 8 版）涵盖以下主题领域：①关键定义概念，包括适用性，简要回顾人道护理中的道德原则和实验动物的使用；②阐明动物管理和使用计划的基本知识、监督结构、安全要求及培训要求；③实验动物的环境、设施和管理要求；④实验动物医学管理；⑤实验动物设施设计和设施运营。这本指南被国际实验动物机构和同行广泛接受，也是美国 PHS 政策执行及国际实验动物评估和认可委员会（AAALAC）开展实验动物机构认证的主要标准依据。

（三）日本标准

日本环境部于 2006 年发布了《实验动物护理和管理及减轻疼痛标准》。日本科学委员会于 2006 年发布了《动物实验行为指南》。在日本，这些指南中没有特别提出 IACUC 中需要实验动物医师。日本的指南中描述了一些有关实验动物福利的问题，如无病无伤、通过麻醉和镇痛减轻疼痛、建立仁慈终点等。《实验动物饲养及保育标准》要求实验动物从业人员要努力理解实验动物生理、生态、习性等，在饲养和实验时爱惜动物，并负责任地管好动物；同时也要尽力防止实验动物对人类的伤害，以及对人类生活环境的污染。

《动物处理方法指南》规定了动物的常规处理方法，要求动物处理人员尽可能使用能使动物意识丧失、不感痛苦的方法，以及可使动物心肺机能不可逆性停止的化学的或物理的方法。这些方法应被社会认可。

《动物实验指导方针》是在医学及医学相关的生物学研究领域，为正确地取得动物实验结果，制定的动物实验设计及实施指南；在充分斟酌研究目的的基础上，得到必要的并且充分的数据所不可缺少的范围内设计动物实验方案；应探讨有关实验实施的必要条件，选择质量合格的实验动物，对外来动物进行隔离检疫，正确地标记、固定、麻醉和术后护理实验动物。

第四节　实验动物医师职责及培训

实验动物医师（laboratory animal veterinarian）是从事实验动物疾病预防、诊断和治疗，以及实验动物护理和动物福利相关工作的人员。《实验动物 从业人员》（T/CALAS 1）标准中将实验动物医师分为三个级别，即实验动物助理医师（assistant laboratory animal veterinarian，ALAV）、实验动物医师（laboratory animal veterinarian，LAV）、实验动物高级医师（senior laboratory animal veterinarian，SLAV）。

一、实验动物医学教育与培训

（一）中国实验动物医学教育与培训

中国实验动物学会提供实验动物医师岗位培训机会，并开展实验动物医师资质认证。也可以通过中国实验动物学会建立的实验动物和动物实验人员资格等级培训平台（http://www.calas-edu.com.cn/）获得培训资料。

2019 年，在上海举行"实验动物医师岗位培训班"，内容包括实验动物医师在动物福利伦理中的重要角色、实验动物健康监测及疾病控制和净化、常见实验动物的饲养管理、实验动物的麻醉镇痛、生物风险评估和职业健康安全等。

2020 年，中国实验动物学会医师工作委员会举办"实验动物医师系列培训"，内容包括啮齿类实验动物疾病监测计划制定、实验猕猴医学管理、常见疾病及其对福利和科研的影响等。

（二）国外实验动物医学教育与培训

美国实验动物住院医师培训方式包括工作实践（示例）、研讨会、教师授课、技能培训和定向研究等；也可学习专门用于实验动物学培训的电子图书馆和课程，通过美国实验动物医学会（ACLAM）组织的考试之后成为实验动物专科兽医师（DACLAM）。ACLAM 认证了 1000 多名 DACLAM，其中 600 多名活跃在实验动物医学领域。

根据 PHS 政策的最低要求，那些负责饲养、喂养和护理所用动物的人，以及将要对活体动物进行操作的人都需要接受培训。实验动物科学培训的传统课程至少应包括以下内容：法规、特定物种的生物学特征、生理学、解剖学、遗传学、健康与疾病、职业健康、外科手术、卫生保健等。

PHS 政策规定了 IACUC 组成，以及每种类型成员所需的一般培训和专业背景。具体包括：实验动物医师和其他专业技术人员，如病理学、影像学和行为学专业人员；实验动物护理人员，如实验动物医师和饲养人员；研究团队，包括主要研究人员、研究主管、技术人员、博士后、学生和客座科学家；IACUC 其他关键人员，如机构管理人员、职业健康与安全专业人员，需要经过培训才能成功发挥作用。动物项目方案中也可能"直接或间接地"涉及许多其他类型的人员，最好的方法是确保这些人员得到适当的培训。

二、实验动物医师主要职责

对在生物医学研究中使用的实验动物进行实验动物医学管理，其目标是保障实验动物健康和福利。实验动物医师对实验动物项目中所有实验动物的日常健康和福利负有最终责任。这些职责的范围可参见《实验动物饲养管理和使用指南》。美国《实验动物福利法》

（AWA）规定，在研究中使用动物、展示动物、批发销售或商业运输动物的每个机构都必须有实验动物医学管理计划。APHIS 要求每个获得许可和注册的设施的法人提供书面的实验动物医学管理计划。

根据实验动物管理法规和标准的规定，实验动物医师职责一般包括动物科研中动物福利的提高与监管、动物身心状态监测，此外，实验动物医师对动物福利的评价具有一定的权利及责任。在动物使用与管理体系中，实验动物医师对动物研究中仁慈终点的确定和实施具有极为关键的作用，有责任和权利实施安乐死，以保证动物受到较小的疼痛。

（一）IACUC 管理

实验动物医师是 IACUC 的必需成员，并且应在实验动物医学领域进行专门培训。实验动物医师也是实验动物医学领域专家，涉及从动物饲养到识别和缓解痛苦。在方案制定过程中，科学家应利用实验动物医师的专业知识，并在方案审查和实施过程中与实验动物医师进行协商。实验动物医师应参与最终方案的审查和批准。

实验动物医师与 IACUC 密切合作，以促进动物研究方案的批准后监测，以及所有动物护理和兽医护理计划操作的日常监测。在 IACUC 审查中，实验动物医师负责监督手术计划，并确保创建动物模型的外科医生具有适当的资格和进行程序培训，包括无菌技术。实验动物医师为维护的每个物种定义社会和环境丰富的最佳条件。实验动物医师提供指导并参与对照顾或使用动物的人员的培训，包括处理、固定、麻醉、镇静、疼痛管理、术前和术后护理以及安乐死。

（二）设施管理

经验丰富的实验动物医师是管理团队的重要成员，应参与涉及动物护理计划和动物饲养设施问题的讨论。设施建设、笼具购买、研究人员购买的设备等，可能直接或间接影响动物的健康和福利，或增加疾病传播的风险。实验动物医师可以就有关实验动物管理和使用的各种事项提供咨询。

动物的适当饲养和设施管理对于动物福利、研究数据的质量、使用动物的教学或测试计划、人员的健康和安全至关重要。应考虑到动物的正常、生理和行为需求，以及特定的社会互动。动物必须能够在通风良好的情况下保持清洁和干燥，并且可以方便地获取食物和水。噪声应尽可能小，因为它可能对不同的动物产生不同的影响。犬、猪和非人灵长类动物等吵闹的物种应该远离啮齿动物、兔和猫等安静的物种。

（三）行为管理

实验动物设施一般由动物笼具和动物房组成，包括饲养笼具、供水设备、环境丰富化产品等，并根据实验动物的需要进行更改。社会环境必须考虑到动物与其物种的其他成员（同种）进行社会互动的需要，并了解它们的正常社会行为。将实验动物分组时，应考虑动物群体密度、空间、动物间熟悉程度和社会等级等因素。

实验动物行为活动包括运动认知活动和社交互动。实验动物应该有机会展示物种典型活动。其活动不应被强迫或限制其他行为，应以研究目标为导向。

（四）饲养管理

应根据实验动物的特殊要求，饲喂可口、未受污染且营养充足的饲料。动物应该可以方便地获得干净、未受污染的饮用水。应每天检查自动饮水装置以确保它们正常工作。应定期监测饮用水的 pH、硬度和微生物或化学污染物。垫料应满足特定物种的需要，并应在换笼期间保持动物干燥。在产前和产后期间不应进行频繁的换笼。保持动物房内的卫生条件有利于动物健康，具体取决于确保动物健康环境所需的条件。

（五）群体管理

良好的动物识别和记录保存很重要，应包括动物来源、品系、研究人员的姓名和房间号以及方案编号。任何类型的实验操作都应清楚记录。在研究中记录动物遗传背景的标准化命名法很重要。实验动物医师应提供指导，以确保适当的处理、保定、镇静、镇痛、麻醉和安乐死，且为动物手术和术后护理提供监督与指导。有效的隔离可以最大限度地减少病原体进入已建立的动物群体的机会。实验动物医师应制定评估新接收动物的健康状况和病原体状态的工作流程。

（六）健康和疾病监测

实验动物医师在职业健康和人兽共患病的识别及预防中起着关键作用。必须与项目负责人密切合作，制定标准操作程序，以减轻或消除职业健康风险因素。实验动物医师每天对动物设施中的所有实验动物进行观察。实验动物医师通常在接到动物发病报告的同一天，对动物进行检查。根据身体检查的结果，结合必要的实验室检测，进行临床诊断和处治。

实验动物医师必须采用适当的方法进行疾病监测和诊断。应及时报告动物的意外死亡、疾病、痛苦或其他异常迹象，以确保适当和及时地提供兽医医疗护理。预防或减轻疼痛是实验动物医学管理的一个组成部分。不同动物物种对疼痛的反应各不相同。安乐死是使动物迅速失去知觉而没有痛苦地死亡。影响安乐死的主要因素包括：可靠性、不可逆性、失去意识的时间、物种和年龄限制、与研究目标的兼容性、对人员的安全和情绪影响。

实验动物医师负责在任何时间及生命的各个阶段为研究、测试、教学和生产中使用的所有动物提供健康和临床护理。实验动物医师还有权对任何动物进行治疗、从实验中移除并采取适当措施减轻严重的疼痛或痛苦，包括安乐死。

三、实验动物医师资质要求

（一）中国实验动物医师资质要求

中国实验动物学会对实验动物医师开展资质认证和技能培训工作。具体由中国实验动物学会实验动物医师工作委员会根据《实验动物 从业人员》团体标准和《中国实验动物学会实验动物医师专业水平评价实施细则》，负责实验动物医师的资质认定和技能培训工作。

1. 实验动物医师的基本要求

（1）遵守实验动物相关法律法规。

（2）受过相应的专业教育和培训。

（3）符合实验动物从业人员健康要求。

（4）获得实验动物从业人员岗位证书。

2. 实验动物医师的工作年限及考试要求

（1）实验动物助理医师：具有兽医学相关专业专科以上学历的人员，从事实验动物工作 1 年以上，通过实验动物医师 C-1 类考试。

（2）实验动物医师应需具备下列条件之一：①获得实验动物助理医师证书或国家执业助理兽医师证书后，从事实验动物工作 2 年以上，通过实验动物医师 C-2 类考试；②具有兽医学相关专业本科及以上学历或获得国家执业兽医师后，从事实验动物工作 1 年以上，通过实验动物医师 C-2 类考试。

（3）实验动物高级医师：获得实验动物医师证书后，继续从事实验动物工作 3 年以上，通过实验动物医师 C-3 类考试。

3. 实验动物医师的能力要求

（1）实验动物助理医师需具备下列能力要求：①了解实验动物学及相关学科基础知识；②了解实验动物福利、伦理和法规相关知识；③熟悉实验动物疾病的诊断、监测、预防和治疗；④掌握实验动物保定和操作、安死术以及其他方法。

（2）实验动物医师需具备下列能力要求：①掌握实验动物学及相关学科基础知识；②掌握实验动物福利、伦理和法规相关知识；③掌握实验动物疾病的诊断、监测、预防、治疗；④监督指导实验动物保定和操作、安死术以及其他方法。

（3）实验动物高级医师需具备下列能力要求：①掌握实验动物学及相关学科基础知识；掌握实验动物福利、伦理和法规相关知识；对实验动物疾病进行诊断、监测、预防、治疗、处置及相应措施；②监督指导实验动物相关操作；③为实验动物研究人员提供专业指导及培训。

我国实验动物医师资质参考了兽医和医师的有关要求。兽医分为执业助理兽医师和执业兽医师，兽医类专科及以上学历即可申请执业兽医师考试，考试内容相同，只是执业助理兽医师和执业兽医师的达标分数不同。我国医师资格分为助理医师资格和医师资格，要求具有高等学校医学专科学历或者中等专业学校医学专业学历，在医师指导下，在医疗、预防、保健机构中试用期满一年的，可以参加执业助理医师资格考试。具有下列条件之一的，可以参加执业医师资格考试：①具有高等学校医学专科学历，获得助理医师资格证书后，在医疗、预防、保健机构中工作满 2 年；具有中等专业学校医学专业学历，在医疗、预防、保健机构中工作满 5 年。②具有高等学校医学专业本科以上学历，在医师指导下，在医疗、预防、保健机构中试用期满 1 年。

（二）国外实验动物医师资质要求

美国实验动物医师一般都是执业兽医并接受了实验动物相关物种医学培训。例如，通过美国实验动物医学会的认证考试，可成为 DACLAM。申请美国实验动物医学会考试的条件：毕业于美国兽医协会认证的兽医学院或已取得同等学力的兽医在实验动物领域工作至少 6 年或参加完实验动物住院兽医师培训课程，有一篇发表在同行评阅杂志上的和动物相关的科研论文，通过资格审查方可参加考试。

美国有兽医和兽医辅助人员。美国兽医是指具有兽医学学位或同等学力，获得从业执照，可单独进行诊断、处方、药品及器械分发和外科手术等兽医操作的人员。美国兽医辅助人员是指辅助兽医完成各项工作的、未经过正规大学教育的兽医从业人员，根据受教育程度不同，分为兽医助手、兽医技术员和兽医技师。

兽医助手是指学历、知识、技术达不到兽医技术员或兽医技师水平而充当兽医、兽医技术员及兽医技师完成日常活动的人，他们可能有高中培训、社区学院单科学历证明或通过远程教育系统学习经历，多数是经过兽医或兽医技师的培训或技术指导，一般负责笼具清洁、动物饲养和训练、协助处理动物、日常活动登记等工作。

兽医技术员是指大学预科，美国社区学院毕业后2～3年，经美国兽医协会兽医认证项目认证的人员。认证项目主要包括指导动物处置、动物看护方法、对动物正常及非正常生命进程规律的认识、常规实验室操作和临床操作程序等，他们在持照兽医监督下工作，除不能诊断、开处方、外科手术及各州禁止的行为外，其可从事的活动范围很大。

第五节　实验动物管理人员职责及培训

实验动物管理是包含了实验动物饲育、福利和动物实验过程的综合管理。由于实验动物从业人员多元化、实验技术快速发展，以及政策法规不断改进，实验动物管理人员面对着更多的挑战。进一步提高实验动物管理人员的能力和专业素养，成为促进学科发展的重要保障。

一、实验动物管理人员主要职责

《实验动物饲养管理和使用指南》中的机构负责人（institutional officer，IO）为该机构最高级别实验动物管理人员。其职责为对整个实验动物项目方案负责，包括实验动物医学管理的间接责任。管理人员必须确保实验动物医学管理计划符合其国家、地方法律，以及政策和法规所指示的最高质量和最高道德标准；必须确保为实验动物医学管理计划的日常运作和不可预见的情况（如疾病暴发和灾难）提供资源（如空间、人员和资金）。

实验动物管理人员有责任确保实验动物医师参加培训，确保其有能力护理动物，知识渊博且经验丰富。此外，管理人员必须确定实验动物医师或指定负责管理该程序的其他管理人员。管理人员、实验动物医师以及实验动物管理和使用委员会（IACUC）之间职责清晰，以及简洁和及时的沟通对于确保总体计划方向和动物福利至关重要。

二、实验动物管理人员资质要求

（一）中国实验动物管理人员资质要求

中国实验动物学会根据《实验动物 从业人员》团体标准对实验动物管理人员开展资质认证和技能培训工作。实验动物管理人员系列分为实验动物管理师（manager of laboratory animal resource，MAR）和实验动物高级管理师（senior manager of laboratory animal resource，SMAR）两类。

1. 实验动物管理人员工作年限要求

（1）实验动物管理师需具备下列条件之一：①具有本科学历，从事实验动物领域工作 5 年及以上，其中从事实验动物管理工作 3 年及以上，并通过实验动物管理人员 B-1 类考试；②具有管理类、生物类、医学类相关专业研究生学历（学位），从事实验动物领域工作 3 年及以上，其中从事实验动物管理工作 2 年及以上，并通过实验动物管理人员 B-1 类考试。

（2）实验动物高级管理师：具有本科及以上学历，获得实验动物管理师证书后，继续从事实验动物管理工作 3 年及以上，并通过实验动物管理人员 B-2 类考试。

2. 实验动物管理人员能力要求

（1）实验动物管理师需具备下列能力要求：①掌握实验动物科学的基础知识和常规实践操作技能；②掌握实验动物福利、伦理和法规相关知识；③掌握实验动物设施运行管理与维护的基本知识和基本技能，并具有解决常见问题的管理能力；④具有管理实验动物和技术人员及实验动物环境设施的能力，有能力对实验动物从业人员进行培训。

（2）实验动物高级管理师需具备下列能力要求：①能够运用实验动物科学的理论知识和实践操作技能组织管理实验动物繁育、保种、育种、生产供应、动物实验及实验动物质量控制等；②掌握并运用实验动物福利、伦理和法规相关知识进行相应的管理工作；③熟练掌握实验动物设施运行管理与维护知识和技能，并具有解决实际问题的组织、管理能力；④有能力对实验动物从业人员进行相关的培训、人员调配及组织实施；⑤能够承担或参与实验动物相关课题研究。

（二）国外实验动物管理人员资质要求

以美国为例，美国实验动物管理研究所（ILAM）对实验动物管理人员进行培训，通过培训获得实验动物资源认证经理（certified manager animal resource，CMAR）的认证。

1. 实验动物管理人员工作年限要求

满足表 1-1 中要求的候选人通过了动物资源考试以及 M1 和 M2 考试，将获得动物资源认证经理的身份，并且可以在名字后使用 CMAR 的缩写。

表 1-1　候选人申请条件

教育程度	实验动物工作年限	实验动物管理经验
学士	5 年	3 年
两年制大学（AA／AS）	8 年	3 年
高中水平（HS／GED）	10 年	3 年

注：符合一种条件即可。

2. 实验动物管理人员能力要求

CMAR 认证考试涉及的一般主题领域，以及每个领域的考试问题占比具体如下。

（1）设施资源优化（20%）：①评估、规划、翻新和监测设施；②标准操作程序（SOP）；

③保护资产和人员；④灾难规划与管理。

（2）财政资源管理（10%）：①预算的编制和监督；②赠款和合同；③成本管理。

（3）实现法规遵从性（20%）：① OSHA/ 安全 / 危险品相关法规；② IACUC 相关法规；③ FDA/USDA/EPA/PHS 相关法规。

（4）动物福利管理（30%）：①饲养管理和卫生；②实验动物疾病控制和实验动物医学管理；③人员培训和事件处理。

（5）确保公众信任（10%）：①伦理思考与安乐死；②公共关系、客户服务和专业精神。

（6）人员管理（10%）：①人力资源管理；②职业发展管理。

三、实验动物管理人员培训

（一）中国实验动物管理人员培训

中国实验动物学会在国内完整地定义了实验动物管理师的概念，形成了较为完整的课程体系。中国实验动物学会举办该类培训并逐步开展管理师的水平评价工作。实验动物管理师课程体系包括 6 个模块：行业现状与机构政策法规、实验动物设施运行管理与行政管理、人力资源管理、设施中的实验动物医师管理、实验动物管理相关实验技术、舆情管理与科学普及。目前已完成近 50 个课程设计，分别邀请国内外实验动物行业专家及实验动物专业机构的管理专家授课，共同讨论实验动物管理师的职责和肩负的使命，并针对实验动物福利伦理审查、实验动物设施运行管理、人员管理及财务管理等重点问题进行集中讨论和案例研讨。

此类培训针对实验动物管理人员开展，以提高实验动物领域管理者的能力和专业素养，为规范化的实验动物使用和动物实验实施提供管理保障，为相关学科发展和经济发展提供国际先进水平的实验动物科学技术保障。

（二）国外实验动物管理人员培训

美国实验动物学会（AALAS）提供用于 CMAR 认证的管理模块测试，以及根据 6 种不同资源开发的定制管理教科书《管理培训手册》。该手册旨在作为新的管理 1（M1）和管理 2（M2）考试的参考资料，这些考试与动物资源（AR）考试一起作为 CMAR 认证的一部分。

CMAR 认证涉及一系列考试，包括由美国认证职业经理人协会（ICPM）组织安排的三项考试（3CM 考试），以及由 AALAS 提供的动物资源考试。AALAS 提供 M1 和 M2 考试，可替代 ICPM 的 3CM 考试。CMAR 持有者需两年一次重新认证和达到指定数量的继续教育学分的要求。

1. 管理技能考试

（1）认证经理（3CM）考试。

CM 考试包括管理技能 Ⅰ（CM1）：管理基础；管理技能 Ⅱ（CM2）：计划与组织；管理技能Ⅲ（CM3）：领导和控制。CMAR 考生须向 ICPM 申请参加 3CM 考试。

（2）通用管理考试（M1 和 M2）。

现代管理人员关键技能（M1）：领导、组织和控制，包括在组织内部和为组织领导（35%）；组织并充分发挥个人的作用（30%）；内外控制力（35%）。

管理挑战 - 组织结构、人力资源和财务基础（M2）：组织机构管理（30%）；人力资源管理（25%）；财务管理（45%）。

M1 和 M2 考试由 150 道选择题组成，分为三类：基础知识、分析型思维、反思性思维。

2. 动物资源考试

动物资源考试衡量考生在资源分配、管理、法规和合规性，以及与实验动物领域相关的知识和技能。考试由 150 道选择题组成，分为三类：基础知识、分析思维能力、决策能力。

参 考 文 献

北京市人民代表大会常务委员会 . 北京市实验动物管理条例 . 2004-12-2(1996-10-17 发布 , 2004 年修订).

国家科学技术部 . 关于善待实验动物的指导性意见 (国科发财字〔2006〕398 号). 2006-9-30.

国家科学技术部 . 实验动物质量管理办法 (国科发财字〔1997〕593 号). 1997-12-11.

国家科学技术部等七部委 . 实验动物许可证管理办法 (试行). (国科发财字〔2001〕545 号). 2001-12-5.

国家科学技术委员会 . 实验动物管理条例 (国家科学技术委员会令第 2 号). 2017-3-1(1988-11-14 发布 , 2011 年、2013 年、2017 年三次修订).

吉林省人民代表大会常务委员会 . 吉林省实验动物管理条例 . 2016-11-17.

日本政府 . 1973. 动物爱护及管理法 (法律 . 第 105 号). 1973-10-01.

GB/T 35823—2018. 实验动物 动物实验通用要求 .

GB/T 35892—2018. 实验动物 福利伦理审查指南 .

GB/T 39646—2020. 实验动物 健康监测总则 .

LY/T 1784—2008. 猕猴属实验动物人工饲养繁育技术及管理标准 .

RB/T 173—2018. 动物实验仁慈终点评审指南 .

SN/T 2366—2009. 进出境实验动物现场检疫监管规程 .

SN/T 3992—2014. 进境非人灵长类实验动物指定隔离场建设规范 .

T/CALAS 5—2017. 实验动物 动物实验报告指南 .

T/CALAS 6—2017. 实验动物 动物实验偏倚评估指南 .

T/CALAS 7—2017. 实验动物 动物实验生物安全通用要求 .

T/CALAS 29—2017. 实验动物 教学用动物使用指南 .

T/CALAS 31—2017. 实验动物 安乐死指南 .

T/CALAS 74—2019. 实验动物 小鼠和大鼠学习记忆行为实验规范 .

T/CALAS 75—2019. 实验动物 小鼠和大鼠情绪行为实验规范 .

American Association for Laboratory Animal Science. 2016. LATG Training Manual. https: //www. aalas. org/store/detail?productId=7200468.

American Veterinary Medical Association. 2020. AVMA Guidelines for the Euthanasia of Animals: 2020 Edition. https: //www. avma. org/KB/Policies/Documents/euthanasia. pdf.

Animal Welfare Act and Regulations. 2017. https: //www. aphis. usda. gov/animal_welfare/downloads/AC_ BlueBook_AWA_FINAL_2017_508comp. pdf.

Applied Research Ethics National Association (ARENA) and Office of Laboratory Animal Welfare (OLAW, formerly OPRR). 2014. Institutional Animal Care and Use Committee Guidebook. 3rd Edition. http: //grants. nih. gov/grants/olaw/guidebook. pdf.

Cardon AD, Bailey MR, Bennett BT. 2012. The Animal Welfare Act: from enactment to enforcement. J Am Assoc Lab Anim Sci, 51(3): 301-305.

CIOMS-ICLAS. 2012. International Guiding Principles for Biomedical Research Involving Animals. 2012-12. https: //media-01. imu. nl/storage/iclas. org/5197/cioms-iclas-principles-final. pdf.

Dobutsu J. 1979. ICLAS recommendation of guidelines for education and training of laboratory animal technicians (author's transl). Experimental Animals, 28(1): 95-119.

Good Laboratory Practices for Nonclinical Laboratory Studies. 2010. CRF 21, Part 58, Subparts A-K. https: // ecfr. federalregister. gov/current/title-21/chapter-I/subchapter-A/part-58 and Code of Federal Regulations EPA 40 CFT Part 160.

National Institutes of Health. 2015. Public Health Service Policy on Humane Care and Use of Laboratory Animals. https: //grants. nih. gov/grants/olaw/references/PHSPolicyLabAnimals. pdf.

National Research Council, Institute for Laboratory Animal Resources. 1997. Occupational Health and Safety in the Care and Use of Research Animals. Washington, DC: National Academy Press.

National Research Council. Institute for Laboratory Animal Resources. 2011. 8th Edition. Guide for the Care and Use of Laboratory Animals. Washington, DC: National Academy Press.

Public Health Service, US Department of Health and Human Services. Bethesda National Institutes of Health, Office of Laboratory Animal Welfare. 2015. Public Health Service Policy on Humane Care and Use of Laboratory Animals. http: //grants. nih. gov/grants/olaw/references/phspolicylabanimals. pdf.

Silverman J. 2016. Managing the Laboratory Animal Facility. 3rd Edition, Florida: CRC Press.

The European Parliament and of the Council. 2010. The Protection of Animals Used for Scientific Purposes (Directive 2010/63/EU).

Weichbrod R H, Thompson G A, Norton J N, et al. 2018. Management of Animal Care and Use Programs in Research, Education and Testing. 2nd Edition. Florida: CRC Press.

World Organisation for Animal Health (OIE) . 2014. Terrestrial Animal Health Code. 23rd Edition: 79-108.

第二章　生物医学研究中的动物福利

实验动物福利是社会、经济发展到一定阶段的产物。本章简要介绍了实验动物使用背后的三个重要伦理理论：契约主义、实用主义和动物权利主义。其中涉及实验中使用的动物物种的选择、效益评估和利害平衡原则、3R 原则等。基于伦理的考量，世界各国制定了一系列的法律法规以保障实验动物的福利，而具体到研究项目的决策权，往往由伦理委员会或实验动物管理和使用委员会（IACUC）负责。在实际工作中，实验动物医师应高度重视人性化饲养管理、环境丰富化、麻醉和镇痛、仁慈终点的选择和安乐死等重要的动物福利问题。

第一节　动物伦理和动物使用

在当今社会，一个人有权对动物做什么，不同的人有不同的看法。然而，这些观点很少被仔细考虑。

一、动物伦理理论

为了更深入地理解潜在的伦理观点，我们在这里介绍三种重要的理论：契约主义、实用主义和动物权利主义。

（一）契约主义

契约主义者认为动物在道德上微不足道，或缺乏道德地位。其理由是动物不思考世界，或者动物不使用语言。契约主义者认为道德是一个契约系统，人们彼此默契地遵循契约。而动物不能签订这些合同或协议，因为它们缺乏这样做的语言和智力技能。因此，动物不是权利和义务的承担者。然而，在契约主义的观点中，动物受到伦理保护，只不过这种伦理保护是间接的。就动物研究而言，契约主义的含义如下。

在人们关心实验动物的程度上，构成道德的契约包含着对这些动物给予保护的条款。科学界应该以公众普遍同意的方式行事。显然，大多数人对猫和犬的关心超过了对小鼠的关心。对契约者来说，这意味着给猫、犬带来痛苦比给小鼠带来痛苦更令人反感。同样，非人灵长类动物可能会比其他动物得到更多的保护，因为它们的遭遇是许多人非常关心的问题。契约主义观点的一个关键优势是，它有一种内在的倾向，即捕捉公众对动物实验的态度。因此，实验动物医师在维护实验动物福利伦理时应遵守实验动物福利相关法律法规，并确保动物伦理反映公众对各种动物使用的真实感受。

（二）实用主义

根据实用主义，许多动物都具有道德地位。对于实用主义者来说，所有有知觉的生物，不管是人类还是非人类，在道德地位上是平等的。在很多情况下，我们可以在不牺牲自身福利的情况下改善动物的福利。当这些情况出现时，我们有道义上的义务去照顾动物的利益，因为我们在道德上有义务以幸福最大化的方式行事。在当代社会，我们总是倾向于把人类放在动物之上。实用主义者会认为这种倾向是根本错误的。实用主义者希望达到的最好结果，可能就是在目前的体制内提高动物福利水平。

以实验动物为例，实用主义者倾向于应用"3R原则"。3R原则要求研究人员用替代品取代现有的活体动物实验，减少使用的动物数量，改进方法以减少动物的痛苦。不难看出，从实用主义的角度来看，侵入性较小的取样技术、改进的饲养条件和使用较少动物的更精确模型被视为具有道德吸引力的措施。

在关于实验动物研究的伦理争论中，主要的冲突通常是一方面要追求人类的利益，另一方面又要避免动物的痛苦。然而，实用主义者不仅要权衡动物利益和人类利益，还要权衡不同动物之间的利益。显然，动物实验对动物和人类都有好处。事实上，现代医学和实验动物医学的许多见解都是从动物实验中得出的。在决定一项动物实验是否合乎道德时，有时必须同时考虑实验结果对动物的好处和人类希望获得的好处。这两项都可以用来抵消那些在实验中牺牲了利益的动物的成本。所有实用主义者都同意的是一种方法论观点，即动物研究中的伦理决定要求平衡我们对实验动物的伤害与我们为人类和其他动物带来的好处。实用主义是最接近当代动物福利伦理的理论，实验动物医师在工作中应遵循3R原则，对动物实验进行利害分析，以保障实验动物的福利。

（三）动物权利主义

一些动物伦理学家提出了动物有权利的观点，他们认为某些对待动物的方法是完全不可接受的。

动物有什么权利？一些动物权利主义者认为每一个有知觉的动物都有权利不被当作达到目的的手段，有知觉的动物不应该被用作追求人类目标的工具。特别是，动物不应该为人类的目的而被杀害，它们有权不被杀。很多动物权利主义的拥护者主张全面废除以动物为基础的研究（以及大多数其他形式的动物使用，包括将动物用于食品生产）。一项实验对所涉及的动物造成多大的伤害并不重要，这项实验对人类的重要性也不重要。唯一重要的是，每次用动物做实验时，它都被当作达到目的的手段。不被杀害的权利被一些动物权利的支持者视为基本权利。

实验动物医师应考虑部分动物权利主义的观点，遵循非必要不杀害实验动物的原则，废除不必要的动物实验，同时致力于改善动物的福利。

（四）三者的关系

应该清楚的是，上述三种伦理观点在很多方面都是不相容的。例如，契约主义者对大多数动物实验持宽容态度，而动物权利的倡导者则持限制性立场。即使是温和的动物权利主义者，在某些情况下，也会与实用主义的方法相冲突。假设有一个实验，它给相关的动物带来了巨大的痛苦，但很可能给许多人或动物带来重大的好处。权利主义者可能会禁止这项实验，这样我们就不会在动物身上看到这种程度的痛苦。相比之下，实用主义者可能并不反对这个实验，因为他们认为，总的来说，好处可能会超过强加给动物的痛苦。使用大鼠作为关节炎模型就是一个例证。这个模型是通过注射胶原蛋白来建立的，胶原蛋白是一种来自骨关节的物质，会导致一种自身免疫性关节炎。人们试图用止痛药减轻大鼠的疼痛。然而，由于所有可用的止痛药也直接或间接地具有抗炎作用，它们的使用可能会导致对研究产生不良干扰。因此，用于测试治疗关节炎的潜在药物的大鼠可能会遭受与人类关节炎患者相似的疼痛。

当然，这种实验会被契约主义者接受。从实用主义者的角度来看，这一实验也可以被接受，理由是对动物造成的伤害即"成本"低于对关节炎患者的潜在益处。然而，即使从一个温和的权利主义者角度来看，这个实验也是不可接受的。

在这种情况下可能出现的问题之一涉及实验中使用的动物物种的选择。动物的选择在很大程度上取决于正在进行的研究的种类或性质，但也受到研究者的经验和专业知识、机构的设施条件的影响，有时还受到公众讨论的影响。在关于物种重要性的伦理学讨论中，有两个概念特别重要：感知和社会动物尺度。感知是感知事物的能力。值得注意的是，所有的脊椎动物都符合感知的标准。对于许多无脊椎动物来说，我们仍然知之甚少，无法确定无脊椎动物是否有知觉。那么，从伦理上讲，在动物研究中，知觉作为选择物种的一个因素有多重要呢？从某种意义上说，它可能是非常重要的，无论是实用主义者还是动物权利的倡导者都重视它；甚至契约主义者也可能间接地对它感兴趣，因为有知觉的动物往往比没有知觉的动物对我们人类更重要。

对于动物物种是否重要以及有多重要的问题，有一种完全不同的处理方式。在整个人类文化中，明显存在着一种动物等级制度的观点——一种准道德秩序，赋予某些物种比其他物种更高的地位。这种层次结构被称为"社会动物尺度"。该社会动物等级的中心思想是，人们根据许多因素来评价动物物种在道德上有多重要，因此或多或少值得保护。例如，这些动物用处有多大、人们通常与它联系得有多紧密，以及它有多"可爱"；此外，还包括这种动物的危险程度，以及人们对它的看法。

在现代社会，一些伴侣动物物种，尤其是犬和猫，似乎处于社会动物等级的顶端。在其他动物中，大型食肉动物和非人灵长类动物也处于最顶端。中间是大型农场动物，如牛和猪。社会动物等级的底部是害虫或害兽，如鼠。鱼也似乎处于相当低的层次。无论如何，在用于研究的动物中有一个等级，从灵长类动物到啮齿动物和鱼类，再到昆虫和其他无脊椎动物。

社会动物等级在许多方面是基于传统和偏见的，它作为动物保护的基础饱受科学和伦理上的批评。从实用主义和动物权利的角度来看，仅仅根据层次来区别对待动物在道德上必然是错误的，与种族主义类似，是相当不公平的。另外，从契约论的观点来看，按照层次对待动物没有什么问题，因此给予灵长类动物和犬的保护比给予啮齿动物和鱼类的保护要多。这是因为，在契约论者看来，动物的重要性仅限于它们对人类的重要性。因此，实验动物医师在评估实验动物的选择时更接近契约论的观点，注重替代原则，尽可能使用低级别的动物。

二、如何使利益最大化

从广义上讲，动物研究的目的主要是通过获取新的知识来获得益处，这些知识为生物学的基本问题提供答案，或改善人类和动物的健康及安全。然而，利益会得到实现的假设不能被认为是理所当然的。科学不是一种可预测的"制造"活动，即使我们有明确的问题、正确设计和仔细执行的实验，有时也无法预测一个研究项目是否会提高我们对重要生物学机制的理解，或导致治疗学的发展。

在动物研究中，动物模型的适用性往往是决定是否可获得预期科学和医学利益的关键因素。在某些研究领域中，动物种类的选择是显而易见的——对奶牛新陈代谢方面感兴趣的农业科学家将促使他对奶牛进行研究。此外，正确的动物模型对于提高药物开发的成功率至关重要，即从一种有希望的化合物转变为一种经批准的、可销售的药物。但在许多基础生物学和生物医学研究中，研究人员研究一个物种的动物，目的是通过更广泛的研究来理解或应用于另一个物种（通常是人类）。

实验动物医师要意识到动物模型的批判性评估涉及有效性的各个方面。衡量一个模型建模效果的最可靠指标是"预测有效性"，即使用该模型获得的结果预测其他感兴趣物种的结果的有效性。例如，在人类疾病治疗的发展过程中，只有当假定有效的化合物进入人类临床研究时，这种有效性才会得到证实——这一过程通常至少需要十年。大多数研究在某种程度上依赖于现有技术。它是由一些因素形成的，比如以前使用过什么模型、研究者在哪些模型方面有专长、是否已经以高成本建立了一个动物群体，等等。这种决策反映了科学家的实际操作。然而，总的目标应该是使用最好的科学模型进行研究。

三、如何将危害降至最低

在讨论科学利益时，利益和伤害应该是平衡的。关于动物福利受损的伦理问题很少可以通过单独展示人类利益来有效解决。在研究过程中，努力减少对动物的伤害通常也很重要。事实上，从伦理的角度来看，减少伤害可能是更紧迫的问题。以科学的名义强加给动物的某种程度的痛苦和折磨是无法忍受的——当然，这是一种用适度动物权利来理解的观点。处理伦理问题的唯一方法是减轻对动物的伤害。

3R 原则通过三种方法解决了减少伤害的问题：用非活体动物方法取代动物研究，减少使用的动物数量，改进方法以尽量减少对研究中使用的动物造成的痛苦。

通常，当科学家们申请伦理批准时，实验动物医师应要求科学家解释为什么他们提出的研究不能在没有动物的情况下进行。通常给出的答案是，这项研究需要一个完整的活生物体的复杂性，因此不适合体外方法。但实验动物医师应注意科学是迅速发展的，随着新方法的出现，可能性也发生了变化。涉及动物的操作可能会被新的体外和计算机模拟方法所取代，或者被精心设计的人类临床研究或现有患者数据的创新使用所取代。例如，在早期的研究阶段，在动物的临床前研究之前，体外方法被用来识别潜在的有效化合物。在后期，候选药物的药代动力学通常在动物身上进行研究。然而，正在探索的微量给药技术，是研究人类志愿者对给药剂量很低的药物的摄取和代谢，这些剂量对人没有显著影响。

替代方法的总体发展侧重于常规测试、生物材料的生产和教学。实验动物医师应了解哪些替代试验方法已获得监管机构的认可，例如，在大多数情况下，可以避免使用高度侵入性的腹水法在小鼠体内产生单克隆抗体。许多教学工具，从视频到交互式软件，再到高度复杂的人体模型，都允许在不同层次的教学中替代活体动物和安乐死动物。通过结合新颖的教学工具和在兽医医院进行的实习，甚至可以完成兽医培训，而无需杀害动物或仅为培训目的对动物进行侵入性治疗。

在涉及伤害的动物研究中，使用较少的动物通常会减少动物的集体痛苦，即减少动物使用。当然，减少动物也有其他好处。一方面，这是一个很好的资源管理，因为实验动物及其饲养和护理费用高昂。减少动物的使用也可能与良好（即有效）的实验设计同时进行。另一方面，重要的是，要认识到削减可能产生不利影响。有人指出，使用太少的动物无法产生有意义的结果，与使用超过必要数量的动物一样不道德。另一个问题本质上是减少和改进之间的冲突，因为减少使用的动物总数有时会给继续使用的每只动物带来更大的负担。因此，实验动物医师在伦理审查时不仅要关注实验动物数量是否合适，同时要考虑每只实验动物承受的负担。

实验可以用各种方法改进。实验动物医师应建议科学家调整实验程序，以便减少疼痛或痛苦。除此之外，实验动物医师应改善实验动物的饲养管理和日常护理；提供环境丰富化，使动物能够与环境特征相互作用和控制，并参与有动机的行为，这通常会改善动物的健康状况。在一些实验中，实验动物医师可采用适当的麻醉和镇痛，这在疼痛管理中发挥重要作用。

第二节　伦理规范和标准的维持

社会标准的维持总是通过"硬"监管和"软"促进的结合来实现的。鼓励人们以社会认为可以接受的方式行事，既有规则（有时有制裁支持），也有政策鼓励人们对这些规则背后的价值观持积极态度。最终的目标必须是让动物研究界认同那些支撑规则的价值观，在动物实验中培养一种道德责任的文化。

大多数以动物为基础的研究直接或间接地由公共资金资助。这意味着公众或整个社会，必须算作一个研究机构的利益相关者。社会使用许多机制来保证动物研究以可接受的方式进行，其中最明显的是立法。就执法而言，立法是一个强有力的保障。

一、国外立法管理实验动物福利现状

（一）国际组织立法管理实验动物福利概况

（1）世界卫生组织（WHO）与国际实验动物科学理事会（ICLAS）于1982年共同编写了《实验动物饲养与管理指南》。其重要内容之一就是关于实验动物福利、健康和动物保护，是基于WHO在1975年的决议（WHA28.83），以及国际医学科学组织理事会与WHO联合于1985年提出的"使用动物开展生物医学研究的国际指导原则"而产生的。

（2）欧洲于 1986 年颁布了《保护在实验中或为达到其他科学目的使用脊椎动物的欧共体条例》（86/609/EEC），简称《欧洲议会实验动物法》，对科研用动物的管理提出了要求。

（3）经济合作与发展组织（OECD）于 2000 年发布了《识别、评估和使用临床症状对实验用动物在安全状态下实施仁慈终点的指导文件》，对实验动物经受的痛苦进行评估管理。

（4）欧盟于 2003 年通过了有关动物运输的法规草案，对欧盟现行的动物运输管理规定进行修订，全面提高动物在运输过程中的福利。

（二）国外主要发达国家的动物福利立法概况

1. 英国

英国在动物福利立法方面有 5 个显著特点：一是最早，二是最多，三是国际影响最大，四是最先提出动物实验的"3R 原则"，五是非政府机构参与法规的制定和执行。

2. 美国

1966 年美国通过了《动物福利法》。各州还制订相应法规，甚至将虐待实验动物的行为上升到刑事案件，通过刑法制裁相关人员。涉及实验动物福利的法规还包括《美国法典》[第 7 篇（农业），第 54 章（某些动物的运输、销售和处理），第 2131-2159 节]，以及《动物福利条例》[联邦法规，第 9 篇（动物和动物产品），第 1 章（农业部动植物健康检疫局），第 A 分章（动物福利），第 1-4 部分]。《动物福利法》是一项联邦法律；相关法规将法律解释为可执行的标准。美国农业部可以修改现有法规和（或）制定新法规，但只有国会可以修改实际法律。相关国家机构，如美国国立卫生研究院出版了《实验动物饲养管理和使用指南》（以下简称《指南》）。该《指南》阐述了科研人员在测试研究和训练过程中使用脊椎动物时，对动物的饲养管理和使用应承担的责任；规定了科研工作者在动物实验设计时应用替代、优化和减少的实际策略。替代是指避免使用动物的方法，该术语包括用无生命的（如计算机）系统取代动物以及相对替代（即用进化程度低等的脊椎动物取代高等脊椎动物）。优化是指对饲养管理和动物实验程序进行改进，以提高动物福利或最大限度地减少或消除疼痛和痛苦。减少即使用较少的动物获取相对等的信息，或用给定数量的动物获得最大信息。优化和减少的目标应该建立在逐案考虑平衡的基础上。减少动物使用数量不应成为动物重复使用的理由。《指南》主要是以美国的相关政策法规要求为基础，这些政策法规包括美国农业部的《动物福利条例》，以及美国公共卫生署关于人性化饲养管理和使用实验动物的规定。《指南》同时还参考了美国政府关于试验、科研和培训中脊椎动物的使用及饲养管理原则。《指南》规定了可考虑的替代方案、体外实验、计算机模拟和数学模型等以减少或替代动物的使用，在增进人类和动物的健康知识或是对社会有所贡献的基础上，选择合适的动物品种或品系及其质量和数量，避免或将不安、不适和疼痛降到最低，使用适当的镇静剂、镇痛药和麻醉药，建立仁慈终点，提供充分的实验动物医学保健。动物的运输和饲养由有资质的人员操作，活体动物实验只能由合格的、有经验的人员或在其监督下开展。

3. 加拿大

加拿大在动物福利立法方面与其他国家的情况有所不同。他们避免政府直接制定实验用动物管理法规，而是通过加拿大动物管理委员会（CCAC）实现对实验动物使用情况的管理和监督。地方动物保护委员会（ACC）是加拿大实验动物福利体制的基础，委员会是管理所有机构研究、教学和试验中使用动物的主要力量。

4. 澳大利亚

1969 年批准了《澳大利亚实验动物管理和使用法规》；1997 年制定的《防止虐待动物规则》和 2000 年制定的《动物福利保护法》也都涉及实验动物福利问题。

5. 日本

1973 年制定了《动物爱护及管理法》（法律 第 105 号），是日本最早的关于实验动物福利的法律。2006 年，日本连续发布了三个关于实验动物福利方面的法规：《动物实验基本方针》《动物实验的基本指南》《合理实施动物实验指南》。

二、国内立法管理实验动物福利现状

我国于 1989 年实施并于 2018 年修订的《中华人民共和国野生动物保护法》的内容中有因科学研究需要捕捉、捕捞、出售、收购和利用国家重点保护野生动物的规定。

经国务院批准，国家科学技术委员会于 1988 年颁布实施了《实验动物管理条例》，该条例中第六章第 29 条涉及实验动物福利："从事实验动物工作的人员对实验动物必须爱护，不许戏弄或虐待"。2006 年科技部发布《关于善待实验动物的指导性意见》，这是一部专门规范实验动物福利的文件，从内容上看，该指导意见共六章 30 条，分别对实验动物饲养、使用和运输过程中如何善待实验动物提出了具体意见，同时提出了与善待实验动物有关的行政措施。该指导意见的目的在于使实验动物在饲养管理、使用和运输过程中，免遭不必要的伤害、饥渴、不适、惊恐、折磨、疾病和疼痛，以保证动物能够实现自然行为，受到良好的管理与照料，同时为其提供清洁、舒适的生活环境，提供充足的、健康的食物和饮水，避免或减轻疼痛和痛苦等。同时，该指导意见强调了各级实验动物管理部门、生产及使用单位管理委员会和研究人员善待动物的责任，各项规定十分具体。该指导性意见对推动我国在动物福利方面的工作迈出了可喜的第一步，使得国内实验动物生产、使用单位在进行动物繁育生产、科学研究和运输时，能以人道方式善待动物，并尽可能地减少动物的使用数量，促进了我国在实验动物管理方面与国际接轨。

北京市人民代表大会常务委员会于 1996 年 10 月颁布的《北京市实验动物管理条例》，是我国第一部规范实验动物管理的地方性法规，其中的第七条、第二十二条都提到了动物福利问题。2004 年 12 月修订后的《北京市实验动物管理条例》，进一步在第七条、第九条、第二十六条对动物福利与伦理提出了要求。依据该条例，北京市实验动物管理办公室制定了《北京市实验动物福利伦理审查指南》，是当前各单位实验动物管理委员会、动物实验伦理审查委员会工作的主要依据。

国内集中体现实验动物福利要求的法规是 2007 年发布的《云南省实验动物管理条例》，专门设置了"第五章 实验动物生物安全与实验动物福利"，要求善待实验动物，维护动物福利，不得虐待实验动物，逐步开展动物实验替代、优化方法的研究与应用，尽量减少动物使用量；对不再使用的实验动物活体，应当采取尽量减轻痛苦的方式妥善处置。

我国 2018 年颁布了第一个实验动物福利领域的国标（GB/T 35892—2018）《实验动物福利伦理审查指南》。该标准详细规定了实验动物生产、运输和使用过程中的福利伦理审查及管理要求，包括审查机构、审查原则、审查内容、审查程序、审查规则和档案管理,尤其是提出了"终结审查"的要求,即审查项目是否按照伦理委员会批准的方案实施。

三、福利伦理委员会

研究项目的真正决策权通常委托给伦理委员会或实验动物管理和使用委员会（IACUC）。委员会可以与提出实验项目的科学家进行对话，并以这种方式要求科学家按照不断发展的最佳做法开展研究。伦理委员会或类似的机构负责研究项目的福利伦理审查和跟踪监管。一个完整和透明的审查进程取决于委员会的组成和动态：福利伦理委员会应在平等条件下代表所有重要的利益攸关方参加讨论。大致有三个主要的利益相关者：研究人员 / 行业（通常由科学家代表），他们有兴趣进行他们提议的研究；动物（通常由实验动物医师和动物护理人员代表）有受到保护的利益，免受伤害；社会（由非专业成员以及利益团体代表）。对动物研究提出的伦理问题有不同立场和视角的各方的广泛参与，将有助于降低委员会对研究人员产生偏见的风险。

第三节　实验动物医师在人性化饲养管理中的作用

人性化饲养管理是指确保按最高伦理和科学标准来对待动物所采取的措施。实验动物医师应了解动物的生物学和行为学特征，因为这是人性化饲养管理和确保动物福利的基础。例如，大、小鼠在自然界是被捕食动物，它们善于隐藏任何疼痛和不适的特征，它们最基本的行为是：筑巢和躲藏，社会化行为，探索、寻觅、理毛、运动活动和移动等。基于这些行为特征，以及为满足大、小鼠自然天性的需要，应提供动物足够的垫料以供其休息和睡眠。垫料可以激发啮齿类动物觅食、探索和筑巢等特异性行为。垫料可以吸收动物的尿液和粪便，便于饲养环境的清洁和卫生。此外，大、小鼠的日常饲养需要添加适合筑巢的材料、提供躲避物和啃咬物、实施群体饲养、添加玩具等。实验动物医师应根据实验动物行为学的特点给予动物环境丰富化的物品。根据国标 GB/T 27416—2014《实验动物机构 质量和能力的通用要求》，为保障动物的福利，应对动物进行行为管理；应以群居的方式饲养动物。若因特殊需求而必须将群居性动物单独饲养，应在环境中提供可以降低其孤独感的替代物品。只要可行，应提供群居性动物同种间肢体接触的机会，以及提供通过视觉、听觉、嗅觉等非肢体性接触和沟通的条件。应依照动物种类及饲养目的给实验动物提供适宜的、可以促进其表现天性的物品或装置，如休息用的木架、层架或栖木、玩具、觅食装置、筑巢材料、隧道、秋千等。应使动物可以自由表现其种属特有的活动。除非治疗或实验需要，应避免对动物做强迫性活动。实验动物医师应鼓励和培训饲养人员对动物日常饲养及实验操作进行适应性训练，以减少动物面对饲养环境变化、新的实验操作以及陌生人时产生的应激。实验动物医师应对实验动物的福利及行为状况进行巡检。应有措施保证可以尽快弥补所发现的任何缺失或不满足动物属性行为的条件，如果已经造成动物痛苦或不安等，应立即采取补救措施。

一、环境丰富化

丰富化是人性化饲养管理的重要组成部分，一般有五种方式，分别为行为丰富化、社会丰富化、人工丰富化、食物丰富化以及对环境的控制。环境丰富化的主要目的是根据动物的特性改变设施结构并提供相关资源，通过促进动物的操纵活动和认知活动，从而有利于发挥动物的种属特异性行为。环境丰富化可以刺激动物的感知和运动，提高动物福利。实验动物医师应考虑为所有动物提供足够复杂的空间，允许其表达广泛的正常行为。实验动物医师应该给动物提供机会以增强其对环境的控制和选择程度，减少应激引起的行为。实验动物医师可以通过使用适当的丰富化技术来实现人性化饲养管理。环境丰富化不仅可以扩大动物的活动范围，而且可以增加它们对外界的应对活动。除了社会活动之外，还可以允许和促进动物的运动、觅食、操纵和认知活动。实验动物医师应尽可能让动物用一切可能的机会运动。此外，实验动物医师应决定动物圈舍的环境丰富化是否适合特定物种和个体的需要。丰富化的形式应该是与时俱进的，以便纳入基于新认识的创新。例如，设施的附属结构包括为非人灵长类提供的栖木和蔽障、为猫提供的层架笼等满足动物行为学需求的物品。此外，还有非人灵长类使用的认知新物品和饲喂装置，为非人灵长类、犬、猫和猪提供的玩具，为啮齿类动物提供的木质磨牙棒。筑巢材料对大鼠、小鼠、仓鼠和沙鼠来说很重要，因为筑巢材料使动物能够创造适合休息和繁殖的微环境。巢箱或其他避难所对豚鼠、仓鼠和大鼠很重要。实验动物医师应始终为豚鼠提供可操作的材料，如干草，用来咀嚼和隐藏。咀嚼和啃咬用的木棒是可用于所有啮齿动物的丰富化物品。适合兔的丰富化物品包括粗饲料、干草块或嚼棒，以及可逃避的区域。在圈中群体饲养的兔，应提供视觉障碍、避难所和满足兔瞭望行为的结构。用于繁殖的兔还应提供筑巢材料和筑巢盒。室内和室外围栏的设计应该给犬一些隐私使它们能够对自己的社交活动进行一些控制。实验动物医师应为不同的活动提供单独的区域，这可以通过诸如凸起的平台和对犬舍的分区实现。可以使用零食和玩具为动物提供福利，只要它们被合理使用和有充分的监控。由于咀嚼是犬的一种重要的行为，应提供满足这一需要的物品。运动的主要好处是给犬提供更多的锻炼机会，使其体验复杂多变的环境，增加与其他犬和人的互动。因此，除非在科学上或因为兽医的理由禁止，犬应该被转移到一个单独的安全区域，允许其每天与其他犬和工作人员一起运动。非人灵长类动物的环境应该使动物能够进行复杂的日常活动。然而，生活区的确切特征因种属及其自然行为的差异而不同。圈舍应允许动物表达尽可能广泛的行为方式，给它一种安全感觉和一个合适的复杂环境，让动物可以跑、走、爬和跳。提供触觉刺激的材料也很有价值。应该提供给动物机会使其对环境有一定的控制力。还应每隔一段时间增加新颖性，如围栏内物品的重排和饲喂方式的变化。需要轮换或更新物品以保持环境丰富化的新鲜度，但同时要注意，频繁地变更环境可能会使动物造成应激。动物在设计良好的丰富化环境中有多种选择，在一定程度上可以控制自己周围的环境，帮助动物更好地应对环境应激。例如，蔽障物可以帮助灵长类避免群体争斗；饲养兔的层架笼和啮齿类生活的小笼盒可以帮助它们避免受到打扰；筑巢材料和深厚的垫料可以帮助小鼠在休息和睡眠时避免冷应激，并控制自己的体温等。

　　实验动物医师应注意，不是所有的物品放在动物的饲养环境中都有利于动物福利，一些物品可能会对动物的福利有害。例如，对灵长类来说，新物品会增加疾病传播的概率等，饲喂装置会增加动物体重，刨花会引起某些动物个体的过敏和皮疹，有些物品会导致动物肠道的异物损伤等。研究人员和实验动物医师应定期审阅环境丰富化方案以确保动物福利和动物使用的一致性。此外，实验动物医师需有良好管理环境丰富化的经验，辨别动物不良或异常行为的发生。环境丰富化同样会影响动物的表型，并可能影响动物实验的结果，所以应将环境丰富化作为一个单独的变量来考虑和控制。有一些科学家对环境丰富化存有顾虑，认为引入了变量，可能会影响实验标准化，并可能增加动物行为的多样性，引起动物对实验处理的反应变化。但研究发现，饲养环境丰富化并不会影响动物实验的准确性和可重复性，因为充足的环境丰富化可以减轻动物的焦虑和应激反应，提高检测的灵敏度而减少动物的使用量。

二、行为和群体管理

　　实验动物医师在对动物进行行为评估时需要考虑到动物的正常行为和活动。与自由活动的动物相比，在实验环境中饲养的动物的活动状态要受到较多的限制。除非是治疗或研究方案的需要，应当避免其他原因的强制活动；如果动物出现重复性的行为举动，如刻板和强迫行为，说明相关的饲养条件或管理扰乱了动物正常的行为控制机制。实验动物医师须及时纠正饲养条件，或对动物实施安乐死。犬、猫、兔以及其他许多动物都能在与人类的积极交往中受益；应给予犬类各种活动的机会，使之获得与群体接触、玩耍或搜寻的机会，如遛狗、参加赛跑或转换环境；对于大型农畜，如绵羊、马和牛等，则以散放场、运动场和草地牧场为宜。实验动物医师应积极参与到动物驯化的过程中，并主导驯化方案的制订和实施。

　　动物各成员间适当的相互交流，对其正常生长发育和福利来说是必不可少的。当选择适合的群体环境时，实验动物医师需要考虑动物是群居动物还是独居动物，动物需要单独饲养、配对饲养还是成群饲养。群体饲养成功的关键是需要了解动物种属特异性的正常群体行为，如正常的群体结构、群体密度、疏散能力、熟悉度和群体地位。并不是群体中所有的成员都能够或应当群体饲养的。若动物不适应该群体饲养环境，可能会引发慢性应激、损伤，甚至导致死亡。实验动物医师应评估动物个体在群体饲养中的行为，避免动物个体出现与群体不相容的现象。在有些物种中，性别的不同可能会导致群体不兼容，例如，雄性小鼠一般比雌性小鼠攻击性要强。若将动物从幼年在一起饲养或保持动物群体结构的稳定，又或进行动物饲养区的合理设计和适当的环境丰富化，都可以帮助动物避免群体争斗，减少动物的群体不兼容性。实验动物医师需要仔细监视群体的稳定性，以避免群体中严重的或长期的争斗，不合群的动物需要被隔离。

　　若是因为实验目的、实验动物医师护理的需要或动物不相容等原因，可单独饲养动物，但单独饲养的时间应该尽量缩短。应尽可能地提供动物与同种动物个体之间的接触性联系，以及视、听、嗅等感官信息的非接触性联系。若动物必须单独饲养时，就应安排其他丰富其生活的方式，以补偿其缺乏同伴的孤寂，例如，与管理人员之间的积极互动，以及建筑结构环境的丰富化。如果单独饲养的动物饲养在较小的饲养单元中，特别是长时间饲养在小饲养区时，需定期转入有环境丰富化的大型饲养区中进行调整。单独饲养动物的平均饲养空间比成对或成群饲养的动物要大，而大群饲养的动物的饲养密度会相对较高。当使用非人灵长类进行生物医学研究，在根据动物的生理和行为特性制订动物饲养管理计划时，实验动物医师需考虑到各物种需求的环境与心理的丰富化。

对于有些物种来说，一个稳定的群体等级制度的建立会在动物成员间，特别是对刚入群的成年动物，产生对抗行为。新入群的动物可能要花一段时间才被群中的其他动物接纳并建立新的群体等级。所以在引入期，实验动物医师需紧密观察新入群动物，并确保其后来的群体接受性。

第四节　减轻疼痛与痛苦的措施

一、疼痛与痛苦

在使用动物进行生物医学研究方面，没有哪个伦理学问题比引起实验动物痛苦更敏感，实验动物福利的法律和法规都要求，对可能引起动物痛苦的研究工作，在研究开展前进行动物福利伦理审查，消除或减轻可引起动物痛苦的因素。在实验操作过程中，很多因素可导致动物痛苦，引起刻板行为、生理和（或）生化反应，这些因素被称为应激因子。目前我们认识最清楚的应激因子就是疼痛。在许多使用动物的科研中实际上避免或减轻了疼痛，也就意味着避免或减轻了痛苦。

防止或缓解在执行研究方案和手术方案时所致的疼痛是实验动物医师护理措施的一个重要组成部分。疼痛是由发生或可能发生损伤的组织的刺激作用所引起的一种典型的复合型感受，如由于刺激而产生的退缩和躲避动作。这种对疼痛的感受和应答能力在动物界是普遍存在的。疼痛是一种精神紧张因子，如果不能缓解，就会导致动物无法忍受的精神紧张和痛苦。此外，这些无法缓解的疼痛可能会致命。这是一种中枢性疼痛的现象，会引发对其他非疼痛刺激的敏感性反应等。因此，实验动物医师对研究用动物适当地使用麻醉剂和镇痛剂，在伦理学和科学方面都是必不可少的。缓解疼痛的基础在于有能力识别其在具体种类动物中的临床表现。不同种类动物对疼痛的应答各异，因而对各种动物的疼痛的评定标准也不相同。一般说来，那些会引起人类疼痛的操作均被认为会引起其他动物的疼痛。某些物种特异性的疼痛和痛苦的行为学表现可作为评定指标，例如，呻吟，犬类抑郁、食欲不振、呼吸困难急促，啮齿类、鸟类不梳理毛发的行为，哺乳类和鸟类增加攻击性，哺乳类、鸟类眼周和鼻周的卟啉症。但是，某些物种可能直到疼痛很严重时才会有临床表现。因而，实验动物医师和相关工作人员必须十分熟悉其使用的动物在临床上的行为学和生理学。

痛苦是指动物处在一种无法对所出现的各种刺激因子进行克服或调整的、非常不好的状态。虽然痛苦可能不会导致动物病理或行为上的直接和可视的改变，但会导致当痛苦出现时很难监测和评估动物的状态。当实验动物医师在对动物痛苦进行治疗和安排治疗优先顺序时，动物痛苦状态持续的时间和强度是两个需要着重考虑的因素。例如，需要简单保定的注射可能会造成急性但持续时间只有几秒钟的紧张，而将群体性动物单独饲养在代谢笼中就可能造成慢性的痛苦。在实验期间，实验动物医师对动物进行密切的观察，并在明确和适当的时机对动物执行人性化的实验终点，这都有助于最大限度地降低那些在科研、教学、测试和生产中所使用动物的痛苦。

二、麻醉与镇痛

应根据实验动物医师的专业判断来选用最合适的镇痛剂和麻醉剂，既能最大限度地满足临床和人道方面的要求，又不影响研究方案的科学水平。镇痛剂和麻醉剂的选择取决于许多因素，例如，动物的物种、年龄、品种、品系或血统、疼痛的性质和程度、药物对特定器官系统的可能作用、手术或诱发疼痛的操作持续的时间和性质、药物对动物的安全性。在外科手术或其他实验操作诱发生理性缺陷的情况下，实验动物医师应评估麻醉剂和镇痛剂的合理使用。对超前镇痛（包括术前和术中镇痛）的管理，有利于提高手术中动物的稳定性。此外，可以通过降低术后疼痛来优化术后护理和动物福利等。由于动物对镇痛剂的反应的个体差异性很大，因此，无论最初如何制定疼痛缓解计划，在引起动物疼痛的手术过程中及术后均应密切监测动物。如有必要，实验动物医师应明确指导使用额外的药物以确保动物得到适当的镇痛管理。

此外，非药物性的疼痛控制对动物的术后及术中护理也可能有效。实验动物医师可以提供的护理包括：提供一个安静和昏暗的恢复场所，及时的创伤处理，提高动物在恢复区的温度和舒适度。可通过口服或注射进行补液，以及通过饲喂更适口的食物使动物饮食恢复到正常标准。实验动物医师在评估麻醉方案的适用性时应考虑以下因素：意识水平、动物心血管系统、呼吸系统、肌肉骨骼系统和体温调节系统的状态。对各种测量参数，均需由对麻醉方案及动物种类非常熟悉的实验动物医师来调整。动物意识的丧失一般发生在麻醉初期，这时已能够满足对动物进行限制性的或小型创伤的操作要求了。但疼痛刺激可诱使动物重新获得意识。而疼痛丧失一般发生在麻醉的中期，并且在进行手术之前必须确定达到该程度。动物对麻醉的个体反应差异很大，单一动物的生理或疼痛反射反应可能并不适合评估整个镇痛水平。实验动物医师负责制订镇痛和麻醉药物的正确选择及使用的指导方针，定期审查并对标准和技术进行细化更新。有些如镇静剂、抗焦虑剂和神经传导阻滞剂的药物没有任何镇痛作用或麻醉作用，因而并不能缓解疼痛。然而，这类药物却可与相应的镇痛剂和麻醉剂配伍使用，从而在手术中尽量减少动物的紧张。

三、实验和仁慈终点

实验终点发生在达到科学目标和目的后，仁慈终点是指实验中动物的疼痛或不适应该得到阻止、终止或缓解。在某些实验临近终点时,动物即将遭受无法减轻的剧痛和不适，有时甚至可能是死亡。此时采用仁慈终点代替实验终点是一个很好的优化范例。选择和确定仁慈终点的目的是为了在动物因试验而遭受不必要的疼痛和痛苦之前准确地预测出结束试验的终点，最大限度地缩短实验时间，避免或减轻试验后期给动物造成的疼痛和痛苦。对很多侵害性实验来说，实验终点和仁慈终点往往密切相关，实验动物医师审查方案时应注意每个实验最终都必须有人道实施终点。

仁慈终点的鉴定往往非常具有挑战性。实验动物医师要衡量多重要素，如模型和动物种类，有时还需考虑品种或品系、动物健康状况、实验目的、机构政策和法规要求，有时还会与科学文献相冲突。仁慈终点方法的选用需由实验动物医师与课题负责人共同讨论得出，并且最好在实验开展之前就决定好。

如果所开展的是一项全新的实验或缺乏替代终点的相关信息，那么预实验的设计和开展有助于鉴定并识别仁慈终点。关于仁慈终点的申请和使用建议在很多出版物中均有报道。例如，OECD 于 2000 年颁布了《应用临床体征识别、评估安全性评价中实验动物仁慈终点的指南》。

四、安乐死

安乐死就是采用可迅速引起动物意识丧失而死亡的方法，毫无疼痛或痛苦地处死动物的手段。现行的国际上相对通用和认可的关于动物安乐死的法规是美国兽医协会（American Veterinary Medical Association，AVMA）发布的《安乐死指南（2020）》。实验动物医师在评估各种方法的可行性方面应注意的原则包括：可引起意识丧失和死亡而没有或仅有瞬间疼痛、痛苦或焦虑的能力，可靠性，不可逆性，引起意识丧失所需的时间，动物种类和年龄的限制，与研究课题的兼容性，对工作人员的安全性和情感效应。在研究方案结束时，或在用镇痛剂、镇静剂或其他措施无效时，可采用安死术作为解除疼痛或痛苦的一种手段。研究方案中必须包含在何种情况下可以对动物实施安乐死（如躯体或行为缺陷的程度、肿瘤的大小），以作为实验动物医师判断的依据，保证动物实验终点既符合人道，又能尽可能地达到研究方案的目标。

安乐死应避免动物遭受痛苦。实验动物医师应特别考虑到对胎儿和幼体生命形式下所实施的安乐死。实验动物医师需依据动物的种类、年龄以及研究方案的目标确定实施安死术所用的具体药物和方法。通常化学药物（如巴比妥酸盐类、吸入麻醉剂类）要优于物理学方法（如颈椎脱臼法、断头法和击晕穿刺法）。然而，从科学研究方面考虑，有些研究方案可能不宜使用化学药物。由于啮齿类幼体对二氧化碳的缺氧诱导作用能够耐受，因此，在对该类动物实施安乐死时，需要更长时间地暴露在二氧化碳中或采用其他方法，如注射化学试剂、颈椎脱臼法或断头法。安死术必须由对有关动物种类所用的安乐死方法熟悉的人员来实施，并且必须以专业的、抱有同情心的态度进行操作。实施安死术的人员须经实验动物医师的培训。动物的死亡必须由那些能够识别动物的生命终止特征的人员来确认。

参 考 文 献

贺争鸣，李根平，李冠民，等 . 2011. 实验动物福利与实验动物科学 . 北京：科学出版社：186-208.

美国兽医协会 . 2019. 美国兽医协会动物安乐死指南 (2013 版). 卢选成等译 . 北京：人民卫生出版社 .

GB/T 27416—2014. 实验动物机构 质量和能力的通用要求：1-35.

GB/T 35892—2018. 实验动物 福利伦理审查指南：1-12.

Garber J. 2012. 实验动物饲养管理和使用指南 (第 8 版). 王建飞等译 . 上海：上海科学技术出版社：7-238.

Olsson A, Robinson P, Sandøe P. 2002. Ethics of Animal Research: Handbook of Laboratory Animal Science. 2nd Edition. Florida: CRC Press, 13-29, 1-12.

第三章　实验动物管理和使用委员会

实验动物是生命科学研究和生物医药产业发展不可或缺的重要支撑条件。为了规范实验动物的饲养和使用管理，自 20 世纪中叶起，欧洲、美国、日本、中国等许多国家就陆续颁布了一系列的实验动物法规和标准。这些法规和标准从保护实验动物福利、提高实验动物质量和保证动物实验结果的可靠性等多角度出发，对实验动物饲养和使用管理都提出了诸多具体要求。随着生命科学研究的发展和实验动物的广泛应用，各国法律法规或者指导性文件均提出要建立一个组织作为实验动物使用管理和动物福利的监督机构，此机构即为实验动物管理和使用委员会（Institutional Animal Care and Use Committee，IACUC）或者伦理委员会（Ethic Committee，EC）。

本章结合笔者在实验动物管理工作中的经验，对实验动物管理和使用委员会（IACUC）的职能、成员构成、研究计划的审查及批准后的监督管理、设施检查、人员培训等方面进行简单的汇总。

本章内容分四个小节，第一节着重介绍 IACUC 的职能、成员构成和任命，以及 IACUC 工作过程中的实验动物医学管理；第二节介绍实验动物研究计划的审查及批准后的监督管理；第三节介绍 IACUC 对实验动物设施的检查；第四节介绍实验动物从业人员的相关培训等内容。

第一节　实验动物管理和使用委员会的作用

实验动物管理和使用委员会（IACUC）是实验动物生产和使用单位内部的实验动物福利监督管理机构，它是应法规和实际需求而产生的，在实验动物福利监督管理方面具有重要的作用。

一、IACUC 职能

IACUC 的职能在于监督本机构在饲养和使用实验动物时，要贯彻落实相关法规和标准的要求，人道地对待实验动物，保障其基本福利和生存质量，在 3R 原则下规范地开展科学研究及其他使用实验动物的活动，促进人与自然的和谐发展。

IACUC 职能包括：建立动物饲养和使用管理的评估及审查机制，审核动物饲养和使用的研究计划，定期或不定期检查评估实验动物设施条件和研究计划的具体实施情况，确保动物饲养和使用管理的科学性、合规性。

二、IACUC 成员构成及任命

IACUC 应由以下成员构成。

（1）至少 1 名在实验动物科学、医学方面或有关动物种类的使用方面受过培训或具有经验的实验动物医师，以评估实验动物研究计划对实验动物健康和福利的影响。

（2）至少 1 名在涉及动物的科研方面具有实践经验的科研人员，从科学的角度评估实验动物研究计划进行的必要性和科学性。

（3）至少 1 名无科研背景的成员，可以来自机构内部或是机构外部，从非专业角度提供对实验动物研究计划的关注。

（4）至少 1 名公众代表，以反映广大社会公众对于管理和使用动物的关注。

公众成员的身份，不应是实验动物的使用者，或是研究机构的雇员或其直系亲属。公众成员可以接受一些参加会议的补贴（如午餐费、停车费、交通费等），但补贴金额应该适度，不应成为其主要的收入来源，以免影响其代表大多数团体和公众的立场。

对于一些拥有多个管理部门的大型机构，每个部门不应超过 3 名具有投票权的成员。成员的数量和委任取决于机构的大小，以及实验动物使用计划的性质和规模。机构内如果涉及的研究领域比较广泛，建议任命几个来自不同领域、具有不同经验的科学家，以确保适当地评估动物的使用方案。

对于较小的研究机构，可以聘请相关领域的专家参与 IACUC 工作，或者委托其他研究机构的 IACUC 对实验动物研究计划进行审核。

实验动物研究计划审查结论一般按照少数服从多数的原则，因此参与审查的 IACUC 成员一般应为奇数。对于审查过程中提出不同观点的委员意见应该予以记录。

IACUC 成员应由机构负责人（institutional officer，IO）任命或聘任。

三、IACUC 人员培训

机构有责任为 IACUC 成员提供培训机会，以确保他们了解自己的职责。培训应包括但不限于如下方面：国家与地方的相关法规和标准，本机构的质量方针、工作目标，实验动物使用计划、饲养设施条件，项目实施方案，IACUC 对动物饲养管理和使用的评估、审查的程序和监督方法等。

四、IACUC 相关记录保存

IACUC 可以有专人负责文件的收发和档案管理工作，如会议记录、审查记录及检查记录均需归档。记录文件在项目结束后的保存期限应符合相关的要求。

会议记录：包含上次会议记录的确认及修订、计划内容、政策、设施或执行状况的报告等，或对政策、研究计划书及修正方案的决议内容等。

审查记录：提报 IACUC 审查的计划书，包括未通过的或是未执行的计划。

检查记录：设施检查记录和项目批准后的检查记录。

五、IACUC 工作过程中的实验动物医学管理

实验动物医师作为 IACUC 中的重要一员，其工作贯穿于 IACUC 的整个工作过程，也是 IACUC 工作过程中实验动物医学管理的体现。实验动物医师在 IACUC 管理制度制

定、人员培训、研究计划的审查、研究计划实施过程中的监督管理、实验动物设施检查等方面扮演着重要的角色。

（1）在 IACUC 管理制度制定方面，实验动物医师需要从实验动物健康和福利方面出发，制定相应的实验动物研究计划审查制度，制定审查过程中需要关注的要点，为 IACUC 的审查工作提供必要的理论支持。

（2）在人员培训方面，实验动物医师需要对 IACUC 成员和（或）实验动物研究人员提供必要的培训，培训内容包括：实验动物相关的法律和法规，实验动物基础知识，实验动物行为学知识，实验动物健康和福利保障工作，实验动物从业人员的职业健康管理，实验动物研究计划审查过程中的关注点，等等，以方便 IACUC 成员和实验动物研究人员更好地审核和制定相关研究计划。

（3）在研究计划审查过程中，实验动物医师应该对研究计划中实验动物的使用情况进行必要的关注并提供必要的技术支持，主要涉及实验动物品种和数量的选择、实验动物饲养管理、实验动物健康管理、实验动物保定、实验动物饮食限制管理、实验动物环境丰富、实验动物操作（如给药方式、给药量、血液采集量等方面）、外科手术、麻醉、疼痛管理、安乐死管理、管制药物的管理、职业安全等，从以上各个方面评估研究计划施行过程中对实验动物健康和福利的影响。

（4）在实验动物研究计划的执行过程中，实验动物医师还应该进行必要的监督管理，以便评估实验动物研究人员是否按照原有计划执行相关工作。如果在实验动物使用过程中，动物健康和福利遭受侵害，且其程度超过 IACUC 所批准的研究计划中预期的水平，则实验动物医师有权干预试验，甚至终止动物试验的进行。

（5）在 IACUC 对实验动物设施进行检查的过程中，实验动物医师应该从保障动物身体和心理健康的角度关注实验动物设施，关注点包括但不限于实验动物设施设计是否合理、空调设施能否满足要求、饲养笼具设计是否合理、保定设备是否充分考虑动物福利、环境丰富是否执行，以及各种管理制度是否合理（包括环境管理、人员管理、动物管理、手术管理、毒麻品管理、疼痛管理、安乐死管理、试验操作、保定要求、饮食控制，以及疾病的发现、监测、预防、诊断、治疗、处置等制度）。

第二节　研究计划的审查及批准后监督管理

一、研究计划审查的基本原则

IACUC 对提交的研究计划进行审查需要遵循如下基本原则。

（一）动物保护原则

审查动物实验的必要性，对实验目的、预期利益、造成动物的伤害和死亡进行综合评估；禁止无意义滥养、滥用、滥杀实验动物；制止没有科学意义和社会价值或不必要的动物实验；优化动物实验方案以保护实验动物特别是濒危动物物种，减少不必要的动物使用数量；在不影响实验结果的科学性、可比性前提下，采取动物替代方法，用低等级替代高等级动物、用无脊椎动物替代脊椎动物、用组织细胞替代整体动物，也可以用分子生物学、人工合成材料、计算机模拟等非动物实验方法替代动物实验。

(二)动物福利原则

保证实验动物生命阶段(包括运输中)享有的最基本的权利,如享有免受饥渴、生活舒适的自由,享有良好的饲养和标准化的生活环境,各类实验动物管理要符合该类实验动物的操作技术规程。

(三)伦理原则

应充分考虑动物的利益,善待动物,防止或减少动物的应激、痛苦和伤害,尊重动物生命,制止针对动物的野蛮行为,采取痛苦最少的方法处置动物;实验动物项目要保证从业人员的安全;动物实验方法及目的符合人类的道德伦理标准和国际惯例。

(四)综合性科学评估原则

1. 公正性

伦理委员会的审查工作应该保持独立、公正、科学、民主、透明、不泄密,且不受政治、商业和自身利益的影响。

2. 必要性

各类实验动物的饲养、应用或处置必须有充分的理由。

3. 利益平衡

以当代社会公认的道德伦理价值观,兼顾动物和人类利益;在全面、客观地评估动物所受的伤害和研究者由此可能获取的利益基础上,负责任地进行实验动物或动物实验伦理审查。

二、研究计划审查的程序

IACUC负责实验动物研究计划的审查工作。所有涉及实验动物的研究人员必须在购买或至少在使用动物前,向IACUC提交正式的伦理审查申请和相关的举证材料并获得批件。申请材料需包括:实验动物或动物实验项目名称及概述;项目负责人、动物实验操作人员的姓名、专业培训经历、实验动物或动物实验资质培训证书编号、实验动物环境设施及许可证号;项目的目的、必要性、意义和实验设计,拟使用动物信息(包括选择实验动物种类和数量的原因),对动物造成的可预期的伤害及防控措施(包括麻醉、镇痛、仁慈终点和安乐死等),动物替代、减少动物用量、降低动物痛苦伤害的主要措施及利害分析;遵守实验动物福利伦理原则的声明;IACUC要求的其他具体内容以及补充的其他文件。伦理审查表的形式可参考国标GB/T35892—2018,亦可以根据每个机构的特点自行设计。

IACUC收到实验动物研究计划的审查要求后,可由指定委员或秘书进行初审,审核材料是否齐全,或者内容填写是否完善。实验动物研究计划的审查一般分两种,即常规审查和会议审查。常规审查一般用于国家法定检测项目、简单固定重复的项目,这类审查经实验动物医师审阅、IACUC主席或授权人员直接签发即可。会议审查一般用于全新的实验方法、对动物健康可能产生较大危害的试验项目、有争议的试验方法，除了 IACUC 委员参与外，亦可聘请有关专家参与。IACUC 应尽量采用协商一致的方法做出决议；如无法协商一致，应根据少数服从多数的原则，做出审查决议。另外，参加审议的委员不得少于半数。非 IACUC 成员（包括外聘专家）不参与表决。

国家标准中参考的审查周期为：常规审查 5 个工作日，会议审查 10 个工作日，送达日期 3 个工作日。每个实验动物机构可以根据自身特点进行设定。

三、研究计划审查的基本内容

制定、评审动物管理和使用方案的要点如下。

（1）申请使用动物的理由和目的：阐明申请动物种类和数量的理由，申请动物的数量应尽可能按统计学方法阐述。阐明用其他动物种类、离体器官制品、细胞或组织培养或计算机模拟等代用方法的可行性或适宜性的理由（参照"3R 原则"）。

（2）在实验方法中阐明使用较少侵害性的操作措施。参与动物实验实际操作的人员应接受过必要的训练并拥有足够的经验，必须具备实验动物从业人员资格证或参加过实验操作相关的培训。

（3）阐明特殊的饲养管理条件。

（4）必要时（如外科手术）应阐明镇静、镇痛和麻醉措施或方案，以减少疼痛或将侵害分级，有助于评审。

（5）阐明动物实验的科学性和必要性，减少实验项目不必要的重复。

（6）重大手术的操作实施应预先设计有关应急预案，从研究实验项目中撤换会对动物产生剧痛或精神紧张的方案。

（7）手术后护理的方案。

（8）研究实验项目设计中应设定试验终点或人道终点，以及对动物实行安死术或相应的处理方案。

（9）研究实验项目设计中应有人员安全保护的方案。

（10）研究实验项目设计中应包含以往未曾遇到过的或可能会引起无法确切控制的疼痛或压抑的操作措施。这类操作可包括：动物保定、多项重大活体外科手术、饮食限制、佐剂使用、以死亡作为终点的研究、有害刺激物的使用、皮肤或角膜刺激试剂、肿瘤过度负荷、心脏或眶窦血液采样、异常环境条件的利用等。

IACUC 在审查研究计划的过程中，对如下几个方面需要进行关注。

（一）动物保定

（1）动物保定：用手工或器械的手段，部分或全部限制动物的正常活动能力，以达到检查、采集样本、使用药物、治疗或实验操作等目的。在大多数科研项目中，动物保定的时间不长，通常是数分钟。

（2）保定装置的规格、形制和操作应当适宜，以尽量减少对动物引起不舒适或伤害。多数犬、灵长类等动物通过训练，会伸出肢体或保持安静，接受简易的操作。

（3）一般应避免进行长时间保定，包括对灵长类的椅式保定。如果因为科研目的必须进行长时间的保定操作，需要 IACUC 进行审批，并在实施过程中做好相关预案工作。

（4）应采用不妨碍动物调整正常体位的、限制性较少的保定方式，如对灵长类的椅式保定。

保定措施的基本准则如下：保定装置不能用作通常的饲养"设施"；不能以保定装置作为控制或管理动物的方法；保定的时间应限制为完成实验所需的最低限度；保定装置应用动物进行训练，使其适应器械操作和工作人员；按 IACUC 要求规定适当间隔对动物进行保定观察；如发现因保定而引起损伤或发病时，应安排实验动物医师治疗、护理。

（二）重大外科手术操作

（1）重大外科手术可穿透和暴露动物的体腔，或引起躯体或生理功能的重大损害。一般不主张对同一活体动物实行多项重大外科手术。

（2）IACUC 在批准重大外科手术后，应持续评定其后果，以加强关注该动物的福利状况。

（3）单纯为了节约经费，不足以成为同一活体动物实行多项重大外科手术的理由。

（三）饮食的限制

（1）在要求限制饮食的实验条件中，至少应供给最低限量的饮食，维持动物的基本生命活动的要求。

（2）为科研目的而进行的限量措施应有明确的理由，并应制定计划以监测动物的生理或行为指标，包括将动物暂时或永久地从试验方案中撤换的指标，如体重减轻或出现脱水状况等。

（3）限饲的标准方法是按动物的随意或正规日摄食量的百分比，或按其体重变化的百分比来衡量。

（4）在限制饮水的情况下，应采取防范措施，以免发生急性或慢性脱水现象。对于啮齿类等小型动物，可增加观察和记录频率。

（5）在限制饮水的情况下，应特别注意保证动物摄取适宜的平衡饲料，因为限制饮水可能会减少饲料的摄取。

（6）应采取能够达到科研目的的最低限度的限饲、限水措施。对于限定应答条件的科研方案，建议最好不采用限饲措施，而应以饲料或饮水作为正向强化手段。

（四）实验动物医学护理

（1）必须要有专职的实验动物医师和人员为动物提供充分的实验动物医学治疗及护理，并评定其健康和福利状况。

（2）实验动物医师要从伦理和科学方面，对动物使用镇痛剂或麻醉剂。

（3）节假日应当设置值班实验动物医师。

（五）人员的资格和培训

（1）要求实验动物管理人员和使用动物的各级人员都有"实验动物从业人员岗位资格

证书"或经过实验动物相关知识的培训。

（2）实验动物管理人员和使用动物的各级人员都应经过相应的培训，实验动物中心应提供正规的或在职的培训，以便有效地实施计划，并以人道精神管理和使用动物。

（3）凡是对动物进行麻醉、外科手术或其他实验操作的科研人员、技术人员、受训人员和访问学者，都必须通过培训或具备经验，才有资格以人道精神和在科学上可接受的方式来完成这类工作。

（六）有害因素风险的评定

（1）研究计划中如涉及有害的生物性、化学性或物理性因素（包括电离性或非电离性放射物）的操作，应当有相应的设施条件和相应工作能力的人员。

（2）应注意并衡量随动物使用出现的各种潜在有害因素，例如，动物噬咬、化学清洁消毒剂、变态反应原和人兽共患疾病等。

（3）应有具备保健和安全性相应学科知识的专家参与评定与有害性操作相关的有害因素并制定处置这类因素的措施。

（4）对执行有害因素操作的工作人员应加强培训，在执行科研计划时要遵守操作规程，应对所涉及的有害因素有所了解，并能熟练运用相应的防护措施。

（5）实验动物工作人员都应接受应对危险的培训，训练课程应提供下列内容：人兽共患疾病；化学物品的安全；微生物及物理性的危害（如过敏、放射线等）；与实验操作程序有关的危险状况；废弃物的处理程序；个人卫生；其他应该注意事项（例如，在工作人员怀孕、生病或免疫机能下降时的防护措施）等，使之能应付工作环境突发的有害因素。

（七）非药用级别物质的使用

我们建议在所有涉及动物研究的项目中尽最大可能使用药用级别的物质（包括符合《国家药典》或《中国兽药典》要求的药物、原料药、药用辅料、试剂等），这样能够最大限度地避免不良反应的产生。如需使用非药用级别的物质，需要在动物使用计划中解释理由，并经 IACUC 批准。同时，在使用前需要了解该物质的理化性质、生物学效应，评估其可能对受试动物产生的潜在不良反应。药用级化合物指符合药典要求的纯度、能够被用于人类或动物的化学药物。非药用级化合物指其纯度未达到药典的要求，或者其中有害杂质含量超出一定限度，使用后可能导致人类或动物健康危害的化合物，其包括但不限于试剂级化合物等。

四、研究计划的审查结果

IACUC 对实验动物研究计划的审查结果一般有两种，即通过审查、不通过审查。对于未发现违反实验动物福利伦理有关法规、规定的，应通过审查；否则不能通过伦理审查，出具不予通过的报告，并说明不予通过的原因。

《实验动物福利伦理审查指南》（GB/T35892—2018）中对不能通过审查的情况予以说明和描述，具体如下：

（1）实验动物项目不接受或逃避伦理审查的；

（2）不提供足够举证的，或申请审查材料不全的，或不真实的；

（3）缺少动物实验项目实施或动物伤害的客观理由和必要性的；

（4）从事直接接触实验动物的生产、运输和使用的人员未经过专业培训，未获得相关资质或明显违反实验动物福利伦理审查原则和管理规定要求的；

（5）实验动物的生产、运输、实验环境达不到相应等级质量标准的；实验条件无法满足动物福利要求和从业人员职业安全及公共环境安全的；实验动物的饲料、笼具、垫料不合格的；

（6）实验动物生产、运输和使用中缺少维护动物福利、规范从业人员道德伦理行为的操作规定，或者不按规范的操作规程进行的；虐待实验动物，造成实验动物不应有的应激、伤害、疾病和死亡的；

（7）动物实验项目的设计有缺陷或实施不科学，没有科学地体现 3R 原则、5 项动物福利自由权益和动物福利伦理原则的；

（8）动物实验项目的设计或实施中没有体现善待动物、关注动物生命，没有通过改进或完善实验动物程序，减轻或减少动物的疼痛和痛苦，减少动物不必要的处死和处死的数量，在处死动物方法上没有选择更有效地减少或缩短动物痛苦时间的安死术；

（9）活体解剖动物或手术时不采取有效的麻醉方法的；对实验动物的生和死处理违反道德伦理的，使用一些极端手段或会引起社会广泛伦理争议的动物实验；

（10）动物实验的方法和目的不符合我国传统的道德伦理标准或国际惯例，或属于国家明令禁止的各类动物实验，动物实验目的、结果与当代社会的期望，或者与科学的道德伦理相违背的；

（11）对人类或动物均无实际利益或无任何科学意义并导致实验动物痛苦的各种动物实验；

（12）对有关实验动物新技术的使用缺少道德伦理控制的，违背人类传统生殖伦理而把动物细胞导入人类胚胎或把人类细胞导入动物胚胎中培育杂交动物的各类实验，以及对人类尊严的亵渎，可能引发社会巨大的伦理冲突的其他动物实验；

（13）严重违反实验动物福利伦理有关法规、规定的其他行为。

五、研究计划的重新审查

经过审查通过的实验动物研究计划，应当按照原批准的试验方案实施。任何涉及实验动物的重大改变，变更的部分均应该在实施前进行重新审查和批准。其审查程序与初次申请相同。

涉及的重大改变或变化包括：

（1）实验设计，包括物种、数量、来源及动物选择；

（2）实验程序、操作方法；

（3）运输及搬运方法和限制条件；

（4）对动物驯养、饲养、保定和操作性条件的加强措施；

（5）避免或缓解疼痛、不舒适、压力、痛苦、身体或生理机能的持续性损伤的方法，包括麻醉、止痛以及其他方式抑制不舒适的感觉，如治疗、保暖、铺软垫、辅助喂食等；

（6）仁慈终点的应用和动物的最后处理方法，包括安死术；

（7）动物健康状况、饲养和护理情况，包括环境丰富化；

（8）涉及 3R（替代、减少、优化）原则和动物五项自由权益；

（9）任何涉及健康安全风险的特殊试验；

（10）设施、设备、环境条件和手术规程；

（11）项目中主要负责人和实际操作人员；

（12）使用动物项目的意义、目标、科研价值、社会效益；

（13）其他可能对动物福利伦理原则造成负面影响的项目问题。

六、研究计划批准后的监督管理

为了防止批准后的实验动物研究计划未按照原计划进行，IACUC 应当对批准的实验动物研究项目进行日常的福利伦理监督检查。在进行检查时，IACUC 必须留意动物使用情形，并确认所观察到的执行程序与计划内容是否一致。检查过程中如发现违反实验动物福利的情况发生，应明确提出整改意见，严重者应立即做出暂停实验动物项目的决议；对于重复出现违反实验动物伦理的人员，可建立黑名单制度，限制其对实验动物的使用。

七、对检举投诉案件的处理

IACUC 应当提供必要的对外沟通渠道，以方便本机构人员或其他人员对实验动物管理和使用过程中发现的问题进行检举和投诉。一般做法是在比较明显的区域放置意见箱或者张贴 IACUC 的联系方式。对于口述申诉案件，应做完整记录。对于匿名申诉的案例，亦要尽可能以积极的态度来处理。

审查所有与动物管理及使用计划有关的检举事件是 IACUC 的职责之一。IACUC 主席有责任确保处理所有案例。当检举案例与 IACUC 主席间出现有利益冲突的状况时，机构主管应将上述职权交给其他人员来处置。

（一）前期评估与措施

一旦收到检举投诉事件，IACUC 主席应立即召开会议。在完成初步审查后，IACUC 必须决定是否需要进一步调查。一旦做出决定，IACUC 应及时通知相关人员。当 IACUC 就检举投诉案件完成初步评估或调查后，如发觉所检举的违例事件与动物福利无关，但确实违反了机构的政策或操作原则、法律法规时，则应移交相关部门处理。

（二）调查

如果 IACUC 认为有必要进一步调查，可由 IACUC 主席，或由主席指派某人进行调查，并于结束后向 IACUC 汇报。在进行投诉案调查时，如有任何利害冲突的状况出现，相关人士均应回避调查活动。被指派的调查人员应向 IACUC 提供一份调查报告，内容应摘述下列事项：被检举投诉的事项；与检举人（如果知道是谁）、涉及人员或计划相关主管面谈结果；动物及其所处环境的状况；相关文件与记录审查的综合报告；任何佐证的文件，如信件、报告及动物记录；可能的话，提出应采取的措施。

（三）结果及处置措施

针对违规事件，由 IACUC 向机构主管提出处分建议，再由机构主管进行后续处置。机构采取的处理方法可包括：执行必要措施以避免相同状况再次发生（通常这类措施包含行政制度、管理措施或 IACUC 政策或操作流程的修订等）；强制要求参与特定的训练课程，以避免未来发生同样事情的可能；由 IACUC 或 IACUC 指派人员对涉及动物的活动加以监督；告知机构主管或首席实验动物医师所采取的措施；暂时取消其执行动物管理操作的权利，或执行任何涉及动物的研究、测试与教学活动的权利，永久取消其执行动物管理操作的权利，或执行任何涉及动物的研究、测试及教育训练活动的权利；向机构主管建议应依规定给予必要的处分。

第三节　实验动物设施的检查

实验动物设施是实验动物饲养和动物实验的主要场所，其运行状态直接关系到实验动物健康、福利和人员健康，对其进行定期检查和审核有助于全面了解实验动物机构的运行状态，能够帮助机构发现问题、揭示问题、完善管理，保障机构的顺利运转。实验动物医师需要从专业角度参与实验动物设施的检查工作。

一、使用计划及设施现场检查的要求

使用计划的检查有关动物使用计划，应检查的重点项目有：IACUC 成员、功能及作业规章，包含计划审查；动物管理及使用内容；动物操作记录；职业健康与安全计划；实验动物医师医学管理计划；人员资格与教育训练等。

实施计划审查评估时，可依照如下程序：由指定人员（如实验动物医师或职业健康与安全计划的代表人员）进行简报说明；审查机构政策的书面文件数据（例如，标准作业程序、麻醉药剂使用准则或安乐死程序）。

所有动物设施至少每年要检查一次，检查的重点项目有：环境卫生；饲料、饮水供应方式；动物辨识系统；废弃物处理；动物健康记录；管制及过期药物的管理；环境控制；职业健康与安全计划所关注的事项；职员教育训练；适用规定、条文的熟悉度和门禁制度等。

IACUC 至少每年进行一次设施现场检查。委员有要求参与检查的权利，机构不得以任何理由加以拒绝。机构可以设置特别工作小组协助检查（如 GLP 设施的质量保证部门），但是有关检查程序及结果报告还是要由 IACUC 负全责。

IACUC 可决定是否要将设施检查日期、时间告知相关机构主管人员。事前告知有助于相关人员安排时间，以便于当日出席查核活动并回答相关问题。另外，需要提前制定一份应接受检视的全部设施的清单，制作一份设施的平面图以方便检查。

二、实验动物设施现场检查的关注点及要求

动物设施的合理营造和管理，对于动物的福利、使用动物的科研数据、教学或测试，以及对于工作人员的保健和安全都是至关重要的。完善的管理计划，要为动物的生长、成熟、繁殖和健康提供环境、栖居场所和护理条件；为动物提供福利条件；尽量减少可影响科研成果的各种可变因素。具体的运作措施则根据实验动物中心的不同情况而定。训练有素而机敏的工作人员，即使在总体布局或装备条件差强人意的情况下，往往也能保证高品质的动物管理工作。

在设施环境、建筑、场地管理方面，应评估多种因素，具体包括：

（1）动物的种类、品系、品种及个体的特性，如性别、年龄、体型、行为和健康状况等；

（2）动物单独饲养或群居饲养；

（3）实验动物设施的设计和建造；

（4）丰富生活环境的可行性或适宜性；

（5）课题目标和实验设计（如生产、繁育、科研、测试和教学）；

（6）对动物强制操作和侵害的程度；

（7）有害或致病物质的存在；

（8）保定动物的时限。

动物饲养的目标应当是尽量发挥其特异性行为，而尽量减少其压抑性行为。对于社会性动物，通常以配对或组群饲养，就可达到这一目标。

由实验动物管理人员和使用动物的各级工作人员制定一套实现理想饲养方法的措施，送交 IACUC 评审批示。IACUC 咨询研究人员和实验动物医师人员并进行决策，其目的应当是在既适宜于动物的保健和福利，又符合科研目标的前提下，高标准地实现实验动物专业饲养管理措施。决策议定后，就应进行客观评定，以完善落实动物的环境布局、饲养管理和营运措施。

安置动物的环境布局，应当与动物种类及其生活史、用途相适应。有些种类的动物，其繁育和生存可能要求接近自然环境条件才能适应。根据实验项目或动物本身的特定要求（例如，使用有害物品、行为学研究，以及免疫功能受损的动物和非传统性实验动物），还可能要征询专家的意见。

三、实验动物设施检查的结果管理

实验动物设施检查结束后，应当对检查过程中发现的问题进行汇总和评估，按照严重程度分为一般不符合项、严重不符合项。一般不符合项是指对实验动物福利或者人员健康可能有轻微不良影响的项目，例如，动物饲养间温度和湿度短时间轻度偏离国家标准、笼具有轻度破损、警示标识不全面等；严重不符合项是指对实验动物福利或者人员健康有严重影响，甚至危害动物身体健康或生命的情况，例如，笼具规格太小使动物不能自由活动、笼具严重损坏而威胁动物健康安全、濒死动物未及时处理、安死术使用不当、未完全麻醉而直接进行操作、未经训练直接长时间保定动物、术后未使用镇痛剂等。

对于发现的不符合项要下达书面检查报告，并对不符合项进行限期整改，整改后IACUC应该安排人员进行整改确认，最后关闭不符合项。

IACUC检查过程中产生的检查记录、整改记录均应该进行归档，保存合适的期限，如3年。

第四节　实验动物从业人员的培训

一、实验动物从业人员基本要求

实验动物从业人员是指从事实验动物或动物实验相关的各类人员，包括研究人员、技术人员、实验动物医师、辅助人员、阶段性从业人员。按照《实验动物从业人员要求（T/CALAS—2016）》规定，实验动物从业人员应当遵守实验动物相关法律法规，受过相应的专业教育和培训，符合实验动物从业人员健康要求，获得实验动物从业人员岗位证书。

二、实验动物从业人员的专业技术能力培训

所有实验动物从业人员都必须经过充分的教育、培训，了解实验动物科学的基本原理以确保动物福利和进行高质量的科学研究。实验动物从业人员的基础培训包括：实验动物相关法律法规的培训、实验动物基础科学、实验动物福利、实验动物科学研究、实验动物行为学、实验动物疾病学、实验室诊断化验、实验动物病理学、实验动物设施设计和维护等。各实验动物机构可根据岗位职责的不同进行选择性培训。

科研人员应经过相应科研业务知识和实验动物基础知识的培训，了解实验动物法规、福利伦理知识和设施环境标准，熟悉所用实验动物的生物学特性、习性和动物实验设施的相关管理规定，掌握动物实验操作的技术与方法。

动物饲养管理人员应经过动物饲养管理的业务技能培训，了解实验动物法规、福利伦理知识和设施环境标准，熟悉所饲养实验动物的生物学特性、习性和动物实验设施的相关管理规定，掌握实验动物饲养和设施运行管理的技术与方法。

设施设备运行管理与维护人员应经过电工、通风空调设备、压力容器等相关专业的理论知识和操作技能的培训，了解实验动物法规和福利伦理知识，熟悉实验动物设施环境标准和设施设备运行管理的业务技能，掌握设施设备运行管理与维护的技术及方法。

其他相关人员根据饲养和使用实验动物的种类、规模等具体情况来决定，有些机构还可能需要行为观察、检验检测、病理解剖、基因工程、分子生物学、设施建造和维护等其他相关专业技术人员。这些人员除应熟悉相应专业业务技能外，还应进行实验动物基础知识的培训，了解相关的实验动物法规、标准和福利伦理知识。

随着实验动物科学和医学的迅猛发展，从事实验动物工作的机构还应为上述从业人员的专业进步和发展提供继续教育机会，包括提供相关杂志、资料和网络培训，提供参加会议交流和学习的机会，以不断增强对动物饲养管理和使用的理解及认识，保障他们掌握其专业领域内最新的知识、技术、法规和标准，也确保实验动物受到高质量的对待和护理。

三、实验动物从业人员的职业安全培训

职业健康与安全计划是为了针对作业场所潜在的危害状况，通过实施预防、控管及消除等措施，让职业伤害或疾病的发生概率降至最低。防范职业相关疾病伤害发生的主要方式为对危害状况予以控制或消除。如果在规划及执行过程中，能有具备经验的职业健康专业人士参与协助，会提高此计划的效率。计划内容可包含下列项目：行政作业程序；设施规划及运作；危险性评估；危害物泄漏管控；教育训练；职业健康保健服务；个人防护装备；设备性能评鉴；信息管理；紧急应变程序；计划评估等。

实验动物从业人员的职业安全培训的相关内容可以参考本书相关章节。

参 考 文 献

国家科学技术部 . 关于善待实验动物的指导性意见 (国科发财字〔2006〕第 398 号).2006-9-30.

李根平 , 邵军石 , 李学勇 , 等 . 2010. 实验动物管理与使用手册 . 北京 : 中国农业出版社 .

庞万勇 . 2012. 实验动物兽医职责与培养 . 中国兽医发展论坛专题报告文集 : 629-634.

GB/T35892—2018. 实验动物 福利伦理审查指南 .

GB/T14925—2010. 实验动物 环境及设施 .

T/CALAS1—2016. 实验动物 从业人员要求 .

National Research Council. 2011. Guide for the Care and Use of Laboratory Animals. 8th Edition. Washington, D C: National Academy Press.

第四章　实验动物生物安全管理

　　《中华人民共和国生物安全法》已由中华人民共和国第十三届全国人民代表大会常务委员会第二十二次会议于 2020 年 10 月 17 日通过，自 2021 年 4 月 15 日起施行。该法规中 18 次提到动物，其中 6 次提到实验动物。例如，第七十七条规定，"违反本法规定，将使用后的实验动物流入市场的，由县级以上人民政府科学技术主管部门责令改正，没收违法所得，并处二十万元以上一百万元以下的罚款；违法所得在二十万元以上的，并处违法所得五倍以上十倍以下的罚款；情节严重的，由发证部门吊销相关许可证件"。实验动物涉及的生物安全得到前所未有的重视。

　　本章重点介绍实验室生物安全的基本概念和要求、动物实验中的生物安全知识和安全操作、动物实验的审查要点、生物安全风险评估，以及依据评估采取相应的防护措施等。

第一节　实验室生物安全基本概念

　　提起实验室安全问题，大家会想到发生过的许多"著名"事件和事故，包括实验室人员感染结核、出血热、猴 B 病毒，甚至 SARS 病毒等。其实，实验室生物安全事件造成的实验人员患病、死亡只是极端例子。而无时无刻发生在实验室的化学品、药品、试剂、辐射、热、电、水、病原微生物、实验材料以及实验动物等造成的潜在或一般性事件，很容易被忽略。生物安全要求动物实验人员必须具备良好的生物安全意识，掌握生物安全知识和操作技能，将生物安全风险降到最低程度。

一、实验室生物安全

　　实验室生物安全（laboratory biosafety）是指实验室的生物安全条件和状态不低于容许水平，可避免实验室人员、来访人员、社区及环境受到不可接受的损害，符合相关法规、标准等对实验室生物安全责任的要求。动物实验的生物安全重点强调在动物实验过程中涉及的各个环节可能导致的生物安全问题及相应的安全防护。

二、病原微生物分类

　　我国根据病原微生物的传染性、感染后对个体或者群体的危害程度，将病原微生物分为四类。第一类病原微生物，是指能够引起人类或者动物非常严重疾病的微生物，以及我国尚未发现或者已经宣布消灭的微生物；第二类病原微生物，是指能够引起人类或者动物严重疾病，比较容易直接或者间接在人与人、动物与人、动物与动物间传播的微生物；第三类病原微生物，是指能够引起人类或者动物疾病，但一般情况下对人、动物或者环境不构成严重危害，传播风险有限，实验室感染后很少引起严重疾病，并且具备有效治疗和预防措施的微生物；第四类病原微生物，是指在通常情况下不会引起人类或者动物疾病的微生物。第一类、第二类病原微生物统称为高致病性病原微生物。

操作病原实验，应在相应等级生物安全实验室中进行，具体要求参见卫生部颁布的《人间传染的病原微生物名录》。

三、生物安全实验室分级

根据实验室对病原微生物的生物安全防护水平，并依照实验室生物安全国家标准的规定，将实验室生物安全等级（biosafety level，BSL）分为 4 个等级：一级生物安全实验室（BSL-1）适用于操作在通常情况下不会引起人类或者动物疾病的微生物，即四类病原；二级生物安全实验室（BSL-2）适用于操作能够引起人类或者动物疾病，但一般情况下对人、动物或者环境不构成严重危害，传播风险有限，实验室感染后很少引起严重疾病，并且具备有效治疗和预防措施的微生物，即三类病原；三级生物安全实验室（BSL-3）适用于操作能够引起人类或者动物严重疾病，比较容易直接或者间接在人与人、动物与人、动物与动物间传播的微生物，即二类病原；四级生物安全实验室（BSL-4）适用于操作能够引起人类或者动物非常严重疾病的微生物，以及我国尚未发现或者已经宣布消灭的微生物，即一类病原。

以 ABSL-1、ABSL-2、ABSL-3、ABSL-4（animal biosafety level，ABSL）表示动物生物安全实验室相应等级，包括从事动物活体操作的实验室的相应生物安全防护水平。

四、实验动物设施环境控制

根据实验动物设施的功能和使用目的不同，国标（GB14925）中将其分为实验动物繁育、生产设施和动物实验设施。实验动物繁育、生产设施和动物实验设施的要求基本一致，因为只有达到基本一致的条件，才能尽量使实验动物的生理与心理保持稳定，不致影响实验结果。实验动物设施按国标分为普通环境、屏障环境和隔离环境。

（一）普通环境

该环境设施符合动物居住的基本要求，控制人员、物品、动物出入，不能完全控制传染因子，适用于饲育普通级实验动物。

（二）屏障环境

该环境设施符合动物居住的要求，严格控制人员、物品和空气的进出，适用于饲育无特定病原体（specific pathogen free，SPF）级实验动物。

（三）隔离环境

该环境设施采用无菌隔离装置以保持无菌状态或无外源污染物。隔离装置内的空气、饲料、水、垫料和设备应无菌，动物和物料的动态传递须经特殊的传递系统，该系统既能保证与环境的绝对隔离，又能满足转运动物时保持内外环境一致。适用于饲育无特定病原体级、悉生（gnotobiotic）及无菌（germ free）级实验动物。

第二节　动物实验的生物安全

动物实验人员必须取得"实验动物从业人员岗位证书"和生物安全专业培训资格后方可上岗，定期体检，不符合从业人员健康标准者不得进行动物实验活动。实验室必须制定饲养、使用、管理操作规程，人员必须进行良好的防护，如穿戴工作服、鞋、帽、口罩后方可进入实验室，不得在各动物饲养室之间随意串行以防止交叉感染。

一、实验动物生物安全特性

实验动物具有两大特点：一是为人类研究需要改变自己，似像非像原种动物，成为"病态异类"的新品系或品种；二是由于遗传改变，原有抵抗病原的能力呈现不同程度下降，病原谱系发生改变，更易得病。

实验动物、分泌物、排泄物、样品、器官、尸体等控制、操作不当，会变成病原污染的扩大器，造成更大范围传播。因此，了解实验动物生物安全特性，首先要做好思想准备，注重病原防控，防患于未然。

二、实验动物病原体检测和检疫

使用的实验动物或实验用动物应经过质量监测，检疫合格，来源明确。动物实验之前应了解拟使用动物可能携带、感染的病原；动物必须排除人兽共患病病原污染，并做好防控。实验室应动态监控实验动物污染或携带微生物状况，及时了解实验动物健康状态，进行风险评估，并采取一定综合措施保证动物实验安全。实验动物病原体检测和检疫强调：①实验动物饲养必须控制在国家标准《实验动物环境及设施标准》要求的饲养条件内，将污染的可能性降到最低；②必须按照《实验动物　微生物学等级及监测》和《实验动物　微生物学检测方法》两部分内容进行定期检测监控；③应采取相应卫生检疫、生物安全及管理要求，对不合格、不健康实验动物进行相应处理，确保使用的实验动物质量合格。

微生物检测标准和指标是实验动物微生物质量控制的依据，具体检测要求及项目包括动物的外观指标、病原菌指标和病毒指标，同时要求寄生虫检测同步进行。动物健康外观指标是指实验动物可以通过临床观察到的外观健康状况，如活动、精神、食欲等有无异常，头部、眼睛、耳朵、皮肤、四肢、尾巴、被毛等是否出现损伤、异常，分泌物、排泄物等是否正常。实验动物要求外观必须健康、无异常，实验室检测合格。为确保生物安全，实验中必须使用合格的实验动物。

动物隔离检疫是确保源头控制最有效方法。为了确保实验动物健康，必须进行隔离检疫。检疫项目根据相关实验动物微生物检查要求进行。啮齿类动物一般施行 2 周隔离，犬、猫为 3 周，兔类为 2 周，灵长类动物应为 3 周。具体检疫时间应遵照《中华人民共和国进出境动植物检疫法》的规定执行。实验动物应有质量合格证书、最新健康检测报告，检查运输的包装，注意运输途中是否被病原体污染。

三、基因修饰动物管理

1993 年，国家科学技术委员会发布了《基因工程安全管理办法》，目的是防止基因修饰动植物对人类、环境和生态系统的基因污染。该《办法》规定了生物安全等级、评价、申请、安全控制、奖惩等。农业部在 2001 年发布了经过国务院 304 号令批准的《农业转基因生物安全管理条例》，同时颁布了几项配套规章，涉及安全评价管理办法、进口安全管理办法、生物标识管理办法等（农业部 2002 年第 8、9、10 号令）。卫生部在 2001 年发布了《转基因食品卫生管理办法》（卫生部第 28 号令），国家质检总局在 2004 年发布了《进出境转基因产品检验检疫管理办法》（国家质检总局第 62 号令）。基因修饰动物的管理应该严格按照上述相关要求进行，同时加强饲养动物的微生物和寄生虫监测。

鉴于基因修饰动物的特殊性，应重点做好三个方面的工作：一是加强保种育种管理，确保原有品质属性规范化管理，杜绝动物逃逸到环境，带来不可预见的物种污染；二是加强遗传监测工作，定期检测遗传组成，确保遗传质量可控；三是加强微生物、寄生虫监测工作，定期检测微生物、寄生虫携带情况，确保微生物质量可控。

四、实验动物引种要求

对引入的实验动物，必须进行隔离检疫。对必须进行预防接种的实验动物，应当根据实验动物要求或者按照《家畜家禽防疫条例》（农业农村部）的有关规定，进行预防接种，但用作生物制品原料的实验动物除外。引种实验动物患病死亡的，应当及时查明原因，妥善处理，并记录在案。引种实验动物患有传染性疾病的，小动物一般给予安乐死；大动物视具体情况，根据实验动物医师的建议分别予以安乐死或者隔离治疗。从国外进口作为原种的实验动物，应附有饲育单位负责人签发的品系和亚系名称，以及遗传和微生物状况等资料，并在科技部指定的国家实验动物种子中心注册后方可按照国家海关渠道进口及生产使用。进口、出口实验动物的检疫工作，按照《中华人民共和国进出境动植物检疫法》的规定办理。除以上政策法规外，科技部也制定了实验动物进出口管理办法来规范实验动物的进出口管理。

五、实验动物安全饲养要求

从事实验动物饲育工作的单位，必须根据遗传学、微生物学、营养学和饲育环境方面的标准，定期对实验动物进行质量监测，并应符合国家标准。实验动物的饲育室、实验室应设在不同区域，并进行严格隔离，要有科学的管理制度和操作规程（SOP）。实验动物体型不同，饲养设施、设备环境及安全控制存在客观差异。小型动物小鼠、大鼠、地鼠和豚鼠等的饲养设备如 IVC、隔离器等条件较好，一般易于控制污染。中型动物兔、犬、猴等受到体型、特性等限制，应尽量做到有效控制。大型动物羊、牛、马等实验用动物尚无国家微生物、寄生虫等检测标准，实验应按相关要求进行。

病原感染性动物实验的设施、设备要求及人员防护取决于病原种类，即病原的烈性程度。高致病性的一、二类病原的实验要求在 ABSL-3 或 ABSL-4 高等级实验室中进行。

动物饲养应控制在能有效隔离保护的设备或环境内，如 IVC、隔离器、单向流饲养柜、特定实验室等。三类病原感染性动物实验应采用 IVC 或同类饲养设备进行饲养；四类病原应严格控制实验环境，有条件或必要时应采用 IVC 饲养。动物密度不可过高，饮水须经灭菌处理。动物的移动应做到每个环节实行有效防护，避免病原污染环境。

六、动物实验样本采集中的生物安全

实验研究中，经常要采集实验动物的血液等样本，进行常规检查或某些特定指标的生物化学分析，以及病原检测。因此，掌握正确的采血和样本采集技术十分必要，良好的动物样本采集技术，既能满足实验需要，也能有效实现生物安全控制。除血液、分泌物、排泄物、体表物质采集外，其他样本往往通过解剖或手术取得。为避免意外发生，原则上活检采样时应对动物进行镇静或麻醉。对接种了病原体的中、大型动物进行采血或体检时，要求将动物麻醉。对小动物进行灌胃、注射和采血时，可不麻醉动物，但要防范动物抓咬受伤。标本的运输要求用防渗漏的容器装标本，放入标本的容器应确保密封。将动物标本从实验室传出应严格按照有关规定程序执行。所有样本采集器具、物品必须严格消毒灭菌后，方可处理。

手术、解剖操作时容易被血液、体液、样品污染，或被器械、针头刺伤，存在潜在生物危害，因此必须做到以下几点：操作一定要使用适当的镇静、镇痛或麻醉方法；尽量减少样本活体采集，禁止不必要的重复操作；不提倡利用一个动物进行多个手术实验；严格实验操作规程，防止发生血液、体液外溅。严格控制组织、器官等标本的采集处置、意外划伤、针刺伤等；手术后的动物、标本以及所用器具材料等必须按规定程序妥善处置。

动物实验中常用的利器包括手术刀、剪刀、注射器、缝合针、穿刺针和载玻片等，应严格操作，避免划伤、刺伤实验人员。生物安全操作应注意：当一只手持手术刀、剪刀或注射器等利器操作时，另一只手应持镊子配合操作，不应徒手操作；应尽可能使用一次性的手术刀和注射器，禁止徒手安装、拆卸手术刀片和回套注射器针帽，必要时必须借助镊子或止血钳辅助；双人操作时，禁止传递利器；一次性手术刀和注射器使用后应立即投入利器盒。

七、含有感染性材料的动物实验操作

动物实验中会产生各种各样感染性材料，应该充分识别可能具有的风险，严格进行生物安全防护，实现有效控制。对感染性材料污染的清除和处理最可能直接导致人员手、面等部位污染。由于手和手套被污染而导致感染性物质的食入及皮肤和眼睛的污染时常发生，也较易污染门把手、电话、书籍等公用环境。破损玻璃器皿的刺伤、使用注射器操作不当而扎伤可能引起经血液感染。血液样本采集时可能因喷溅和气溶胶产生导致呼吸道感染，或误入眼睛而发生黏膜感染等。

动物等级、大小、特性、饲养、操作、咬伤、抓伤、气溶胶可导致的感染均有不同。举例来说，小鼠产生的气溶胶要远远小于犬、猴等较大动物产生的气溶胶，因此，控制措施会有所不同。含有感染性材料的动物实验，操作时应重点注意以下方面。

（1）动物实验涉及感染性材料的操作要在生物安全柜中进行，并防止泄露在安全柜底面。具体操作包括感染动物的解剖、组织的取材、采血及动物的病原接种。

（2）实验后的动物笼具在清洗前先做适当的消毒处理。

（3）垫料、污物、一次性物品需放入医疗废物专用垃圾袋中，经高压灭菌后方可拿出实验室。

（4）动物尸体用双层医疗废物专用垃圾袋包裹后，放入标有"动物尸体专用"的容器中，用消毒液喷雾容器表面后，运至解剖区域剖检。

（5）生物安全柜使用后应用消毒液擦拭、揩干。

（6）动物实验相关废液需按比例倒入有消毒液的容器中，倒入时需沿容器壁轻倒并戴眼罩，防止溅入眼中。

（7）如果有感染性物质溅到生物安全柜上、地上以及其他地方，应及时消毒处置。

（8）每天工作结束时，应用消毒液擦拭门把手和地面等表面区域。

（9）动物组织等废物放入高压灭菌器内时需同时粘贴指示条，物品移出前观察指示条是否达到灭菌要求。

（10）在处理病原微生物的感染性材料时，使用可能产生病原微生物气溶胶的搅拌机、离心机、匀浆机、振荡机、超声波粉碎仪和混合仪等设备，必须进行消毒灭菌处置。

八、废弃物和尸体处理

动物实验会产生很多废弃物，如动物的排泄物、分泌物、毛发、血液、各种组织样品、尸体，以及相关实验器具、废水、废料、垫料、福利丰富化物品等，若处理不当，都会作为病原载体造成人员和环境污染。必须按照生物安全原则，根据不同特点和要求，对其进行严格消毒灭菌处置。具体分述如下。

（1）血液和体液标本的处理。用于抗体、抗原、病原微生物、生化指标等检查的血液和体液，按照要求进行处理并检测，检测后的标本经121℃、30min高压灭菌处理。

（2）动物脏器组织的处理。动物器官组织，尤其是用于病原微生物分离的组织按照标准程序进行处理；用于病理切片的组织，需经过甲醛固定后再进行切片。剩余的组织经121℃、30min高压灭菌处理。

（3）动物尸体的处理。安乐处死后的动物尸体，取材完毕，经121℃、30min高压灭菌处理后，集中送环保部门进行无害化处理。动物生物安全三级（ABSL-3）及以上级别的实验室，感染动物尸体需经室内消毒灭菌处置后，再经ABSL-3实验室双扉高压灭菌，才能移出实验室。

（4）动物咽拭子的处理。用于病原分离和PCR检测的咽拭子，按照各自的要求处理后，进行病毒分离和PCR检测，剩余的标本经121℃、30min高压消毒处理。

（5）病原分离培养物的处理。病原分离的培养物，不论是阳性还是阴性结果，均需经121℃、30min高压消毒处理。

第三节　动物实验的风险评估及控制

一、常见危害

（一）动物性危害

动物性危害是指动物咬伤、抓伤、皮毛过敏原等造成的直接危害。动物感染实验从接种病原体到实验结束的整个过程，包括动物喂食、给水、更换垫料及笼具等，病原体随尿粪、唾液排出，都会有感染性接触、不断向环境扩散的危险。解剖动物时，实验者还会有接触体液、脏器等标本中病原体的危险。用来做实验研究的野生动物、实验用动物等也可能携带对人类产生严重威胁的人畜共患病病原微生物。

（二）病原性危害

病原性危害是指不合格动物携带的人兽共患病病原以及实验所用的各种病原污染。生物废弃物有实验动物标本（如血液、尿、粪便和鼻咽试纸等）和检验用品（如实验器材、细菌培养基和细菌病毒阳性标本等）。开展病原性实验的实验室会产生含有害微生物的培养液、培养基，如未经适当的灭菌处理而直接外排，会使生物细菌毒素扩散传播，带来污染，甚至带来严重不良后果。

（三）物理、化学、放射等危害

物理、化学、放射危害是指玻璃器皿、注射器、手术刀的直接创伤，或通过伤口感染等。化学药品（如核酸染料 EB）、毒品的误用都能造成损伤。放射性污染常常通过放射性标记物、放射性标准溶液污染等。

（四）生物工程危害

近年来发展快速的基因工程实验所带来的潜在危险，以及由肿瘤病毒引起的潜在致癌性等问题也是动物实验中存在的生物危害。

（五）废弃物危害

实验动物所产生的"三废"和尸体如果处理不当，将会对周围环境造成污染。如果在没有相应污物和尸体无害化处理设施的环境条件下开展动物实验，将导致严重的不良后果并产生极坏的社会影响。

（六）不良动物设施危害

实验动物饲养环境条件与动物实验环境条件不合格，会造成动物逃逸、病原扩散等危害。

二、动物实验的生物安全和福利伦理审查

2006 年，科技部发布的《关于善待实验动物的指导性意见》规范了饲养管理、应用、

运输等过程中善待实验动物的指导性意见及相关措施。在饲养管理和使用实验动物过程中，要采取有效措施，使实验动物免遭不必要的伤害、饥渴、不适、惊恐、折磨、疾病和疼痛，保证动物能够实现自然行为，受到良好的管理与照料，为其提供清洁、舒适的生活环境，提供充足的、保证健康的食物和饮水，避免或减轻疼痛和痛苦。

动物实验单位应设立生物安全委员会、实验动物管理和使用委员会，负责咨询、指导、评估、监督实验室的动物生物安全活动相关事宜，以及动物实验活动安全管理。一般实验人员往往注重动物实验本身，对动物福利、伦理和生物安全要求不太关注或不够专业。因此，国际上提倡成立动物实验福利伦理委员会，负责审查动物实验，对涉及动物保护、动物福利、科学需要、生物安全等各方面内容的每个环节把关。生物安全原则提倡要保证实验人员和环境的安全，良好的福利审查也可从福利伦理方面提供生物安全保障。

动物实验方案审查的内容应该包括：实验人员是否符合安全操作要求；设施设备是否符合生物安全要求；饲料、垫料、饮水是否符合安全要求；动物尸体处理是否符合无害化环保要求；等等。

动物实验福利、生物安全审查中应注意的问题非常多，主要有以下几点。

（1）人员培训情况：动物实验人员必须经过操作培训，包括动物基本知识、动物操作、麻醉方法、手术方法、给药方法、取材方法、解剖方法、生物安全防护等各种操作，最好持有专业培训证书。

（2）兽医监护：实验动物医师在维护动物权利的同时也应识别可能的生物危害。

（3）动物选择：应该选用微生物等级明确的动物用于实验，提倡在得到足够结果的前提下最大限度地减少使用动物的数量。尽量使用遗传背景一致性好、微生物控制级别高的动物，可以做到以质量代替数量。数量减少和质量提高可降低生物危害的范围。

（4）动物实验的必要性：提倡替代性生命系统、非生命系统、计算机模拟的应用。离体培养的器官、组织、细胞、微生物在许多研究中得到广泛应用，能够在利用替代性材料时不使用活体动物，也能较易实现对微生物的控制。

（5）动物实验方案的合理性：严谨合理的方案应使动物操作安全合理，减少污染。使用合适的统计学方法，鼓励用少量动物获得较多结果，使污染源尽量缩小范围。

（6）感染动物隔离：要避免碰撞和惊吓动物，动物活动量增加，释放气溶胶、广泛接触的可能性就加大，风险也随之加大。

（7）动物饲养：要正确饲养动物，且饲养空间要足够大，保证饮水质量，食物要干净，室内外环境要保持卫生清洁，降低疾病发生的概率。

（8）实验过程：应尽量在麻醉状态下进行动物实验。实验开始前，准备工作要充分，各种可能发生的生物安全意外事故和解决方案均要考虑周全。

（9）疾病护理：应判断实验造成动物不适、疼痛的等级。应考虑使用一切手段以减少动物在实验过程中所产生的疼痛，合理使用必要的麻醉剂、镇痛剂或镇静剂。疼痛可使动物不安、活动加大、相互撕咬、攻击性强，都会带来一定的安全隐患。

（10）减少对动物侵扰：尽量不过多干扰动物，减少对动物的刺激，避免应激反应。正确而熟练地抓取动物、固定动物，使动物不会剧烈反抗。鼓励人性化动物保定技术，必要时对动物进行训练调教，既能使实验结果更加可靠，也能降低许多风险。

（11）舒适措施（环境丰富化）：福利提倡提供必要的玩具，特别是犬、猴。有条件时可以给动物增加音乐和色彩环境，对于中大型实验动物实验会产生较好效果。尽量保证恒温恒湿、通风换气、噪声和光照度等的合理，同时设置必要的活动场地。但这些要求增加了生物污染的范围，应该注意玩具等的消毒灭菌。高等级病原动物实验时，应以生物安全为第一要素，可减少或不提供玩具等。

（12）动物处死：对实验结束后的动物要施行安乐死，注意不能在其他动物可视范围内进行动物解剖、处死等操作。如引起其他动物恐惧，同样会增加动物带来的各种生物安全风险。

三、动物实验风险评估

动物实验风险评估，是指在动物实验过程中，特别是病原研究实验中，动物因素或病原等对实验人员和环境可能造成的危害。针对所识别的各种危害，制定预防控制措施，将风险降到最低水平，确保动物操作的生物安全。风险评估的内容覆盖所有动物实验活动，如动物的种类（包括基因工程动物、基因污染动物）、来源、等级、检疫；动物操作中可能出现的抓咬伤、皮毛过敏、分泌物、排泄物、样本、尸体等污染；实验活动中可能造成的设施设备异常、液体溅洒、切割伤、刺破伤；病原感染动物的气溶胶扩散、动物逃逸、笼具污染、防护用品的污染、废物处置等。根据病原的种类、类别、剂量、有否药物和疫苗可用、防护要求等，不同动物应有针对性分析、评估，得出良好的评估结论，采取有效、适当、有针对性的人员控制措施，保证动物实验的安全防护。

四、动物实验的生物安全防护与控制

动物实验不同于体外实验，任何对动物带来伤害的操作，都会影响实验结果或造成生物危害。要求所有从事实验动物和动物实验的人员，包括临时实验人员，必须经过一定时间的培训，考试合格并取得上岗证后，才能进行动物实验。动物实验的安全控制要求实验人员应该具有良好的动物实验能力，包括动物饲养能力、对动物的认知能力、操作能力、信息采集能力、分析能力、关护能力、设施设备掌握能力和生物安全防护能力。具备了这些能力，才能完成良好的动物实验，同时保证实验中的生物安全。

实验动物不同于普通动物，它的培育严格控制在非常清洁的环境中。因此，相对而言，它们的免疫功能是低下或不健全的。人们往往注重它们的饲育、生产环境，忽视使用、实验环境。例如，饲育时在无菌隔离器、层流柜或清洁环境中，但实验时，往往放在普通实验室、一般动物室，甚至在走廊、过道和办公室中。从干净环境突然到普通环境中，会遇到很多病原微生物和寄生虫的侵袭，加之实验动物本身抗病能力不强，非常容易得病、死亡。实验动物得病后，也会对人的健康带来不利影响，特别是一些人兽共患病，如出血热、结核病、狂犬病、菌痢、寄生虫等疾病更是直接威胁人类健康。

动物实验不可避免要进行病原感染性实验，也是感染性动物模型制备的基础。例如，艾滋病动物模型要用到猴；流感病毒要感染小鼠、雪貂；结核模型动物有小鼠、豚鼠和猴等；肝炎模型动物有树鼩、转基因小鼠、土拨鼠等。做这些感染性实验既要了解病原的危害，

也要了解动物感染后的危害和可能的生物安全风险,操作中要提高控制能力,降低风险。

动物活体检测、外科手术、活体采样、解剖取材等技能更是要求人员能够熟练掌握,必须经过严格培训才能实际应用。

能力是安全的保证,以下是一些能力不足的具体表现。

(1)操作能力不足:动物采血是最常见的操作,如果不了解准确的部位,加之血管非常细小,如小鼠的尾静脉,不通过反复练习,临时或匆忙上阵,会造成动物反复损伤、人员刺伤。动物手术、取样、解剖时容易受伤,一定要重点防范。

(2)护理能力不足:如将手术后的动物放回笼具中,因处理不当,动物抓挠伤口,造成再次伤害;小鼠通过眼静脉丛采血后,止血不好,放回后,遭其他动物嗜咬,不仅非常残忍,而且会造成局部环境污染。

除了工程学防护生物安全柜、负压解剖台等以外,实验人员安全防护最主要的手段是通过穿戴适合的个人防护装置来实现。适当的个人防护装置的选择是以风险评估为依据,原则是:接触性污染应重点防护通过皮肤、黏膜接触而导致的污染,应穿戴实验服、手套、眼镜、面罩、鞋套等隔绝防护;经呼吸道途径污染,应重点防护通过飞沫、空气和气溶胶等被污染,应在穿戴实验服、手套、眼镜、面罩、鞋套等的基础上,配备口罩或特殊呼吸防护装置。不同类型的口罩和特殊呼吸防护装置功能不同,一定要事先做好针对性的风险评估。

五、实验动物和动物实验的安全操作及环境控制

在进行动物实验中,应该重点注意三个方面的内容:一是正确选择实验动物,对所用动物必须了解其整体概况,特别是微生物携带情况、免疫情况;二是保证动物应享有的福利,在使用动物进行实验研究时,尽量避免给动物带来不必要的痛苦或伤害,痛苦和伤害往往使动物活动增加、暴露增大,增加生物安全风险;三是在使用动物进行感染性病原研究时,必须保护好实验人员和周围环境,防止感染和污染。所以要求实验人员必须了解动物实验的原则和要求。

为防止被动物咬伤、抓伤,在进行皮下、腹腔、尾静脉注射、采血、给药和处死的实验操作时,必须正确抓取、保定动物,还应佩戴动物专用防护手套等防护物品。

要进行良好的安全管理,在实验动物饲养和动物实验过程中,采取严格的饲养管理和生物安全控制措施。

(一)日常的预防措施

(1)饲养人员应严格按照不同等级实验动物的饲养管理和卫生防疫制度及操作规程,认真做好各项记录,发现情况应及时报告。

(2)实验动物设施周围应无传染源,不得饲养非实验用家畜家禽,防止昆虫及野生动物侵入。

(3)坚持平时卫生消毒制度,降低、消除环境设施中的微生物、病原体含量。

(4)不从无资质单位引进实验动物,特别是实验用动物。

（5）各类动物应分室饲养，以防交叉感染。饲养室严禁非饲养人员出入和各类人员互串，购买或领用动物者不得进入饲养室内。

（6）饲料和垫料库房应保持干燥、通风、无虫、无鼠，饲料应达到相应的国家标准。

（7）饲养人员和技术人员应每年进行健康检查，患有传染性疾病的人员不应从事实验动物工作。

（二）生物安全措施

（1）及时发现、诊断和上报动物可能在实验过程中出现的严重人兽共患病。

（2）迅速隔离异常患病动物，污染的环境和器具应紧急消毒。患病动物应停止实验，应密切观察或淘汰。

（3）病死和淘汰的动物应首先采取高压灭菌等措施处理。如需集中处理，必须冻存，再行无害化处理。

（三）消毒措施

根据消毒的目的，消毒措施可分为以下三种情况。

（1）预防性消毒：结合平时的饲养管理，对动物实验室、笼架具、饮水等进行定期消毒，以达到预防病原污染的目的。

（2）实验期间消毒：及时消灭患病动物体内排出的病原体而采取的消毒措施。消毒的对象包括患病动物所在的设施、隔离场所，以及被患病动物分泌物、排泄物污染和可能污染的一切场所、笼具等。应进行定期的多次消毒，患病动物隔离设施应每天和随时进行消毒。

（3）终末消毒：在动物实验结束，患病动物解除隔离、痊愈或死亡后，为消灭实验室内可能残留的病原体所进行的全面、彻底的消毒和灭菌。

六、无脊椎动物实验室生物安全控制

无脊椎动物由于个体小、活动力强、易于藏匿，以及携带病原体广泛、难以控制等特点，实验室应能有效控制动物本身的危害或可能遭受病原感染的双重危害。应具备良好的防护装备、技术和功能，有效控制动物的逃逸、扩散、藏匿等活动。特别是从事节肢动物（尤其是可飞行、快爬或跳跃的昆虫）的实验活动，应采取的主要措施包括：配备适用的捕虫器、灭虫剂和喷雾式杀虫装置；安装防节肢动物逃逸的纱网；设制冷温装置，通过减低温度，及时降低动物的活动能力；配备适用于装蜱、螨容器的油碟；具备操作已感染或潜在感染的节肢动物的低温盘等一系列措施，防止动物失控。此外，应配备消毒、灭菌设备和技术，能对所有实验后废弃动物、尸体、废物进行彻底消毒、灭菌处理；人员应根据动物种类危害和病原危害，以及风险评估结果采取相应防护水平。

参 考 文 献

方喜业, 邢瑞昌, 贺争鸣. 2008. 实验动物质量控制. 北京: 中国标准出版社.

卢耀增 . 1995. 实验动物学 . 北京 : 北京医科大学中国协和医科大学联合出版社 .

祁国明 . 2006. 病原微生物实验室生物安全 (第 2 版). 北京 : 人民卫生出版社 .

秦川 . 2008. 医学实验动物学 . 北京 : 人民卫生出版社 .

中国医学科学院实验动物研究所、中国质检出版社第一编辑室 . 2011. 实验动物标准汇编 . 北京 : 中国标准出版社 .

WHO. 2020. Laboratory Biosafety Manual. 4th Edition.

第五章　职业健康与安全管理

职业健康与安全是指对实验动物从业人员工作场所内产生或存在的职业性有害因素及其健康损害进行识别评估、预测和控制，以促进和控制实验动物从业人员在职业活动中的身心健康和社会福利。《实验动物管理条例》规定：实验动物工作单位对直接接触实验动物的工作人员，必须定期组织检查。对患有传染性疾病，不宜承担所做工作的人员，应当及时调换工作。2014 年 9 月颁布的国家标准 GB/T 27416—2014《实验动物机构质量和能力的通用要求》中，首次把实验动物从业人员的职业健康安全要求明确纳入实验动物机构的管理范围；2018 年颁布的国家标准 GB/T35892—2018《实验动物福利伦理审查指南》明确提出了职业健康与安全的内容；2021 年颁布的国家标准 GB/T 39759—2021《实验动物术语》明确提出职业健康与安全的概念。实验动物职业健康与安全管理已从最初的卫生管理上升到职业工作防护。

职业健康与安全的内容主要包括：实验动物从业单位应有完整的职业健康、安全管理规定和技术操作规范，并负责对从业人员进行有针对性的职业健康、生物安全技术培训，配备安全防护设备。同时，应根据设施的主要安全风险，如人兽共患病、有毒有害的化学制剂和生物制剂、放射性危险、过敏原、特殊的危险性实验操作、动物的攻击和伤害等开展风险评估及审查，制定有效的突发事件应急处置预案，并组织实操演练。

实验动物可产生一定的安全问题，这些危害可能与动物本身直接相关，也可能与对动物的相关操作或环境有关。例如，实验过程中动物可能会咬伤或抓伤工作人员，这就要求实验动物从业人员要定期参加安全和操作培训，了解实验动物工作的危害因素，了解职业健康与安全防护措施，并学会穿戴适当的个人防护设备，严格执行安全工作规范，建立职业健康档案，保证从业人员的健康与安全。

第一节　实验动物职业健康的潜在危害及安全防护措施

实验动物工作中存在的危害有很多种，大家比较关注的是病原感染，如实验人员或饲养人员感染流行性出血热病毒、布氏杆菌、结核杆菌、猴 B 病毒等生物安全事件。其实，实验室生物安全事件造成的实验人员患病和死亡只是极端个例，而实际工作中频繁产生的实验器械、实验材料、化学品、试剂、辐射、热、电、病原微生物及实验动物等造成的潜在或一般性伤害事件往往被忽略，这些危害是日常工作中经常发生的，更应该关注和预防。

一、实验动物职业的潜在危害

实验动物职业的潜在危害很多，根据其产生原因可以分为生物危害、物理危害、化学危害、心理压力、其他危害等。

（一）生物危害

生物危害可能来自实验室中的任何活体组织，并对人类和动物造成危害。实验动物机构饲养或使用的动物可能携带病原微生物，甚至会携带人兽共患病病原，无临床症状，如流行性出血热病毒，通过咬伤或伤口接触污染物，人会感染发病；动物自身的致敏原会导致过敏体质的人发病；如果研究病原微生物，也有潜在的感染风险。所以说生物危害是实验动物机构存在和面临的重要职业危害因素。

1. 人兽共患病的感染风险

文献记载的人兽共患病约有近 200 种，很多人兽共患病都是人类和动物的烈性传染病或流行病，其中数十种曾引起严重的传播和流行。人兽共患病病原包括病毒、细菌、寄生虫、立克次体、真菌等，可感染包括人类在内的许多脊椎动物。因此，与实验动物设施内的其他传染性疾病相比，人兽共患病对人类健康的危害更严重。部分人兽共患病不仅可引起人类及实验动物的发病，甚至会导致人类和动物的死亡，严重威胁工作人员和实验动物的健康及安全，如果管理不善，可能会造成外界的疾病传播和流行，并严重危及公共安全。

（1）细菌性感染：2010 年 12 月，东北农业大学动物医学学院实验室进行"羊活体解剖学实验"后，导致 27 名学生和 1 名教师被确诊感染布鲁氏菌病。调查发现，该校动物医学学院的教师从某养殖场购入了 4 只山羊，在采购时没有相关检疫合格证明，也没有进行隔离检疫，直接进行教学实验。

在实验过程中，相关教师未能要求学生严格遵守实验室操作规程进行有效防护，是导致这次教学事故的主要原因。

（2）病毒性感染：1967 年，德国马尔堡病实验室里的工作人员突然发生高热、腹泻、呕吐、大出血、休克和循环系统衰竭。法兰克福和贝尔格莱德也有类似症状患者。这两个地方的实验室均使用来自乌干达的猴进行脊髓灰质炎疫苗等的研究。最终有 31 人感染上了一种莫名的疾病，其中有 7 人死亡。

1997 年，美国某灵长类中心，实验人员眼睛溅入了来源于猴的体液后，死于 B 病毒感染。后续的补救措施是：重新评估现有的预防、诊断和治疗措施，更新了 B 病毒指南，强调需要进行严格防护和及时的暴露后急救处理，以及利用更新的抗病毒药物进行预防性治疗。

2009 年，美国加利福尼亚州国家灵长类中心（CNPRC）65 只猴中，23 只（35%）发现有上呼吸道症状，并进展到暴发性肺炎和肝炎，19/23（83%）死亡或者安乐死。直到 2013 年，才发现其是由一种新腺病毒（TMAdV, titi monkey, Callicebus cupreus）引起的，而且有足够的数据显示，该病毒可以传播给人，并导致 1 例直接或间接接触者发生疾病，1 例直接或间接接触者发生了隐性感染。

多年来，在我国实验动物机构中，肾综合征出血热（汉坦病毒）流行较为严重，不断有实验动物和实验人员感染的案例出现，相继发生多起实验大鼠咬伤实验人员导致流行性出血热病毒实验室感染事件，安徽、四川、吉林、浙江、云南、北京、广东等地的部分高校和科研单位都发生过,不仅危害实验室工作人员健康,而且造成了巨大的经济损失,严重的还可导致发病死亡。

2003 年,北京、台湾相继发生了实验室源性 SARS 病毒感染事件。

2021 年,北京某猴场发生了人感染 B 病毒事件。

(3)寄生虫感染:孕妇接触猫时可能会感染弓形虫,有时会出现发热、肌痛、关节痛等症状,严重时可感染胎儿,导致胎儿脑部损伤或死胎。感染了冈比亚锥虫的 Wistar 大鼠传代时,某工作人员的手臂被污染的针划伤,当时用肥皂和水清洗,但 1 周后扎伤部位出现大的硬性下疳(原发性的皮肤炎症),且伴随发烧、头疼、疲劳、厌食症状,血涂片有大量的锥体虫。因为寄生虫的接触史明确,采用有针对性的抗寄生虫治疗,已痊愈。

工作人员用猫、犬、猪、猴做实验时,若被抓伤或咬伤,免疫力低下时可能会出现猫抓病。开始时伤口出现红斑丘疹,数日后出现发热、厌食、淋巴结肿大。

2. 动物致敏原危害

过敏是一种比较多发的症状,自然环境和生活环境中存在数以万计的致敏原,人群易感性存在较大的个体差异。实验动物过敏症(laboratory animal allergy,LAA)被认定为是一种职业病,主要导致从业人员呼吸道、皮肤和眼部等的过敏性炎症反应。LAA 的致敏原限定在与实验动物相关的致敏原,主要存在于动物的皮屑、分泌物、血液、毛发、排泄物等。

由于经常直接或间接接触动物,所以过敏是实验动物工作人员的严重的职业病。40% 以上的实验动物工作人员出现过过敏症状;70% 以上过敏体质的工作人员会在 1 ~ 2 年内对实验动物过敏。轻微反应可能会有皮肤发红,伴有或不伴有瘙痒、眼睛发痒、流泪、鼻炎(鼻子流涕)和打喷嚏或局部皮疹;严重的会导致全身皮疹、呼吸困难、休克甚至死亡。大约有 10% 的工作人员在数月到数年内出现职业性哮喘,临床症状为咳嗽、喘鸣、气促等。

常见的实验动物致敏原主要存在于小鼠、大鼠、豚鼠、兔等动物的尿液、唾液、皮毛、毛屑、饲料、垫料、粉尘、药物中,以及其他不明来源。

另外,个别人承受的压力和精神状态等也可导致产生内源性致敏原。

3. 基因修饰动物的生物危害

基因修饰技术对医学、生物学、农业生产、药物研究产生很大的推动作用,特别是基因修饰动物模型在造福于人类健康的同时,也可能给人类健康、生物多样性及生态环境带来灾难。尤其是当使用这些实验动物模型的实验人员操作不当,动物模型逃逸到自然环境中,与同种类动物进行遗传物质的交换和传代,其后果将不堪设想。它既可通过改变动物物种间的竞争关系而破坏原有物种生物多样性的自然平衡,也可把人类疾病的病原易感性基因转移出去,造成传染性疾病的大流行,破坏正常的生态环境,直接危害人类健康。

对于基因修饰动物,要考虑插入基因是否有致病性、致敏性、抗生素抗性等,主要考虑对实验室工作人员是否有危害、是否有传播可能、是否有治疗方法等。

(二)物理危害

实验动物工作中,物理危害是较为严重的危害,主要包括:外伤危害(实验动物的咬伤、抓伤、踢伤等）；实验研究中所使用的设备和材料危害，如锐利物品（针头、手术刀、玻璃碎片）等；压力容器、动物设施及环境中的噪声、震动、光照、温度、湿度等可能也会存在物理危害；动物进行影像学检查时，像CT、超声、X射线辐照仪等可能有射线危害。

1. 外伤

外伤在实验动物工作中很常见，引起外伤的因素主要有以下几个方面。

（1）动物抓伤、咬伤：实验动物从业人员若不熟悉实验动物习性，以及没有掌握抓取、保定等技术，极有可能被动物意外咬伤、抓伤或踢伤。当面对灵长类动物时，实验动物从业人员应格外小心。有关实验动物咬伤的文献报道显示，犬咬伤是最常见的，其次是猫、大鼠和小鼠。所以，工作人员和动物接触时，一定要了解动物习性，做好个人防护，包括安全防护帽、眼镜、手套、服装、鞋袜等。

（2）利器伤：使用注射针头、手术刀、锐利的器械和仪器时应小心避免受伤。不要用手直接拔掉针头；不要用手直接处理用过的针头和锐利器具。

锐器伤在动物实验中也比较常见，针头、破玻璃器皿、注射器和解剖刀在动物实验中都常常用到。

（3）机械伤：人被锋利的设施边缘划伤皮肤、被移动的锋利物体刺伤、地面光滑有水而容易滑倒等，因此要求实验动物设施各种表面，含门、窗（把手）、墙（角），尽可能做成圆弧状。

笼架和实验器材等边缘光滑，不可有锐利的棱角、不可有倒刺，以防划伤皮肤。

2. 扭伤

饲养人员和实验人员工作中不可避免地需要搬运大动物或仪器设备，可能会使其肌肉和关节过度负重，引发背部受伤、腕管症候群、网球肘和滑囊炎等持续性损伤。为避免此类损伤发生，尽量妥善处理和保定大动物，工作人员交替进行，搬运大型仪器时采用机械移动设备。另外，长期暴露于嘈杂环境或高音量环境时可能会造成临时性或永久性听力损伤等，要求工作人员尽量佩戴合适的听力保护设备，定期进行听力测试，以防听力受损。

3. 射线危害

（1）紫外线危害：紫外线主要是通过对病毒、细菌、真菌、芽孢等病原体的辐射损伤和破坏核酸的功能来杀死病原体，从而达到消毒、灭菌的目的。无臭氧型紫外灯是生物医学经常使用的空气和表面消毒手段，实验室环境、超净工作台、生物安全柜的消毒经常用紫外灯。紫外线照射过多对人体也有害处，如皮肤和眼睛损伤、致癌等，紫外线作用于眼部，可引起结膜炎、角膜炎，导致光照性眼炎，严重时可诱发白内障。紫外线作用于中枢神经系统，可引起头晕、头痛、体温升高等。长时间接触紫外线消毒产生的低水平臭氧，可使人感到气短、胸闷和恶心，并可刺激眼睛黏膜和肺组织，破坏肺的表面活性物质，严重时可引起气管炎、肺水肿和哮喘等。

实验室的照明开关和紫外灯开关经常放在一起，容易引起误操作，因此，紫外灯的开关应有明显的标识。例如，某高校学生下午上完动物实验课，晚上陆续有学生因眼睛不舒服看医生，查找原因发现是实验过程中，有学生误把紫外灯开关当成了照明开关，打开了紫外灯。而代课老师首次带学生实验，没注意到这一细节。后来该事件被学校定为教学事故，作为典型实验室宣讲案例。再如，新建生产屏障设施启用，引种动物数量比较大，所有动物包装箱都要从传递窗酒精喷雾后再紫外照射，方可在传递窗里打开取出动物，因为工作量大，工作人员忘记关紫外灯就直接打开传递窗取动物，自己则暴露在紫外灯下。工作结束后 3h 出现症状，包括眼睛轻微酸疼、流眼泪、畏光、视物模糊等，后去医院就诊，诊断为电光性眼炎。

（2）电离辐射危害：电离辐射主要包括 α、β、γ 和 X 射线，这些射线穿透力强，可破坏细胞的核酸、蛋白质和酶，产生极强的致死效应，常用于饲料、垫料、器具的消毒；若防护不当，局部或全身照射会导致放射病。

（3）放射性药品等危害：放射性药品能不断地自动放出肉眼看不见的射线，人体受到过量的照射会引起放射病。感光材料和其他药物受到照射后会变质，所以对放射性药品，要按国际标准规定保存和使用。

另外，实验室的大型仪器，为研究人员提供观察活体动物相关的实验仪器设备，对人员安全的保护最为重要，例如，生物学 X 射线辐照仪、小动物成像系统，都可能会对实验室环境造成污染。要用计量器定期检测，以防射线外漏。特别是 X 光机，应避免人员暴露在游离辐射源下，配合法规安全要求，制定安全注意事项，人员接受操作培训，操作空间应加设监视器和报警器，提供人员铅衣或隔板防护。

（三）化学危害

化学危害主要来源于化学消毒剂、臭氧、麻醉废气和保存组织的化学试剂，以及实验废弃材料等。实验动物屏障环境中常用的化学消毒剂有醛类消毒剂（甲醛）、烷基化气体消毒剂（环氧乙烷）、过氧化物类消毒剂（过氧乙酸、过氧化氢、84 消毒液）、季铵盐类消毒剂（苯比溴铵）及醇类消毒剂（乙醇）等。

化学消毒剂对人体组织有毒性作用，只能外用或用于环境消毒，对物体有腐蚀作用，且对环境有污染。例如，过氧化物类消毒剂对人体有刺激性和毒性；醛类消毒剂易引起人类产生过敏反应，导致哮喘；酚类消毒剂有特殊气味，对皮肤有刺激性，对人和动物毒性较强；环氧乙烷易燃易爆，对人有毒。因此，使用化学消毒剂要适量，作用时间不可过长。

吸入麻醉已在动物实验手术中被广泛应用，术中麻醉废气会弥散到空气中，造成手术室空气污染。其短期危害包括困倦、易激怒、抑郁、头痛、恶心和疲乏，长期吸收可致生殖系统毒性、肝脏毒性和致癌性等。另外，甲醛常用于保存实验动物组织，其毒性涉及多器官和系统，对人类健康最明显的影响是对眼和呼吸系统的刺激，临床症状有头痛、流泪、打喷嚏、咳嗽、恶心、呕吐和呼吸困难等，接触一定量的甲醛即可发生皮肤和黏膜的强烈刺激，长期接触甚至引起基因突变、染色体变异及 DNA 损伤。

（四）心理压力

心理压力是指在实验动物操作过程中，可能对实验动物从业人员心理产生的不良影响。实验动物从业人员刚开始接触动物时，缺乏与动物接触的经验，害怕动物携带传染性的致病微生物、害怕被抓伤或咬伤、害怕动物出现不可控制的出血情况，以及害怕面对动物的死亡等，在实验中表现出恐惧、紧张或厌恶，甚至怜悯和感恩等心理，严重时在操作过程中可导致焦虑和恐惧；做高致病性病原感染动物模型时，会因为对高致病性传染病的恐惧而难以将注意力集中到实验上。部分从业人员由于对动物鲜活生命的敬畏及尊重，会产生心理压力。这些压力会随着实验动物从业人员专业技术的提升和工作时间的增长而逐步缓解甚至消除。

（五）其他危害

1. 环境设施异常

实验动物设施的环境指标控制应符合国家标准的要求，气流速度、换气次数通过通风换气设备来控制，合理组织空气流向和风速来调节温度和湿度，降低室内粉尘和有害气体。然而，一旦设施出现问题，会造成相应的危害。

（1）房间通风不好，不能有效预防过敏原，NH_3、H_2S 等有害气体会对工作人员的健康造成危害，如加重过敏、鼻炎、中耳炎、气管炎、肺炎等疾病。

（2）设施异常时，如屏障送风突然停止，人会出现胸闷憋气、呼吸困难、头昏恶心等现象，一般要在 10min 内离开屏障。

（3）屏障设施突然断电，饲养人员和实验人员应立即离开动物房，确保人员安全。

（4）屏障内温度不稳定，易导致屏障内的工作人员感冒。

2. 设备操作

高压灭菌器属特殊设备，操作人员必须经过专业培训，掌握灭菌原理和操作规程，取得压力容器上岗证后方可进行操作。灭菌器内的物品不能放满，一般不得超过 2/3 体积，否则影响灭菌效果。实验人员用智能灭菌器时，一定要检查灭菌器内的水位，以防烧干出现危险。消毒试管或试剂瓶时，一定要将橡皮塞或瓶盖拧松；里面盛液体时，不得超过容器的 2/3，否则瓶体容易破裂，液体容易喷射。若消毒的是培养基，还容易堵塞排水管。

饲养人员在使用高压灭菌器、洗衣机或其他电器时，特别要注意灭菌水和蒸汽的危害。某高校实验动物中心曾发生饲养人员取水时，水未冷却，在搬运过程中突然被溢出的蒸汽严重烫伤的事件。此外，工作人员被液氮冻伤的例子也屡见不鲜。

3. 垫料更换

垫料是饲养小型啮齿类动物如大鼠、小鼠、地鼠等的必备品，更换垫料时，垫料的飞屑、动物的毛发和排泄物等，通常会吸附一些动物源性气溶胶，从而对环境或工作人员造成污染或感染风险。

4. 废弃物处理

实验室不可避免会产生各种废弃物，例如，病理室产生的废液，由于盛放容器破损、盛放过满、标识不清、转运工具不可靠等都会对人或环境产生危害。

二、实验动物职业健康的安全防护措施

实验动物机构应该拥有一套严格的标准操作程序，是针对动物生产和实验中每一工作环节或操作过程制定的标准、详细的书面规程。工作人员接受操作规程的培训，了解

实验动物工作的潜在危险，懂得如何抓取动物、如何正确选择和使用仪器，平时严格按照操作规程开展工作，能够最大限度地确保安全性。日常工作中，常见的安全防护措施有以下方面。

（一）被动物咬抓伤后的紧急处理

被大、小鼠抓伤、咬伤时，应立即退出动物房处理伤口，视咬伤程度采取进一步清洁消毒处理，必要时就医。在处理动物抓伤、咬伤时，及时处理是关键，应在动物设施内备有急救箱，里面准备必要的应急药品，药品应在有效期内。如果被感染病原微生物的动物抓伤、咬伤，还应上报机构安全负责人。

犬咬伤后，暴露伤口用流水或肥皂水反复冲洗 10min，并擦拭 2%～3% 的碘伏；通知动物室负责人，随后到附近的防疫部门就诊。

被猴抓伤或咬伤，应立即用碘伏刷洗伤口，并在自来水下反复冲洗 15min。猴体液溅入人眼时，也应立即用流水冲洗眼睛，至少冲洗 15min；处理伤口后，通知兽医和动物房主管助理，记录该动物号码。立即到医院就诊。

（二）动物致敏原的控制

配备个人防护设备，戴面罩，生物安全柜内操作，穿长袖防护服、戴手套，尽量减少与动物及其用品、用具直接接触的机会；勤洗手，离开工作区前请洗手、脸和颈部；工作时避免接触裸露皮肤如擦脸、挠发等；保持笼舍及工作区的清洁；动物室内保持良好的通风状态，设施运行指标符合国家标准要求。

（三）生物安全控制

人兽共患病或带有感染性病原体的动物模型，生物试验材料应在适当的生物安全实验室内操作，工作人员穿戴合适的个人防护设备，如防溅罩等，严格遵守动物处理和保定指导原则，防止被咬伤、划伤和针扎伤，尽可能以其他设备代替锐器，减少液体操作期间气溶胶的形成，使用辅助防漏容器储存或转移组织或体液，防止直接与动物皮肤、组织、垫料、尿液等接触，在操作动物或样本后除去手套，离开设施时洗手消毒。

人兽共患病是实验动物职业面临的重要传染病，危害因素大，日常工作中一定要做好个人防护，杜绝传染源，切断传播途径。控制接触是控制人兽共患病最有效的措施。

（四）废弃物、注射针头及高压灭菌器的危险控制

应将注射针头等锐器完整地置于一次性锐器容器中，委托专业单位焚烧处理，绝对不能乱丢弃。盛放锐器的一次性容器必须是不易刺破的，而且不能将容器装得过满（小于容积的 2/3）。

废弃物丢弃前应放置在防渗漏的容器，容器要结实，盛放不能过满，标识要清晰，固定专人转运到废液回收处。

高压灭菌器灭菌液体时，要确认压力已降至零后，缓慢打开高压灭菌器盖，让残余高湿蒸汽缓慢溢出，物品冷却 10min 后再取出，特别是取灭菌水时，一定要等水冷却，同时戴隔热手套，避免皮肤接触高压水和蒸汽。

（五）射线防护

使用紫外线灯时必须做好个人防护，要控制使用时间，同时必须佩戴防紫外线眼镜，不要裸露身体表面。另外，对类似易损物品（如橡胶类产品）和仪器，在开启紫外线灯时应遮盖。

放置有 X 射线辐照仪的实验室或手术室，房间的屋顶、墙壁、地面都要用钡水泥和铅板做好防护。涉及放射性的实验室，应按有关规定严格执行。对放射药物，要按国际标准规定保存和使用。

另外，放生物学 X 射线辐照仪、小动物成像系统等大型仪器的实验室，可能会对实验室环境产生少量的危险，要经常用射线计量器定期检测，以防射线外漏。

从事放射性工作的人员应做到以下几个方面：①必须了解放射防护的基本知识，经过放射防护部门的考核合格后方可上岗。②建立工作人员健康状况档案，特别要定期对与放射病有关的生理指标进行检测，发现问题应立刻停止接触放射性工作并进行及时治疗。③贯彻国家法规和各项规章制度，严守操作程序。④做好个人防护。皮肤破损、血红蛋白和白细胞偏低或过高、慢性肝肾疾病及有某些器质性功能性疾病的人不得从事放射性工作。在放射性实验室内不得随意脱去内层工作服和工作鞋等。在有灰尘和气溶胶产生的操作中不得随意摘掉口罩。放射区和非放射区的鞋不得通用。放射性工作人员应认真做好个人防护用品的保管、放射性检测和除污染工作，严格防止交叉污染。在放射区不准放置无关的非放射物品和个人用品。放射区内，工作人员不得随意丢弃非放射性废物，不准吸烟、喝水和进食，不准随便坐、靠、摸，以及做其他可能造成体表和工作服污染的工作。⑤做好放射性废物的处理。⑥做好放射性沾染的清除。工作人员体表、个人防护用品、实验用品、地面和墙面等受到放射性沾染，都必须清除直到低于表面沾染水平控制值，并达到尽可能低的水平，不致发生污染转移和扩散。

（六）安全标识系统清晰

实验动物设施出入口及内部应有安全标识。安全标识是用以表达安全信息的标志，包括生物危害、火险、易燃、有毒、放射、有害材料等安全提示，一般由符号、安全色、几何形状（边框）或文字构成。常用标识可分为警告标识、禁止标识、指令标识和提示标识四大类。

安全标识系统的设置应遵循"安全、醒目、便利、协调"的原则。

标识应设置在最容易看见的地方，以备设施出现异常情况时逃生。

（七）个人卫生

实验动物从业人员应保持个人清洁卫生，勤洗手、勤剪指甲、勤洗澡、勤换衣，良好的个人卫生习惯能降低职业性损伤和交叉感染的概率。实验动物工作单位应提供适当的防护服，换洗衣物统一由专人清洗、消毒。工作人员在处理动物前后及去除保护手套时清洗双手，以保持个人卫生。在动物设施内穿戴的外衣一般不能穿到动物设施外部，员工不能将食物、饮料或水带入动物饲养室或实验室内，在饲养室和实验室禁止抽烟、使用化妆品或摘戴隐形眼镜。

工作人员每年必须体检，特别是新入职人员，体检合格、培训后方可工作。

第二节　实验动物医师在职业健康与安全中的作用

实验动物医师是指从事实验动物疾病预防、诊断和治疗，以及实验动物护理和动物福利相关工作的人员，应毕业于兽医或动物医学相关专业，并获得相应的资质和培训证书。《北京市实验动物管理条例》第七条要求从事实验动物工作的单位和个人，应当维护动物福利；同时要求从事实验动物工作的单位，应当配备兽医，对动物实验进行兽医巡护、伦理审查、福利保护，使用妥善的方法进行动物实验。

实验动物医师应负责实验动物的疫病防控。实验动物医师应熟悉其设施内不同动物疫病防控的技术规范，负责单位免疫接种、微生物、寄生虫及其他疾病控制措施和制定防疫计划。同时，对动物进行常规的疾病监测，看其是否存在疫病感染或隐性感染，以及是否有人兽共患病、是否感染工作人员。

实验动物医师应负责单位动物疾病的诊断与治疗，同时评估动物疾病对工作人员的健康是否存在危害。

实验动物医师应负责实验动物从业单位和动物设施福利伦理执行情况的日常检查、监督和相关的技术咨询。

实验动物医师参与机构内所有的动物管理及使用计划、职业健康及安全的审查与核定。职业健康及安全审查的要点是对人员的健康安全、动物设施的安全、公共卫生的安全的技术保障情况。

实验动物医师根据自身的训练专长及经验，可协助研究人员就动物种类、性别、年龄及体重等项目进行选择。同时，实验动物医师也可评估现有机构设施与人员是否能够完成即将开展的动物试验。

总之，实验动物医师在职业健康及安全管理中发挥着极其重要的作用。

第三节　职业健康安全管理体系

根据《中华人民共和国职业病防治法》，国家安全生产监督管理总局 2012 年 4 月发布了第 49 号令《用人单位职业健康监护监督管理办法》，要求用人单位应当建立、健全劳动者职业健康监护制度，依法落实职业健康监护工作。为加强实验动物从业及相关人员职业健康与安全的监督和管理，规范用人单位职业健康监护工作，保护劳动者健康及其相关权益，有效防止和减少安全事故的发生。从事实验动物工作的单位和个人，应当建立职业健康安全管理体系，采取措施保证从业人员的健康和安全，定期组织职业健康检查，及时掌握工作人员的健康状况。

对直接接触实验动物的工作人员，有关单位应当按照国家规定提供有效的卫生、安全防护措施和医疗保障措施。

一、实验动物职业健康安全体系内容

（1）提供安全保障及技术规章方面的咨询工作。

（2）实验动物从业及相关人员应定期进行健康检查，上岗前确认没有传染病和其他影响工作的疾病，并保留血清，以备后用。

（3）为实验动物从业及相关人员提供适当的安全培训和技术培训。

（4）定期对实验动物场所、动物实验室等进行内部安全检查；发现问题向实验动物管理委员会报告，并监督改正。

（5）为新入职人员提供实验动物职业安全培训。

（6）每年对实验动物从业人员进行一次健康问卷调查，并根据调查结果由管理委员会咨询专业医生提供建议；必要时，对工作人员提供心理健康及职业健康和安全培训。

二、培训与考核

实验动物工作单位应制定一套严密的操作规程并使其严格执行，明确告知可能接触到的危害物质的详细情况并使其能熟练地使用必要的安全防护装备。

（1）单位的安全手册、规章制度、操作规程。

（2）了解实验动物的职业健康安全的潜在风险。

（3）人兽共患传染病的防治。

（4）物理性危害的防护（如放射性物质等）。

（5）化学危害的防护。

（6）个人卫生及防护。

（7）废弃物的处理。

（8）其他实验动物从业人员应注意事项及适当的防护。

三、实验动物机构的安全防护

实验动物工作机构应提供个人安全防护所需装备，必要时，还需采用其他保护性措施。实验动物从业人员应该随时穿戴相应保护性衣物，除卫生考虑外，还需隔绝动物过敏原对人的伤害。特殊情况下，工作人员在离开工作区时应淋浴。安全防护服及装备不应穿离危险物品工作区或动物室。对在具有潜在危害环境中工作的人员，应提供适当保护措施。例如，在灵长类动物区中的工作人员，应配备手套、手臂及头部保护装备、口罩、防护镜等。

在个人防护中，要注意人兽共患病的预防。动物饲养管理人员应接种破伤风疫苗，可能感染或接触特殊传染因子的员工应提前进行免疫，如狂犬病毒（使用某些动物种群）或乙型肝炎病毒（使用人血或人类组织、细胞株或储存液）。对从事风疹、麻疹、鼠疫和狂犬病病原体处理的实验室人员，均需做相应的预防接种，以防人兽共患病对工作人员的危害；有些非人灵长类动物疾病可以感染人类，接触非人灵长类动物或其组织、体液的人员应定期检查，防止由人传染给动物。此外，要及时汇报饲养或实验过程中所有的事故、咬伤、抓伤和过敏症，并妥善地进行医疗处理。

四、实验动物从业人员健康检查与工作适合性评估

人员上岗前除了技术培训外，必须进行健康检查，确认没有传染病和其他影响工作的疾病才能上岗。实验动物从业人员应具有良好的卫生习惯和心理卫生素质，符合实验动物从业人员体检健康标准。有明显过敏反应的人员亦应考虑更换工作岗位。孕妇不适宜在病毒室工作，也不适宜在大剂量放射性实验室工作，否则容易造成流产、死胎、胎儿畸形。如果进行已知的传染性实验，要对工作人员进行血清抗体检测并留存，以后要进行定期特异性抗体检测，以便了解工作人员是否在工作中受到了感染。对于从事潜在危害性工作的人员亦应进行定期健康检查，如对接触非人灵长类动物的工作人员，应经常做有关疾病的筛查，以确定无肺结核等疾病的感染；至于针对某些可能感染到的特定传染性疾病，亦需事先接种相应疫苗。健康检查不合格的，不宜继续承担所做工作，应当及时进行工作调整。

参 考 文 献

高虹, 2019. 实验动物疾病. 北京: 科学出版社.

贺争鸣, 李根平, 朱德生, 等. 2018. 实验动物管理与使用指南. 北京: 科学出版社.

李垚, 陈学进. 2019. 医学实验动物学. 上海: 上海交通大学出版社.

吕京, 田燕超. 2015. 实验动物机构职业健康安全手册. 北京: 中国质检出版社, 中国标准出版社.

秦川. 2017. 实验室生物安全事故防范和管理. 北京: 科学出版社.

秦川, 谭毅. 2020. 医学实验动物学. 北京: 人民卫生出版社.

秦川, 魏泓. 2015. 实验动物学. 北京: 人民卫生出版社.

翟涤, 鲍琳琳, 秦川. 2020. 动物生物安全实验室操作指南. 北京: 科学出版社.

张江. 2018. 实验动物. 北京: 化学工业出版社.

第二篇

实验动物健康管理

第六章 实验动物质量监测

实验动物作为生命科学研究的重要支撑条件，直接影响到生命科学各相关学科的发展，合格的实验动物医学管理是保证实验动物质量的基础，也是质量监测环节的重中之重。随着科学的发展和科技的进步，对实验动物的质量提出了越来越高的要求，实验动物质量成为制约性要素，直接影响到应用该动物的项目质量、科研数据的准确性及结论的可靠性，同时也影响实验人员的健康。实验动物标准化体系主要包括遗传学控制、微生物学控制、环境控制和营养控制等方面，其中环境控制是实现实验动物质量标准化的关键性措施之一。实验动物正常的生长发育、繁殖、育种和动物实验处理，都离不开实验动物设施的环境稳定，只有严格控制实验动物环境，才能消除环境因素引起的实验动物机体不良反应，才能确保实验动物的健康，促进实验动物质量的标准化，从而推动实验动物科学的发展。实验动物的表型也受周边饲养环境的影响。不良的环境因素会使动物产生应激，影响动物正常的新陈代谢和生理机能，降低动物的繁殖性能；动物的抵抗力也会相继受到影响，对病毒、细菌的抵抗力下降，使动物实验结果的准确性、可靠性受到影响或质疑。

实验动物健康管理主要是建立健全实验动物管理法律、法规和质量监测体系，实现质量标准及相关规章和办法的法制化、标准化及规范化管理等。实验动物质量控制侧重于研究实验动物质量的检测试剂、检测技术及方法等，包括遗传学质量控制、微生物学和寄生虫学质量控制、病理学质量控制等。

第一节 实验动物健康监测计划的制订

一、实验动物医师在实验动物健康监测中的作用

实验动物医师在实验动物健康监测中的作用包括监测动物的遗传质量、动物自身微生物和寄生虫的控制，以及病理学质量控制。实验动物是一类特殊的科学"试剂"，其质量对于科学研究具有重要意义。动物质量的一致性会对实验数据产生影响。我们期望从动物实验得到的数据具有一致性，但是如果实验动物本身质量存在差异，实验数据的本底值就会千差万别。研究人员希望对实验动物有较为一致的质量标准，动物之间的个体差异不能太大，动物的质量要满足科学研究的需要。实验动物体内需要排除的病原包括危害动物生命健康的病原、人兽共患病病原，以及对动物和实验人员的健康影响不大但是会对实验数据产生干扰的病原。

二、实验动物医师在实验动物健康监测工作中的实施内容

实验动物健康状况的管理工作由实验动物医师承担，实验动物的日常健康检查通常由实验动物助理医师（实验动物医师技术员或受过培训、熟悉疾病症候且得到授权的实

验动物技术人员）完成。实际工作中，为确保实验动物的健康和福利，每天对所有动物应进行至少一次的健康检查，并进行记录。检查内容至少应包括行为、外观、体况、采食和饮水、排粪和排尿及其他日常活动的改变等，或依据实际情况增加其他检查项目。日常检查中，当发现动物意外死亡和（或）发病、外伤、正遭受痛苦或表现出其他偏离正常状态的症候时，应及时向主管实验动物医师汇报，以便能适时采取必要措施保护动物健康，减少动物痛苦，避免疾病的播散，防止对实验研究造成影响。

日常实验动物健康观察的主要内容和方法如下。

（1）身体状况的观察。健康动物应有正常的体形和姿态，检查时应注意动物活动是否异常、身体各部位是否正常，以及动物营养状况是否良好。

（2）皮肤及被毛观察。健康动物被毛有光泽、浓密、无污染，异常时可出现被毛粗乱、蓬松、缺少光泽，甚至有粪便污染。健康动物的皮肤有弹性，手感温暖，异常时可见皮肤粗糙，缺乏弹性，甚至出现损伤。

（3）呼吸、心跳和体温检查。正常动物具有固定的呼吸、心跳、体温范围和呼吸方式，呼吸、心跳和体温超出固定的变动范围则视为异常。

（4）天然孔、分泌物及可视黏膜观察。正常动物的天然孔干净无污染、分泌物少，可视黏膜湿润。如出现鼻涕、眼屎、阴户流恶露、肛门有粪便、可视黏膜充血或发汗等，均为异常。

（5）精神状态及反应性观察。健康动物精神状态良好、活泼好动、双眼明亮、对外界环境反应灵敏，对光照、响声、捕捉反应敏捷。如果出现过度兴奋或过度抑郁则为异常。

（6）生活习性的观察。不同种属的动物有不同的生活习性，若习性反常，常表示动物健康异常。

（7）采食量及采食方式观察。健康动物食欲旺盛，有固定的采食量、饮水量以及采食和饮水方式，若饮水量骤增或骤减、采食方式发生改变，均为异常。

（8）粪尿观察。正常动物的粪便具有一定的形、色、量，尿液具有一定的色泽、气味。异常时可见粪尿过多或过少，粪便稀薄或硬结，粪便中有胶冻状黏液、脱落黏膜、血液等，尿中带血、颜色浑浊不清或异常气味。

（9）妊娠与哺乳。正常雌性动物经配种后出现正常妊娠和哺乳期，而且不同时期有不同的体态、行为及采食反应。异常时可见流产、早产、死产、难产、拒绝哺乳、弃仔和食仔现象。

（10）生长发育观察。动物出生后经哺乳、离乳直到成年，各个时期均应达到一定的体重和身长，具有该品种品系的外貌特征。异常时可见发育迟缓、瘦小或出现畸形。

（11）对可疑动物进行个体检查。必要时可根据具体情况进行特殊检查，如尸体解剖、病理学检查、微生物学检查、血液学检查和生物化学检查等。

第二节　实验动物微生物和寄生虫监测

一、实验动物医师在实验动物微生物和寄生虫监测中的作用

控制实验动物微生物和寄生虫，是实验动物标准化的主要内容之一。实验动物医师

应制定严格的监测管理制度，定期对实验动物和动物实验的环境设施、饲料、垫料和饮水等进行监测，以确保实验数据的准确性和可重复性，为确保实验动物符合控制等级要求提供基础保障；对各级实验动物群进行微生物学、寄生虫学监测，病原监测包括实验动物设施内微生物等级监测、动物体内微生物和寄生虫的监测，微生物引起的疾病包括细菌、病毒和其他微生物感染引起的病变。影响实验动物健康的微生物因素是多种多样的，主要取决于感染动物的微生物种类；寄生虫生活在动物体表或体内，从宿主获取营养来生存。原生动物、蛔虫、绦虫、线虫、虱子、跳蚤等都能够寄生于动物身体，有时甚至能导致动物死亡。病原监测可以确定各级实验动物是否符合原定级别，有利于排除不确定因素，保证实验动物和动物实验的质量可控，从而确保实验数据的准确性和可重复性。依据国家标准 GB/T14926.1—14926.64 和 GB/T18448.1—18448.10，应至少每 3 个月检测一次。实验动物传染性疾病防控过程中，应采用实验动物医学和实验动物实践中现实可行的办法对患病动物进行诊断和治疗。病原监测还可以保证实验研究的顺利进行和工作人员的身体健康。在人工饲养环境中，实验动物被集中饲养，由于活动空间相对狭小，动物繁殖快、数量多、互相影响大，当受到外界或动物间各种病原体感染时，极易导致传染病的发生与流行。实验动物疾病的发生与流行，除造成动物死亡外，还会干扰实验的顺利进行，引起生物制品的污染，对人类健康产生危害。对于可能给动物群体带来严重危害或已失去治疗价值的实验动物，应及时实施安乐死并进行无害化处理，及早采取措施，以免疫情扩大，导致其他动物的死亡、实验的终止而造成更大的损失。

二、实验动物医师在实验动物微生物和寄生虫监测工作中的实施方法

（一）微生物和寄生虫监测项目设置

设置监测项目可以有效保证实验动物质量。设计监测项目要将监测项目的置信度有效地设定，如被监测实验动物数量、监测时段，以及符合质量保障要求的饲养环境。质量监测项目需花费经费和时间，但其成本比发生疫情后导致损失或重建动物种群的支出要少。在监测项目的设计中，应该根据监测目标确定项目的经费、监测的有效时间和统计学意义，以保证操作和统计数据的有效性。

（二）相关的国家标准

实验动物的微生物、寄生虫检测具体操作方法主要分为病原学检测和血清学检测：《国家标准实验动物微生物学检测方法》（GB/T14926.1—14926.64）和《国家标准实验动物寄生虫学检测方法》（GB/T18448.1—18448.10）。细菌、真菌和寄生虫以病原学检测为主；支原体、泰泽氏病原体、弓形虫等主要以血清学方法检测；病毒的常规定期检测以血清学为主；疾病诊断则以病原学检测为主。国家标准（GB14922.1 和 GB14922.2）规定了不同等级的实验动物检测频率。采样的动物数可根据国家标准规定，健康的动物群体取样数量根据生产繁殖单元大小来决定。在生产设施中，普通级动物、清洁级动物、无特定病原体动物每 3 个月至少检测 1 次，无菌动物每年检测 1 次；每 2 ～ 4 周检测 1 次生活环境标本和粪便标本。

（三）采样方法

采样方法采用随机抽样法或哨兵动物法。

1. 随机抽样法

采样时，宜在动物群中不同方位随机采取育成动物，选择至少 4 个不同的位置采集样品。检测结果受多种因素的影响，如取材数量、感染率的高低、取材频率、取材对象（动物年龄、疾病的早晚期等）、方法学的选择（病原学或血清学检测）、方法学的敏感性等，均与检测结果密切相关。一些实验室从供货商处获得实验动物后，马上抽取其中一些动物进行相关检测，这样就可以判定供货商为实验室供应的是否为健康动物。值得注意的是，离乳动物由于母源抗体的存在，可能会导致监测的假阳性结果，应该考虑到母源抗体的影响，一般来说母源抗体的半衰期为 14 天，在制定监测方法时，可以避开此段时限以增加监测的准确性。无论病原学或血清学检测，检测结果阳性者表示该群动物有该病原体感染的存在。但作为疾病病原体的确定，还需要进一步分析。若检测结果阴性，可作为无此病原体存在的依据。

2. 哨兵动物法

哨兵动物的设置方式和数量，根据动物饲养环境和饲养数量不同而有所区别，监测过程中哨兵动物与被监测动物之间的接触方式主要分为间接接触和直接接触。使用哨兵动物需要遵从两个要点：一是要在保证足够检测数量的同时使用最少量的哨兵动物，二是在整个监测过程中要使哨兵动物最大限度地暴露于潜在的病原感染环境中。为监测动物群中病原微生物，必须对哨兵动物进行定期检测。由于使用少量哨兵动物能够敏感、有效地反映整个实验动物群的病原微生物状态，因此是一种非常高效的动物健康监测方式。在啮齿类动物群中应用的哨兵动物与研究中的动物有着直接或间接的联系，在某些条件下，它们是质量保证体系中不可或缺的一部分。无论什么品种、品系、年龄，哨兵动物必须类似于研究中的动物。哨兵动物应使用免疫正常动物，哨兵动物的笼盒应放在室内低的架子上，并经常移动到房间内其他空气流通的位置。哨兵动物放置的位置一般在动物室的气流回风口处。实验动物饲育方式有开放平板架饲养、IVC 饲养及隔离器饲养等，动物室的气流出口一般设在饲养室四周角落，那么在开放架饲育环境中的底层靠近出风口处为最佳放置位置。各型号 IVC 设置气流方式有所不同，但一般在 T 字型笼位处气流较强，故哨兵动物应放置在底层中间位置或正中位置。在隔离器中饲育的哨兵动物，可设置于出风口下方并可采用 50% 旧垫料法提高检出率。如果是对环境设施进行微生物监测，那么对环境气流的进风口也必须设置哨兵动物。哨兵动物与被监测动物的接触方式分为间接接触和直接接触。间接接触常用于监测经排泄物传播的疾病，被监测动物数量较多，也用于监测设备或运输材料是否带有病原。间接接触法中最常用的是旧垫料法，即每次换垫料时从被监测笼盒内取出约 50 g 垫料放入哨兵动物笼盒内，对哨兵动物同时用旧垫料和废气可以有效增加 IVC 系统中的微生物监测效率。直接接触，即将哨兵动物直接放入被监测动物群中，可监测小范围内经气溶胶或排泄物、分泌物传播的疾病，这种方法可检测到间接接触法不能检测到的病原，被监测动物数量较少，但在实际操作中，应注意由于新个体的介入可能引起被监测动物与哨兵动物打斗或者雄性动物选择哨兵动物作为配偶等行为。哨兵动物通常被放置于动物房中 1 ~ 6 个月，而后对其实施安乐死。哨兵动物安乐死之后，对其进行完整的尸检，收集血液（血清）标本用来检测啮齿类动物不同疾病的抗体，通过粪便样本来检测寄生虫；如果在哨兵动物体内发现啮齿类动物常见疾病，说明该房间中的其他动物也被感染了。

（四）监测方法

1. 病毒的检测

各级各类实验动物的经常性病毒检测和病毒疫情普查的检测方法一般为血清学检测，常用的方法有酶联免疫吸附试验（ELISA）、免疫荧光试验（IFA）、免疫酶染色试验（IEA）、血凝试验（HA）、血凝抑制试验（HI）、病毒中和试验、补体结合试验、琼脂扩散试验等。需要检出动物群中有疾病流行的病毒或确认病毒存在的情况时，采用病原学检测，常用方法有：病毒分离与鉴定，病毒颗粒、抗原或核酸的检出，微生物检测的聚合酶链反应（polymerase chain reaction，PCR），潜在病毒的激活，抗体产生试验等。

2. 细菌的检测

最常用的方法是病原菌的分离与培养，或进行动物接种。由于泰泽氏病原体不能在人工培养基上生长，因此宜采用血清学检测方法，动物实验进行组织压片、镜检，并结合病理检查结果诊断。布氏杆菌、支原体等可采取血清学方法。国外已将螺杆菌作为啮齿类实验动物必须排除的病原菌列入常规检测项目，PCR 方法和测序是目前螺杆菌检测的金标准，我国已陆续开展螺杆菌检测方法的研究。

3. 真菌的检测

真菌的检测主要采用沙氏培养基分离培养，不同的真菌具有一定的菌落特点，结合染色镜下检查可进行种属鉴定；还需借助于生物化学反应结果和免疫学方法诊断。

4. 寄生虫的检测

动物体内寄生虫主要是蠕虫和原虫，可用直接涂片法（粪便、血液、脏器、肠内容物）、饱和盐水漂浮法或沉淀法、透明胶纸肛门周围粘取法、组织或器官剖面压印法、病变组织切片或压片法、尿液离心法等。体外寄生虫主要是蚤、虱、螨等节肢动物，采用肉眼观察法、透明胶纸粘取法、拔毛取样法、皮屑刮取法、黑背景检查法、解剖镜下通体检查法等。

三、微生物和寄生虫监测的管理

为保证各级别实验动物的健康品质，需要定期对实验动物进行微生物和寄生虫的监测。实验动物通常集中饲养，饲养密度较大，且动物的隐性感染对实验动物的质量和动物实验研究都有很大的影响。普通级和 SPF 级动物至少 3 个月监测 1 次；无菌级动物每年监测 1 次；动物环境标本和粪便标本每 2 ~ 4 周检查 1 次。动物实验室内正在进行实验研究的动物不能作为抽样的标本监测，应在室内分别设立"哨兵动物"，定期对"哨兵动物"进行监测，以保证动物实验室内实验动物的健康安全，防止隐性感染发生。为保证实验动物的健康品质，环境设施的维护也是同样重要的，环境的变化会对实验动物的健康产生很大的影响，所以必须对实验动物各种环境因素高度重视，日常各种环境因素指标的监测记录要充分考虑，包括温度、湿度、光照、噪声、风速、换气次数和消毒剂的使用等。具体各级别实验动物微生物和寄生虫监测的项目内容、监测方法参照GB1492.1—2001 和 GB14922.2—2011 进行。

不同品系动物对病原的易感性不同，特别是基因工程动物及一些免疫缺陷动物。免疫缺陷动物，特别是体液免疫缺陷动物，无法使用血清学方法检测病原感染产生的抗体，因此需要确定动物免疫状态，以选择相应的检测技术，如病原学检测（细胞和鸡胚接种培养）、分子生物学检查（聚合酶链反应）以及组织病理和超微病理学检查等，也可使用相应级别的动物作为哨兵动物监测病原微生物。若设施既往检出过病原，实验动物医师应制定特别的监测计划，如增加抽样数量和抽样频率等。值得注意的是，动物年龄过小，免疫应答不全，可能会造成漏检。

受病原微生物、寄生虫等自然感染的动物，如果用于实验，其结果会出现很大的偏差，当然也很难得到正确的结论，尤其是进行病原微生物的感染实验，应以使用未患任何感染性疾病的健康实验动物作为先决条件，才可获得可靠的实验结果。病原体感染实验动物的形式是多种多样的。有的感染不仅引起动物发病，出现临床症状和组织病理改变，甚至引起动物大量死亡；有的呈隐性感染，并不导致死亡，却影响动物机体的内环境稳定性和反应性，改变机体正常的免疫功能状态，或与其他病原体产生协同、激发或拮抗作用，使实验研究和结果受到干扰及严重影响。例如，小鼠的脱脚病（鼠痘）、病毒性肝炎和肺炎、伤寒；大鼠的沙门氏菌病、化脓性中耳炎、传染性肺炎；家兔的球虫病、巴氏杆菌病；犬的狂犬病、犬瘟热；猫的传染性白细胞减少症；猕猴的结核病、肺炎、痢疾等。

第三节　实验动物病理检测

一、实验动物医师在实验动物病理检测中的作用

在实验动物的健康状况调查中所采用的微生物学、寄生虫学和遗传学监测，难以检测出由于动物生存环境中的化学物质、空气中的有害物质，甚至噪声、光照等而引发的动物健康问题，因而无法全面准确地反映实验动物的健康状况。病理检测可以提高处于亚健康状态动物的检出率，完善实验动物质量评价体系。病理学诊断在医学诊断中是具有权威性的一级诊断，其直接通过观察器官、组织和细胞的病理特征而做出疾病诊断，较临床上的其他诊断更具有直观性、客观性和准确性。在实验动物的病理检测中，血液学、临床化学和尿等分析结果可以提供动物整体的健康状况，这种实验动物临床病理学是重要的监测实验动物质量的指标。病理检测为实验动物的标准化提供了可靠、准确的评价依据，对实验动物行业发展和生命科学及生物医药卫生事业的发展至关重要。

二、实验动物医师在实验动物病理检测工作中的实施方法

（一）实验动物组织病理检测

1. 实验动物组织病理检测的内容

组织病理检测的内容主要包括外观检查、临床病理、大体解剖、组织病理等。外观检查在病理检测中非常重要，某些疾病发病前先出现临床症状，可作为疾病诊断的前期信号。大体解剖是病理学最基本的研究方法之一，对动物进行解剖和检查是运用病理学的知识、技术，检查动物体的病理变化，及时发现某些传染病或其他疾病，为采取防治措施提供依据。大动物的监测一般不进行解剖，外观检查就显得尤为重要和必要。外观检查具有直接的特点，其缺点是检查者需要有丰富的经验。在实验动物设施和管理日益完善的同时，许多疾病不会造成明显或特殊的症状，这是外观检查的"死角"。临床病理学检查即用实验室的方法对动物的血液、尿液、粪便、腹水等进行化验和分析研究，以帮助诊断及了解疾病进程。

2. 显微组织病理检测

将病变部位的组织制成切片，或将脱落的细胞制成涂片，经过染色后，在显微镜下观察和综合分析病变特点，做出疾病的病理诊断。通过活检或尸体解剖获得的组织标本经过一定的处理步骤，制成切片，常规 HE 染色进行诊断。必要时，实验动物医师可应用免疫组织化学染色法等来辅助组织病理检测。

（二）实验动物临床病理检测方法

实验动物临床病理学涉及对存活动物参数变化的描述、功能和时间相关性评价。作为一种监测方法，临床病理学依赖于血液学、临床化学和尿液分析的结果，在实验的情况下，对于实验结果的解释需要与匹配平行的对照动物相比较。临床病理学参数之间的关联性、临床病理学结果与其他研究结果如临床症状、解剖病理学等的相关性，对于解释临床病理结果是必不可少的。

血液学的监测中通常包含潜在血液学效应，主要通过评估外周血中红细胞（RBC）、白细胞（WBC）、血小板数量和骨髓的变化来确定。在质量监测中需常规进行临床化学检测。这些检测信息与碳水化合物、脂肪和蛋白质代谢相关，与泌尿、肝胆、肌肉骨骼、心血管和胃肠道系统有相关性。尿液检查通常由尿液的理化性质检查和尿沉渣检查组成，为评价泌尿生殖道的变化及系统性变化提供信息。由于啮齿类实验动物样品收集的技术困难，在监测中经常采集单个时间点的尿液样本（如解剖时），而不是定时收集，检测结果不依据尿量来判断。由于收集技术导致样本可能污染也是一个值得注意的问题。

三、实验动物病理检测的管理

啮齿类实验动物的病理检测项目，应包括外观检查及大体解剖检查，当解剖发现异常时，应做进一步的组织病理学检查。犬、猴及小型猪等非啮齿类实验动物的病理检测项目应包括外观检查及临床病理学检查，当检查结果发现异常时，应进一步进行解剖和

组织病理学检查，并可将心电图、B 超等检查作为日常健康监测的辅助手段。目前，病理学检测的主要内容是病理形态学检查，通常是在动物死亡后或肿瘤发生后才实施检测，而不是作为常规检测项目，其在动物质量监测中的作用并没有得到真正的发挥和体现，另外，病理学诊断具有专业的特殊性和工作的经验性，实验动物医师可在实验动物病理诊断人员和病理技术人员的辅助下，完成实验动物病理检测的管理和具体操作。只有将专业复杂的病理问题客观细化、量化并标准化，才能充分发挥病理检测在实验动物质量监测中的作用。

　　实验动物因其物种、品系、性别和年龄等动物本身的因素，不可避免地会出现外观无法观察到的组织病理学变化，必须深入了解特定品系或物种独特的增龄性变化。例如，慢性进行性肾病是啮齿类动物的一种变质性疾病，呈现慢性、持续性进展过程，因而得名，是一种大鼠常见的增龄性自发病，也可见于小鼠，以灶性肾小管嗜碱性、小管上皮增生及基底膜增厚为基本特征，可见肾小管扩张伴发透明管型。该病是 SD 大鼠最常见的自发性病变，也是实验大鼠最为重要的死亡原因，常发生于老龄或成年大鼠，雄性较雌性严重，不同品系的发病率和发病年龄不同，致癌实验中可降低大鼠的生存率，从而导致实验失败，应引起重视。可能对实验产生影响的动物自发性疾病还有啮齿类进行性心肌病，又称为退行性心肌病，是老龄大鼠常见的增龄性病变，也是啮齿类特有的心肌病，与人和家禽动物的心肌病病变表现明显不同，一般 3～4 月龄的雄性大鼠可见早期病变，雄性大鼠的病变较雌性为重，F344 系大鼠的病变较 SD 系大鼠的病变为重。区分受试物引起的心脏病变和自发性心脏疾病是必不可少的，啮齿类进行性心肌病的发病率和发病程度可因外源性受试物的给予而发生改变，需认真鉴别这种病变是自发的还是受试物相关的改变。

　　实验动物的饲养环境根据相关国家标准（GB14925—2010）控制。饲养环境的温度、湿度、光照度及噪声条件也会对实验动物的生理机能产生影响，从而引发病理改变。由于实验人员的活动，可能使一些实验动物过度暴露在强光下，造成白化动物的眼部疾患，如感光细胞的凋亡等。实验比格犬的角膜炎常与环境因素如灰尘、垫料或感染相关。

第四节　实验动物遗传监测

一、实验动物医师在遗传监测中的作用

　　非啮齿类动物及封闭群啮齿类动物在科学研究中发挥着重大作用，许多近交系的后代产生大量亚系，品系的遗传特性可能会发生很大变异，不易觉察，但是一旦发生，会影响该种群的遗传质量。近年来基因工程动物大量涌现，种群数量越来越多，基因检测也越来越受到重视。实验动物医师应该在两个方面对实验动物的遗传质量进行控制：一是要科学地进行引种、繁殖和生产，即对生产过程进行控制；二是要建立定期的遗传监测制度，对动物的质量进行控制。遗传质量控制的重点是近交系和封闭群动物。建立和维持一个种群是为了保持一个特定的基因，但在繁殖生产过程中很难防止种群中产生遗传漂移，随时检测种群中基因的纯合性十分重要。基因突变亦难避免，维持一个近交系

基因纯合性的最好方法就是选择表现正常的动物作为种鼠，同时考察其祖代的繁殖能力和质量。

二、实验动物医师在实验动物遗传监测工作中的实施方法

（一）遗传监测方法

凡是由遗传决定的动物性状都可能成为遗传监测的指标。考虑到性状的稳定性以及监测方法的准确和方便，研究者逐渐建立了一些遗传监测的常规方法。通常遗传检测主要采取毛色鉴定、皮肤移植、同工酶检测等，比较先进的方法有聚合酶链反应（PCR）法、DNA 片段测定法。正确的检测方法必须符合以下条件：①精确度高，可重复性强；②简单易行；③高效率；④经济实惠。每种方法只涉及基因组内有限的一部分位点，所以需要几种方法同时使用，才能对品系的遗传组成有全面了解。常用的方法有以下几种。

1. 统计学方法（监测生长发育、繁殖性状参数等）

遗传监测要统计实验动物的体重、体长、窝产仔数、离乳数等；通过察看一窝的产仔数来检测该群基因是否污染。为了更好地表述繁育实验结果，建议使用繁育指数，每个指数都可用来计算平均数、标准差及每个种群范围。一旦建立一个正常的种群范围，繁育人员很容易通过数据判断哪些种群在正常范围内，哪些种群不在正常范围内。正常的种群范围可以根据被检测种群中动物的数量而定。

2. 免疫学方法（监测免疫标志）

免疫学方法包括皮肤移植法、混合淋巴细胞培养法、肿瘤移植法、血清反应法等。生物体的多种抗原均可以被用作免疫标记，以检测小鼠或其他动物的纯合性。抗原存在于细胞表面，有些只有在特定细胞中才能找到，有些存在于所有细胞中。遗传检测中两种常见的抗原类型为红细胞抗原和组织相容性抗原。采用红细胞抗原检测法，动物无须处死，只需采集其少量血液。组织相容性抗原是指细胞表面蛋白，这些蛋白质通过特殊机制识别"自己"，排除"异己"。这种蛋白质有上百个，可以说每个染色体对应一个相应的蛋白质。对这些抗原可采用皮肤移植技术测试，即将被检测动物的一小块皮肤移植于另一个动物身体上。如果移植的这小块皮肤在另一个动物身体成功移植，则两种动物有相似的组织相容性基因，可以认为它们是同一个品系。但是这种技术也有缺陷：5% ~ 20%的移植失败源于手术的操作不当，很难判断移植失败是由于品系不纯还是手术原因；需要长时间的观测。

3. 生物化学方法（监测生化标记）

通过电泳检测各种同工酶如脂酶、过氧化氢酶等生化标记。动物组织中某种特定的酶可以作为生化标记，这种酶的结构与底物结合后会发生变化，并通过组织化学电泳技术和电化学技术进行检测。通常采集血浆、红细胞、肝肾组织和尿等样本用于检测。

4. 形态学方法（监测外形特征）

形态学方法包括毛色基因测试法、下颌骨测定法等。下颌骨形态学监测技术主要依据不同品系动物骨架的不同。不同类型小鼠的下颌骨的测量数据均不相同。下颌骨的比例受基因控制，尽管其形态变化可能受后天环境的影响，但应用特殊的计算机程序，输

入相关的参数，即可还原其真实结果。

5. 细胞遗传学方法（监测染色体带型）

C 带、G 带。

6. 分子生物学方法（监测 DNA）

RFLP、STR、RAPD、SNP、DNA 指纹等。

7. DNA 多态性遗传检测

DNA 多态性遗传检测主要包括 VNTR（即串联重复序列）、MHC、线粒体 DNA、RAPD（即随机扩增多态性）。这一类方法是针对以上免疫标志、生化标志、形态学特征等表型监测的局限性而采用的一种生物个体之间 DNA 分子差异的可靠的遗传标记，达到个体鉴定水平。

8. SNP 法

SNP 法即单核苷酸多态性，是在基因组水平上由单个核苷酸的变异所引起的 DNA 序列多态性。该方法利用分子标记与目标性状的紧密连锁关系，通过分子标记的选择间接实现对目标性状的选择。SNP 法克服了传统形态学标记数目少、受环境影响较大、抽样误差带来的育种准确性差的不足，且可以在育种早期实施监测性状鉴定，大大缩短了育种周期，降低了育种成本。

以上监测方法都是直接或间接检测动物体内某些基因的变化，但仅是其中很少一部分，不能反映遗传组成全貌。由于检测内容不同，各种方法可以相互补充。

（二）相关的国家标准

我国 1994 年发布第一个实验动物标准，其中，国标 GB14927 规定了遗传检测的生化标记检测法和免疫标记检测法，这也是国际上常用的方法。虽然该标准在 2001 年进行了修订，但只是对个别标记点做了调整；2008 年对生化标记法增加了小鼠的肽酶、大鼠的血红蛋白和碱性磷酸酶，对免疫标记检测法增加了微量细胞毒检测方法，使遗传检测技术更加科学完善。具体操作方法详见国家标准 GB14927.1 和 GB14927.2。

三、遗传监测的要求

（一）近交系动物

（1）具有明确的品系背景资料，包括品系名称、近交代数、遗传组成、主要生物学特性等，并能充分表明新培育的或引种的近交系动物符合近交系定义的规定。

（2）用于近交系保种及生产的繁殖系谱及记录卡应清楚完整，繁殖方法科学合理。

（3）经遗传检测（生化标记基因检测法、皮肤移植法、免疫标记基因检测法等）质量合格。

（二）封闭群动物

由于封闭群动物的遗传组成不如近交系稳定，目前尚没有统一的质量标准，但基本要求如下。

（1）作为繁殖用原种的封闭群动物必须遗传背景明确，来源清楚，有较完整的资料（包括种群名称、来源、遗传基因特点及主要生物学特性等）。

（2）保持封闭群条件，以非近亲交配方式进行繁殖，每代近交系数上升不超过1%。

（3）具有一定的种群规模，保持封闭群的主要生物学特性。

避免种群遗传污染要做到：保持房间清洁；保持笼子和笼盖完好无损；将不同种群置于不同房间；不同种群的动物用不同的卡片来识别；预防可能发生的动物互换、错放，处理动物时，一次只拿一个笼子；培训工作人员关于遗传学的知识；设置奖励机制，鼓励技术人员或技术专家发现基因突变就上报，如果是新离乳的动物，要写清其背景资料；发现有动物逃离笼子，应及时捕捉，进行隔离或处死；新进技术人员必须跟随熟练技术人员才能进行各项实验操作，直至能胜任本职工作才可独自操作；繁育时，随时注意避免外来动物进入繁育室。

四、遗传监测的管理

遗传监测是定期对动物品系进行遗传检测的一种质量管理制度，其依据是遗传质量标准，检测方法为生化标记检测法和免疫标记检测法。近交系动物每年至少检测一次，封闭群动物也应定期进行检测，具体实施要求见GB14923。动物遗传性状变化的原因既可以是天然突变，也可以是实验导致的。通过实验改变基因（转基因或基因敲除）的动物经常患有遗传病。同一种属的动物经过基因修饰以后会产生不同的特征，如颜色、大小发生变化。遗传监测制度作为实验动物质量控制的根本制度，须严格执行。遗传性状的改变可以影响动物对疾病、药物及实验因素的敏感性。例如，特定种属的转基因小鼠患乳腺癌的概率大大增加。同一种属不同品系的动物，对同一刺激具有不同反应，而且各个品系均有其独特的品系特征。通过不同的遗传育种方法，可使不同个体之间的基因型千差万别，表现型也同样参差不齐。例如，DBA/2小鼠100%发生听源性癫痫发作；而C57BL小鼠根本不出现这种反应。BALB/cAnN小鼠对放射线极敏感；而C57BR/CdJN小鼠对放射线则具有抵抗力。同一种属中不同品系小鼠体内的肿瘤发生率也各不相同，如C3H小鼠自发乳腺癌高达90%，AKR小鼠白血病自发率很高，等等。又如，C3/H/HCN、A系、津白Ⅱ号等属于高癌系小鼠，C57BL/6N、C58、津白Ⅰ号等属于低癌系小鼠。由于遗传变异和自然的选择作用，即使是同一种属的实验动物，也有不同的品系。一般来说，自发的遗传突变在整个研究群体中出现概率极小，并不影响实验。只有实施定期检测，才能确保动物遗传质量符合要求，动物实验结果科学、可靠。否则，动物遗传特性的改变，可导致实验动物质量的变化和实验数据的不可靠，影响实验研究结果的可信度。实验动物技术人员在发现异常动物时应及时报告。异常动物因遗传突变有可能成为潜在的研究模型，对疾病和生物学研究起到重要作用。

参考文献

陈民利.2017.实验动物专业技术人员等级培训教材（初级）.北京：中国协和医科大学出版社.
高虹.2018.实验动物疾病.北京：科学出版社.

高虹, 邓巍. 2019. 动物实验操作技术手册. 北京: 科学出版社.

贺争鸣, 李根平. 2009. 试论我国实验动物质量监测网络建设与发展策略. 实验动物与比较医学, 29(3): 137-141.

李雨函, 魏强. 2012. 哨兵动物概述. 中国比较医学杂志, 22(10): 72-75.

卢静. 2016. 实验动物专业技术人员等级培训教材 (中级). 北京: 中国协和医科大学出版社.

秦川. 2010. 实验动物学. 北京: 人民卫生出版社.

孙德明, 李根平, 陈振文, 等. 2011. 实验动物从业人员上岗培训教材. 北京: 中国农业大学出版社.

谭毅. 2017. 实验动物专业技术人员等级培训教材 (高级). 北京: 中国协和医科大学出版社.

魏泓. 1998. DNA 多态性检测在实验动物遗传监测中的应用. 中国实验动物学杂志, 8(3): 172-175.

张丽芳. 2011. 实验动物细菌学监测工作中存在的问题及建议. 中国比较医学杂志, 21(8): 74-78.

赵杰, 游新勇, 徐贞贞, 等. SNP 检测方法在动物研究中的应用. 农业工程学报, 34(4): 299-305.

赵勇, 范春, 朱闽娟, 等. 2020. 屏障环境的哨兵动物应用. 实验动物与比较医学, 40(1): 70-73.

Anderson LC, Otto G, Pritchett-Corning KR, et al. 2015. Laboratory Animal Medicine. 3rd Edition. Burlington: Elservier Inc.

第七章　实验动物常见疾病管理

　　实验动物是生命科学研究的基础和支撑条件，被广泛地应用于生物、医学、畜牧、兽医、药学等许多领域。实验动物无论是饲养在隔离系统、屏障系统或是开放环境中，都可能受到细菌、病毒和寄生虫的侵袭，或者其他类型疾病的影响，特别是在环境条件较差、管理不善的动物设施，多种原因会导致实验动物患病。有的病原宿主广泛，属人兽共患病病原，可同时引起人和动物生病，具有危险性；有的病原具有种属特异性，仅感染特定种属的动物，导致动物健康问题；有的疾病呈隐性感染，不引起死亡，但可影响动物自身的稳定性和反应性，当动物机体生理指标发生改变、免疫应答发生改变时，会干扰实验结果。免疫缺陷型实验动物、自发性疾病动物模型，由于其免疫缺陷、动物自身生物学特性等因素，也会引起动物自发疾病。

　　由于实验动物出现疾病症状，可使实验中断，造成人力、物力、时间和科研经费的极大浪费，因此，疾病的预防是完善的动物保健和疾病控制计划的重要组成部分，有效的疾病预防控制计划可通过确保动物健康以及尽量减少因疾病和隐性感染造成的非研究方案因素的差异，从而提高动物的研究价值，同时也减少了动物的浪费，降低对动物福利造成潜在的影响。

第一节　实验动物疾病管理

　　实验动物医师在实验动物疾病的管理中承担重要职责，负责制订实验动物疾病管理计划，并开展疾病预防、诊断、治疗、动物安乐死等工作。管理计划的复杂性与饲养动物的种类、数量和用途密切相关，明确实验动物医师的职责并制订一个符合动物福利标准的高质量疾病管理计划，对于保障动物健康和动物福利非常重要。

一、实验动物医师在实验动物疾病管理中的职责

　　GB/T 35892—2018《实验动物 福利伦理审查指南》中详细列出了实验动物医师的职责，其中在疾病管理方面，实验动物医师的职责涉及防疫、监测、诊断和治疗等方面，包括以下内容。

　　（1）实验动物的防疫：实验动物医师应熟悉其设施内不同动物疫病防控的技术规范，负责动物免疫接种、微生物和寄生虫及其他疫病控制措施，制订防疫计划。

　　（2）动物疾病监测：包括对动物进行常规的监测。监测动物是否存在寄生虫、细菌性和病毒性疫病感染或隐性感染。

　　（3）疾病的及时诊治：实验动物医师有权在诊断动物疾病或伤势后采取适当的治疗或控制措施，有权实施安死术。

（4）负责管理和使用管制性药品。

（5）负责动物尸体检查和尸检报告：当动物突发疾病或非正常死亡时，应根据验尸结果提出防控措施建议。

（6）负责医疗记录及病历管理，制订特定的医疗护理方案。

（7）负责人兽共患病的防控和建议：识别动物源疫病以减少风险，在动物设施内采取措施，如从业人员的职业防护装备及科学的消毒、防疫、隔离措施，以减少疫病传染的风险，保障生物安全。

（8）负责新进动物防疫咨询和检查，当发现设施引进了携带疫病的动物，应依法及时向政府主管部门报告。

实验动物主治医师需要对动物管理和使用的研究人员及所有工作人员提供指导，以保证动物健康和异常情况的及时处理。实验动物医师应持有证书，或在实验动物科学、医学、动物保健等方面经过培训或者具有经验。如果设施没有专职的实验动物医师，可由实验动物医师指定的其他人员来承担（兽医专业背景的饲养员或者经过培训的、有经验的饲养员），但应建立一套有效的联系制度，以保证专业的实验动物医师能够及时而准确地掌握设施中动物健康的信息。

二、实验动物疾病管理原则

鉴于实验动物的用途不同于其他农业动物、宠物和野生动物，实验动物的疾病管理应以预防为主，保障动物的健康，以便用于后续的科学研究。

（一）预防为主

疾病的预防是完善的实验动物疾病管理计划的基本组成部分，有效的预防计划可通过确保动物健康，以及尽量减少因疾病和隐性感染造成的非研究方案因素的差异从而提高动物的研究价值，减少动物浪费，降低对动物福利的潜在风险。疾病的预防可以利用生物安全管理措施实现。动物的生物安全管理通过采取一系列的措施，鉴别、控制、预防和消除已知或未知的感染，达到预防疾病的目的。生物安全措施适用于所有种类的实验动物，尤其是在密集环境下大规模饲养的动物（如啮齿类）。

（二）制订疾病控制计划

一个成功的疾病控制计划应包括以下若干内容。

（1）确保只有达到微生物标准的动物才能进入动物设施。需要评估及挑选合适的动物供应商。隔离检疫，必要情况下需要对动物进行检测，确定动物质量合格后才能批准进入设施。

（2）由于野鼠和蚊虫可能传播疾病，需要制订有效的虫害防治计划，防止传染源入侵和感染实验动物。

（3）人员和物流控制。人员做好防护措施，防止将人携带的微生物传播给动物。与动物直接接触的物料不能被污染，最好经过灭菌处理。动物使用的所有生物制品均应是无污染的，可通过检测确认。

（4）可操作的健康监测计划；通过日常观察和监测评估所有动物的健康状况。

（5）如果意外引入了感染源，要有方法降低交叉污染的可能性；制定疾病感染的应急处理预案。

（6）除啮齿类动物不注射传染病疫苗外，应定时给大动物注射传染病疫苗。例如，兔应接种兔瘟疫苗，犬应接种狂犬病、犬瘟热、犬传染性肝炎和犬细小病毒疫苗，以增强对传染病的抵抗力。

（三）制定疾病暴发的应急预案

在正常工作期间以及非工作时间均须制定紧急护理方案。这个方案必须确保动物饲养员及研究人员能够及时地汇报动物的受伤、疾病或者死亡情况。实验动物医师或指定人员必须能够快速而有效地评估动物的病情、对动物进行治疗、调查意外死亡动物或建议实行安乐死。在处理紧急健康问题时，若负责人（如研究人员）不在或者研究人员与实验动物医师在疾病治疗上无法达成共识时，实验动物医师必须具有高级管理部门和IACUC 的授权，以便能够进行动物医疗、从实验中移走该动物、制定恰当的方法以减轻动物的剧烈疼痛或痛苦、必要时执行安乐死。

当发生严重的传染病时，疾病暴发的应急处置建议包括：

（1）隔离发病动物，检测确定可能感染的病原；

（2）重复检测以证实感染；

（3）上报设施管理者，控制和防止疾病扩散；

（4）疾病净化；

（5）调查疾病暴发原因，制定预防控制措施。

（四）早期诊断和治疗

所有动物都应由受过培训、熟悉疾病症状的人员观察其发病、外伤或异常行为的临床表现。动物的意外死亡、发病、痛苦或者其他偏离正常状态的各种症状，都应及时报告和检查，以保证适当而及时地开展实验动物医学护理。日常观察结合健康监测对于疾病的早期诊断具有重要意义。建立与诊断实验室的合作，可以有效帮助实验动物医师开展日常护理和早期诊断，可以由诊断实验室协助实验动物医师开展大体病理和显微病理观察，以及血液学、微生物学、寄生虫学、临床化学、分子诊断学、血清学项目的检测。

若在某动物房或动物群体中确定了某个疾病或病原，在用药或治疗的选择方面，应由实验动物医师与研究人员商量之后确定。若该动物仍需用于研究，所选的治疗方案应该不干扰后续的研究。对于研究计划中的动物，实验动物医师或其指派人员应该尽一切努力与课题负责人或者项目负责人讨论，制订合适的治疗方案。涉及实验动物经常出现或比较显著的健康问题，应该上报给 IACUC，并对所有治疗及结果进行记录。

（五）停药期管理

实验动物进行药物治疗可能会给后续的研究带来一些不应有的干扰。从某种意义上来说，任何药物都会改变实验动物的正常新陈代谢。因此，动物在治疗后再用于科学研究时，需要评估药物对动物的影响，如果药物对后续实验产生影响，需要执行一定时间的停药期。目前尚无对实验动物用药后停药期的明确规定。可根据动物所要进行的实验类型，并参考《兽药典》执行不同种类药物的停药期。

第二节　实验动物设施的卫生防疫

在实验动物的管理工作中，卫生、消毒和防疫所占工作量最大，因为实验动物饲养不同于普通养殖业，具有较高的卫生标准，以保护工作人员和动物本身免遭微生物感染。

一、卫生消毒制度

为了保持实验动物设施整洁、防止疫病发生，应制定严格的卫生消毒制度，有专人负责，定期检查，做好设施内外的卫生消毒管理。

（1）注意保持环境卫生。及时清除污物、垃圾，填平水坑，消灭蚊蝇滋生地。特别注意饲料仓库周围的卫生。经常宣传保持环境卫生，禁止随地丢弃污物。

（2）强化动物设施的卫生和消毒。小型实验动物笼架应当和墙壁保持一定的距离，尤其是墙角处，以免造成死角，妨碍清洁消毒。每周清洁和消毒地面及墙面。中大型动物应每天用高压水龙头冲洗地板，清除粪尿，并对圈舍进行消毒处理。

（3）严格管理人员卫生和防护措施。凡是进入动物饲养区域的职工，必须根据动物的级别按规定洗手或者洗澡，消毒手臂，穿戴工作衣帽、胶靴、防护手套等。衣着必须整洁，定期清洗消毒。

（4）使用合格的化学消毒剂进行消毒。有效的化学消毒过程包括：①清洁物品表面，使用前配制消毒剂；②在消毒要求特别严格的情况下使用多种或"复方"化学品；③按照消毒剂制造商的建议留出足够的接触时间；④如果消毒剂对物品表面有腐蚀性，则消毒后需进行清洗；⑤选择的消毒剂可灭活 SPF 排除列表中最稳定的病原体。

（5）使用多种方法进行消毒效果评价。对屏障环境的消毒效果可参考国标 GB 14925—2010《实验动物 环境及设施》，采用空气沉降菌检测方法进行。也可以使用灭菌 PBS 湿棉拭子从房舍的墙壁、天花板、地面、进出风口、笼架等取样，每个样品浸入培养基中培养 48h 后进行细菌计数。PCR 方法也被用于对特定的病原进行检测，以排除 SPF 级别动物需要净化的细菌、病毒、寄生虫。ATP 生物荧光法检测系统具有操作简便、结果快速的优势，也被用于消毒效果评价。

二、隔离饲养

为了防止不同品种动物疾病的传播，消除因种间冲突而产生的骚动引起的生理和行为学变化，建议动物按种类进行隔离饲养。通常是用不同的房舍饲养不同种类的动物。小隔间、空气层流器、配置过滤空气或者分隔通气的笼具（如 IVC）和隔离器也都是适合的替代措施。在有些情况下，也容许将不同种类的动物饲养在同一房间。例如，病原体状况相同、行为上相协调的两种动物，只要保持系统间的独立，即可饲养在一个房间中。

某些种类的动物可能具有亚临床性或隐性传播传染病，一旦传播给其他种类时，动物就会引起临床发病。对于不同地点和不同来源的动物，无论是商品化的还是来自于研究机构的，其病原体状况可能不同，因此必须实施物种内部的隔离饲养。检测病原体状况，可以帮助设施管理者制定有针对性的隔离饲养方案。

三、害虫防治

已证明野鼠携带多种污染 SPF 屏障设施的病原体。当没有害虫防治措施或者设施结构有漏洞时，会增加野鼠污染 SPF 动物种群的风险。屏障环境的动物设施，在设计时应考虑到动物房的虫害控制，如果采用无外窗、全封闭的房舍，设施的所有孔洞和裂缝均应密封，应确保不存在潜在的野鼠筑巢区，进出路线尽量少开与外界相通的门，并安装风幕机防虫、安装挡鼠板防鼠。所有的下水都有水弯和密闭盖。害虫防治服务最好由信誉良好且有执照的商业供应商提供，在设施内和周围备有防虫和防鼠的设备。国内有多家害虫防治公司可提供专业化的服务。应使用诱捕装置来监测和消灭散在的啮齿动物。那些被活捉的野鼠在安乐死前应该被确认种属，将它们按照感染动物处理，采样进行微生物和寄生虫检测。无论是捕获死的还是活的啮齿动物，它们的样本（如组织、粪便和拭子）都可通过 PCR 方法进行检测。

饲料、垫料和垃圾都会吸引野鼠，因此应将其储存在密封容器中并放置在安全区域。多用途建筑（含有办公室和实验室的设施）中的动物饲养设施常处于高风险之中，因为食物经常存在。在这种情况下应使用密封的垃圾桶，以降低对啮齿动物的吸引。

第三节　实验动物疾病的诊断和治疗

鉴于实验动物的用途不同于其他农业动物、宠物和野生动物，对动物进行治疗除了需要考虑动物本身的福利和健康，还要考虑对科学研究的影响。概括起来，对于实验动物疾病的诊断和治疗需要注意以下几个方面。

一、明确诊断

明确诊断是进行实验动物疾病管理的先决条件，疾病的诊断可结合临床症状和实验室检测方法进行确诊。

（一）临床观察

临床观察是发现动物行为或身体异常的第一步。当发现某动物的表现与正常情况下不同时，可能是某种临床疾病的征兆，如打喷嚏、腹泻或食欲改变、割伤或擦伤、肿块或行为变化。

发现异常或患病动物的临床观察流程包括：

（1）检查饲养笼具和室内情况；

（2）打开笼具检查水和食物食用情况；

（3）检查笼壁和垫料；

（4）观察笼内动物的行为和姿态；

（5）检查动物背部；

（6）检查动物腹部；

（7）检查动物身体末梢（尾部、头部、四肢和爪子）。

临床检查记录应包括：

（1）动物种类、品系、年龄或体重、性别和来源；

（2）动物出现异常的部位；

（3）异常部位的大小或者临床症状的描述；

（4）异常情况持续的时间；

（5）其他动物是否有相似症状。

在观察动物时，需要准确记录动物信息，以便提供给实验动物医师或研究人员。

（二）实验室诊断

实验室诊断对于明确病因、制定治疗方案有重要意义。实验室检测通常包括大体剖检、病原学检测、血清抗体检测和病原核酸检测。

1. 大体剖检

大体剖检对于评估疾病对动物内脏器官的影响非常重要，检查内容包括皮肤、口腔颌面部、唾液腺（仅限于大鼠）、呼吸系统、主动脉（兔）、心、肝、脾、肾上腺、胃肠道、泌尿生殖道（包括睾丸）和淋巴结。发现组织和器官病变，则需要进一步进行组织病理学和微生物学检查。

2. 病原学检测

（1）细菌学检测：一般从上呼吸道（咽或气管）、肠道（盲肠内容物或粪便）和生殖器（阴茎或阴道）取样，采用分离培养的方法进行检测。为了配合后续治疗，可以对分离到的细菌进行药敏试验，以便有针对性地使用治疗用抗生素。

（2）寄生虫检查：包括体内和体外寄生虫检查，可通过直接检查动物皮毛，或取肠道内容物和粪便进行显微镜检查，判定被检动物是否存在体内和体外寄生虫感染。明确诊断以便后续给药治疗。

（3）病毒检测：病毒对科学研究会产生高度影响，而且与细菌和寄生虫感染不同的是，病毒感染后很难治疗。虽然病毒分离有时被用于诊断，但是由于许多野毒株要么难以培养，要么无法增殖，病毒分离既费时又昂贵，活病毒具有在宿主组织中存活时间较短并很快消失等特点，病毒分离培养在临床诊断中应用较少。

3. 血清抗体检测

除普通级实验动物需要对少量传染病（狂犬病、兔瘟、麻疹、破伤风等）进行免疫之外，通常不进行免疫。因此，进行血清抗体检测，是检测动物病毒感染的最常用方法。血清抗体反应通常可以在感染后 1～2 周内检测出来，并持续很长时间（至少几个月，有时是终生存在）。血清抗体检测具有准确性高、速度快、费用相对低廉等优点，被广泛应用于实验动物检测。常用的方法包括酶联免疫吸附试验（ELISA）、间接免疫荧光（IFA）、多重免疫荧光试验（MFIA）、血凝抑制试验（HAI）等。

4. 病原核酸检测

除了根据病原体的表型特征（如形态学、生化特性、血清型，或血清抗体特异性）进行诊断的传统方法外，分子生物学诊断技术，即对特定微生物基因序列进行检测的分子检测法近年来被广泛使用。以 PCR 技术为基础，对病原（细菌、病毒和寄生虫）的核酸进行扩增，使得分子诊断方法具有快速、适用性强、敏感性和特异性高等特点，实现了对微生物感染早期进行准确的病因诊断。

二、实验动物疾病治疗原则

由于实验动物的主要用途是进行科学研究，在进行动物实验时，需要选用健康的动物开展实验，一旦动物生病，会影响研究的结果，给实验带来不确定性。一旦发现动物生病，需要考虑是进行治疗，还是停止实验进行动物安乐死。如果选择进行治疗，需要评估使用的药物及疗程对后续研究的影响。实验动物治疗建议遵循以下几个原则。

（一）不影响后续实验

通常给实验鼠服用的药物大多数都是预防性的（例如，作为手术期间护理的一部分）或作为研究的一部分。由于疾病状态和抗生素的使用会影响动物的生理指标，在实验设计中很难控制，并且可能使研究无效，患病的啮齿类实验动物通常会被安乐死，而不是治疗。需要由专业实验动物医师进行谨慎判断，并确定是否需要采集诊断性样本进行大体剖检等工作。检查动物死亡记录和对死亡的可疑动物进行尸体剖检非常重要，可以帮助实验动物医师早期发现问题，采取预防控制措施，防止问题再次发生，并最终影响到更多的动物群体。在某些情况下，如果动物被认为对正在进行的研究很有价值或不用于生成敏感数据，那么治疗单个动物或更大的群体是有意义的。

（二）选择适宜的给药途径

根据疾病特征和诊断意见，选用合适的治疗方法。需要给予药物治疗时，根据药物的特点，针对病例的具体病症，选用疗效可靠、使用方便的药物制剂和给药途径。给药途径应根据病情缓急、用药目的以及药物本身的性质决定。病情较重或者药物局部刺激性强时，给予静脉注射。治疗消化系统疾病的药物多用于经口投药。局部关节、子宫内膜等炎症可用局部注入给药。对于小型实验动物，如大、小鼠，许多因素可能会影响它们饮水、采食的意愿。因此，不建议在饲料或饮用水中给药，尤其是止痛药。用金属和柔性塑料制成的专用管饲针可将物质直接输送到胃中，以提高准确性或灌服难吃的液体。操作人员需要熟练灌胃技术，以便可以快速完成给药。大鼠的肌肉量很少，仅在绝对必要时才使用肌内注射。注射错误或某些药物（如氯胺酮）引起的坐骨神经刺激通常会导致肢体的残疾。

（三）采用适宜的剂量与合理的疗程

对于小型实验动物，小型数字天平可用于获取准确的体重。为了提高小剂量药物的剂量精确度，可以将物质稀释到更大，更容易测量给药体积，并使用专为小剂量给药而设计的注射器。对于老弱病幼的个体，特别是肝肾功能不良的个体，在使用规定剂量时，应酌情调整。有些药物排泄缓慢、半衰期长，在连续应用时，应特别注意预防蓄积中毒。附表 7-1 和附表 7-2 中列出了常用实验动物的给药途径和不同途径的最大给药剂量。慢性疾病的疗程长，急性疾病的疗程短。传染病须在病情控制之后有一定的巩固时间，必要时，可用间歇性休药再给药的方式进行治疗。在进行连续治疗一段时间后，应停药一定时间，才可开始下一疗程的治疗。

（四）实验动物用药的注意事项

实验动物进行药物治疗可能会给后续的研究带来一些不应有的干扰。从某种意义上来说，任何药物都会改变实验动物的正常新陈代谢。因此，需要根据动物使用目的，考虑治疗的注意事项。

1. 评估抗生素毒性

所有抗生素应谨慎使用，使用最低有效剂量。豚鼠对抗生素高度敏感，特别是针对革兰氏阳性菌的抗生素。豚鼠的正常肠道菌群主要由革兰氏阳性菌组成，如链球菌和乳酸杆菌。针对革兰氏阳性菌的抗生素会破坏豚鼠的正常菌群，导致革兰氏阴性菌和梭状芽孢杆菌的过度生长。青霉素类药物（包括氨苄西林和阿莫西林）、林可霉素、克林霉素、红霉素、杆菌肽、链霉素和头孢菌素都可引起毒性，应避免使用。当口服、肠外给药，甚至局部给药时，不适当的抗生素会引起毒性作用。艰难梭菌似乎在抗生素治疗后的肠毒血症中起主要作用。大肠杆菌也被观察到在治疗动物中导致菌血症。因此豚鼠使用上述抗生素治疗通常是没有效果且致命的。对于兔来说，长时间使用青霉素 G 等抗生素，可能出现由梭状芽孢杆菌肠毒素血症引起的致命性腹泻。

2. 评估抗生素使用剂量

小鼠和其他小型啮齿动物给药需要注意体重的精确测量和剂量的计算，防止过量服用药物，导致动物痛苦和意外死亡，违反动物福利。对于抗生素的使用，还应评估使用剂量，防止因剂量不足、体内药物浓度达不到杀死细菌所需要的水平，细菌无法被清除，感染将得不到控制；或诱导细菌耐药性，使耐药变异菌在动物体内聚集，给以后的感染治疗带来困难。

第四节　　实验动物疾病暴发的处置措施

除了猫、犬和非人灵长类实验动物外，很少治疗实验动物，因为药物治疗可能会影响实验结果；治疗、康复后的动物可能长期带毒，成为群体中的感染源；若对大鼠、小鼠等小动物进行治疗，有时还需要使用特殊设备，若对较有价值的犬、非人灵长类等动物模型进行治疗的话，又受到疾病类型和研究性质的影响。因此，做好疾病预防非常重要。良好的饲养管理能够有效降低传染病暴发的风险，但是仍需要制定应急处置方案，以便及时处理可能的疫病暴发，同时尽量降低疾病发生对设施和科研工作带来的影响。

一、隔离发病动物

对疑似患病或者患病动物应及时隔离，同时向实验动物医师报告。对动物的异常状况进行记录，病死动物应立即进行检查，除肉眼观察内脏器官的病变外，还须取材进行病原检测或病理学检查。

二、动物复检证实感染

初次检测出阳性时，在采取净化或者根除感染实施之前，需要进行确诊，以防止检测结果是假阳性，导致动物被错误地扑杀。实验动物的监测计划通常为季度检测，并且未知感染可能需要至少几个星期才能在哨兵鼠中传播并达到可检测水平或引起血清转化。可以合理地预期，从疾病暴发到发现暴发之间已经过了一个月或更长的时间，再花几天到一周的时间来证实最初的发现，对设施中的其他动物不会造成额外的风险。因此，进行重复检测以明确证实感染是必要的步骤。

三、控制和防止疾病扩散

一旦确认存在应该被排除的病原体，就必须控制和管理。应尽快与阳性动物的所有者沟通。应尽可能限制隔离房间的人员进入，最好是每个实验室一名人员。应停止动物的繁育，断奶后几天内的幼崽可以保留。新的动物，无论是来自经批准的供应商，还是来自机构其他地方，都不应进入因感染而隔离的房间，从而限制易感动物的数量。

对房间进行筛查，并以 21 ～ 28 天为间隔，再进行两次筛查。追溯在检测到需排除病原之前的 90 天内发生的任何笼盒换位置或动物转出。如果发生上述任何一种情况，必须对动物到达的目的地房间进行检测，通知接收机构所接收的动物可能已受到感染。在隔离状况下，离开房间的物料应装在袋中并高压消毒，以减少在设施内进一步传播的机会。隔离房间中的每个笼盒，每隔 3 ～ 4 周要取样一次进行检测。房间内的笼盒需要连续检测两次呈阴性才能解除隔离状况。

由于病原体常常引起免疫紊乱，而且这些紊乱甚至可以在恢复的动物体内持续存在，因此应避免在免疫学研究中使用受感染的动物。在因病毒感染而隔离的房间里，从小鼠身上取材的组织、器官、体液或肿瘤绝不能被移植到其他动物身上。病毒可能会污染这些材料。

四、疾病净化

传染病控制和根除最可靠的方法是通过清群、消毒和饲养替代动物或饲养感染种群净化的后代来实现。清群是预防疫情复发和传播的关键。必须对受影响区域进行彻底的清洁和消毒，以防止感染的再次发生或在整个设施内蔓延。感染动物接触的区域（包括共用的设备，如麻醉设备或行为检测仪器）应使用清洁剂进行清洁，然后，使用已知能灭活污染病原的化合物进行消毒和杀灭。如果房间受到污染，总体计划可包括以下内容：

（1）清除房间中的动物。

（2）丢弃任何不必要的或易于更换的设备。

（3）把离开房间的材料放在袋子里；用消毒剂喷洒袋子的外表面，然后把它放在房间外面的第二个袋子里。装入袋中的笼盒随后进行高压灭菌、清洗，在进入洁净房间之前再次高压灭菌。

（4）用清洁剂彻底清洁地面、墙壁和房间表面，然后冲洗干净。

（5）冲洗后，按照生产商的建议（浓度、时间、温度、湿度等）使用水性基质的消毒剂。

（6）再次清水冲洗。

（7）使用至少一种其他的水性基质消毒剂（作用方式与第一种不同）。许多设施将进一步使用杀菌剂，如气相过氧化氢或二氧化氯。

鼓励研究人员冷冻保存独特的基因型动物的胚胎。确保独特的品系不会在未来的疾病暴发或灾难（如洪水或长时间停电）中丢失。

五、调查疾病暴发原因和制定预防控制措施

系统地调查潜在的直接和间接污染源往往会发现工作流程或设施工程上的问题，应对这些问题进行整改，以减少疫情再次发生。几个可能的原因包括：在动物引进时和改变动物饲养位置时未遵守 SOP，未遵守人员流动的 SOP；用品消毒不当；动物设施未能按要求对仪器设备进行校准和维护；个人防护用品（PPE）使用不当；研究人员使用的饲料或其他用品储存不当；实验室工作人员对笼盒的不当处理（如在层流罩外打开笼盒）；工作人员在家饲养爬行动物或啮齿动物；注射未经检测的生物制品。

应制定预防控制措施，防止传染病的再次发生。

第五节　实验动物常见病的预防和诊断

常用的实验动物包括啮齿类（大鼠、小鼠、豚鼠、地鼠、沙鼠）、犬、兔、小型猪、非人灵长类等。不同类型实验动物饲养环境差异较大，常见疾病的类型不同，预防和诊断方法有各自的特点。

一、啮齿类实验动物常见疾病的预防和诊断

随着研究的不断深入，设施环境控制和饲养条件不断改进，啮齿类实验动物的大量病原体被识别和根除。大多数啮齿类实验动物种群不含有导致临床疾病的病毒、细菌、寄生虫和真菌。但是，在部分实验动物设施中仍会出现传染病的零星暴发。将病原体引入设施的原因有多种，例如，病原体可能经人员、受污染的设备、受感染的动物或生物材料进入设施。为了提高生物安全，设施内禁止员工饲养宠物和啮齿动物。通常禁止在不同机构间、设施间和设施内各区域之间共享设备。检测生物材料（如细胞培养物、血清）是否被污染。

近年来，免疫缺陷和转基因小鼠品系的使用逐年增加。这些动物更容易患病，而且这类种群增加了各种病原感染暴发的可能性。由于免疫缺陷小鼠对病毒感染不产生抗体应答，故确认其是否感染具有挑战性。掌握能感染啮齿动物种群的各种病原的基本知识，对帮助设施快速发现、应对疾病暴发至关重要。本文简要介绍了啮齿类实验动物的常见病，

以及一些标准的诊断和治疗方法。《临床实验动物医学》（第四版）中汇总了文献报道的实验动物使用的抗微生物药物、抗真菌药物、抗寄生虫药物和其他常用药物的剂量及给药途径。附表 7-3 摘录部分小鼠的相关药物、剂量和给药途径供读者参考。许多啮齿类动物的传染病都很难治疗，有时抗生素给药可能会致命。给药的同时需要给予支持性护理，包括葡萄糖、钙、适当的饮食支持如饮食凝胶（动物用果冻），以及加热和充足的氧气。因此，若啮齿类动物出现传染病，通常不推荐进行治疗，建议淘汰感染动物，对种群进行净化，以免对后续研究带来影响。

（一）皮肤常见疾病

1. 螨虫感染

在实验动物群体中偶尔会发现螨虫。常见的寄生于毛皮上的螨类有鼠肉螨（*Myobia musculi*）、瑞德弗螨（*Radfordia affinis*）和鼠癣螨（*Myocoptes musculinus*）。螨虫侵染可引起机体免疫变化，具有显著的系统性后果，在研究中可作为一个变量。螨类病变必须与打架受伤、癣和其他皮肤疾病进行鉴别。从一个群体中根除螨虫最可靠的方法是剖腹产净化。在出生后 36h 内交叉代养结合局部伊维菌素治疗，也被用来有效地消除螨虫。服用伊维菌素时必须格外小心，如果药物通过不完整或受损的血脑屏障进入中枢神经系统，会导致动物死亡或神经系统疾病。伊维菌素治疗应先给代表性动物（如不同年龄和性别）服用，以在全群给药前评估安全性。

2. 溃疡性皮炎

特发性溃疡性皮炎（IUD）是一种遗传相关的皮肤综合征，最常见于 C57BL/6 小鼠和 C57BL/6 背景的小鼠品系。临床症状包括严重的瘙痒、溃疡和皮肤缺损。病变最常见于颈部和肩胛背侧，尽管病变可能发生在身体的任何部位。组织学上，IUD 小鼠常伴有脾肿大，以及继发于溃疡和炎症的外周淋巴结病变。IUD 的诊断应在排除其他病因（如体外寄生虫感染、打架受伤）后进行。治疗方案包括抗生素、皮质类固醇、抗组胺药、抗真菌和抗菌软膏（如氧化锌、磺胺嘧啶银）、膳食维生素（如维生素 E）补充，但治疗效果有限。据报道，在疾病早期修剪受感染动物的指甲取得了一定的成功。如果不治疗，IUD 可能会导致严重的病变，出于动物福利考虑，需要对动物进行安乐死。

3. 皮肤外伤

遭受咬伤或撕裂伤的动物可能会承受极大心理压力。在这种情况下，试图拿起动物时要小心，因为它可能会有攻击性行为。受伤的动物应保持温暖和安静，如果必要的话，进行伤口护理。

（二）呼吸系统疾病

1. 肺炎支原体

肺炎支原体在屏障系统的实验鼠中并不常见，但对于普通环境下的种群和宠物大鼠仍然是一种重要的病原体。它引起慢性呼吸道疾病综合征，称为鼠呼吸道支原体病（MRM）。它也与生殖道感染有关。尽管肺支原体是 MRM 的病原体，但其他病毒（如仙台病毒、唾液腺腺炎病毒）和细菌 [如呼吸道相关纤毛杆菌（CAR）、肺炎链球菌、支气

管鲍特杆菌] 通常也可以从感染动物的肺部分离出来。肺炎支原体可通过受感染的母鼠与其后代直接接触、子宫内或性传播以及气溶胶传播。这种生物对呼吸道、中耳和子宫内膜的上皮细胞有亲和力。该病通常是亚临床和缓慢进展，只有到了疾病的晚期，该病的临床症状才变得明显。该病临床上可能出现鼻塞、浆液性或卡他性鼻分泌物和眼分泌物。肺部大面积感染的动物可能表现出呼吸困难、体重减轻、嗜睡、弓背姿势和毛发粗糙。急性死亡通常是继发细菌感染的结果。肺炎支原体阳性设施需要进行种群净化去除该病原。

2. 呼吸道相关纤毛杆菌

在大鼠、小鼠、兔、牛、猪和其他物种中已经报道了呼吸道相关纤毛杆菌（CAR）的自然感染。在大多数物种中，它似乎是呼吸道的机会性入侵者。大鼠感染通常是无症状的，但感染是终生的。CAR 通过直接接触传播；对暴露于脏垫料的哨兵鼠进行筛查可能会漏检。ELISA 试验可用于 CAR 的快速筛检。PCR 也可用于确认动物种群中是否存在 CAR 杆菌。尚未报道有效的治疗方法，只能通过种群净化方法去除该病原。

3. 嗜肺巴斯德杆菌

嗜肺巴斯德杆菌是一种革兰氏阴性菌，通常潜伏于大鼠体内，被认为是继发于仙台病毒和肺炎支原体等其他病原体的机会性致病菌，可感染鼻咽、盲肠、阴道、子宫和结膜，通过直接接触传播，大多数动物感染后无症状。剖宫产或胚胎移植可以净化感染。

4. 卡氏肺孢子菌

卡氏肺孢子菌是一种单细胞、空气传播的真菌病原体，是实验鼠最常见的疾病之一，引起免疫缺陷动物慢性进行性肺炎。最近，人们发现它能引起免疫正常大鼠的传染性间质性肺炎，这种情况以前被错误地归因于"大鼠呼吸道病毒"，但是从未分离到该"病毒"。根据动物的免疫状态，卡氏肺孢子菌可引起不同程度的肺炎；免疫正常大鼠的病变相似，且较轻。呼吸系统研究的大鼠应排除这种病原。免疫缺陷动物的诊断通常是通过尸检和肺组织检查做出的病理学诊断。病原确定为卡氏肺孢子菌之后，免疫正常动物通常通过血清学或 PCR 进行筛选。甲氧苄啶 - 磺胺可用于控制受影响的、免疫功能低下大鼠的疾病严重程度。据报道，没有任何治疗方法能完全从受感染的动物身上清除这种微生物。受感染的动物应进行剖腹产净化。

（三）消化系统疾病

1. 泰泽氏病

小鼠、大鼠、地鼠、沙鼠、豚鼠都易患由毛梭状芽孢杆菌引起的泰泽氏病。受感染的成年动物通常为亚临床表现，而显性疾病最有可能发生在刚断奶的动物、免疫抑制的动物和那些生活条件差的动物中。当恶劣的环境条件或并发感染等应激因素导致免疫抑制时，该病表现为急性流行。临床症状可能包括腹泻、脱水和厌食。在没有明显疾病迹象的情况下，动物可能会死亡。鉴别诊断包括其他细菌性败血症、鼠棒状杆菌和大鼠（细小）病毒（RV）感染。通过肝或肠内细菌检测、酶联免疫吸附试验（ELISA）或 PCR 方法检测进行诊断。由于泰泽氏病原体的复杂性，血清学筛查可能产生假阳性，需要用其他诊断方法进一步确诊。受感染的动物应进行剖腹产净化。

2. 蛲虫病

鼠管状线虫（*Syphacia obvelata*）和四翼无刺线虫（*Aspiculuris tetraptera*）寄生于盲肠和结肠，是影响小鼠的最常见的线虫。鼠管状线虫在部分小鼠种群中流行。在大多数情况下，线虫不引起临床症状；然而，严重感染可能引起毛发不良、黏液性肠炎、肛门瘙痒、直肠脱垂、肠嵌塞或肠套叠。蛲虫感染可改变体液免疫反应。小鼠品系对蛲虫感染的易感性不同，这种差异可能部分与免疫功能的差异有关。活体动物检测可以通过将一条玻璃纸胶带压在肛周区域，将胶带贴在载玻片上，并在显微镜下检查胶带。粪便检查可发现鼠管状线虫的虫卵。最明确的诊断方法是在解剖显微镜下检查成年鼠的盲肠内容物。PCR 方法也可以被用来检测感染。有效治疗蛲虫的驱虫药包括芬苯达唑、伊维菌素、枸橼酸哌嗪、噻苯达唑和甲苯达唑，可在饲料或饮用水中添加药物。每种药物的服用都必须谨慎，因为许多药物可能会对某些小鼠产生严重的不良反应，或可能改变实验结果。虫卵在环境中可能长时间保持传染性。如果不进行重新建群和严格的环境消毒，就很难完全消灭蛲虫。受感染的动物应进行种群净化。

3. 绦虫病

小鼠可能携带侏儒绦虫和小膜壳绦虫。这两个物种都有可能传染给人类。然而，只有侏儒绦虫引起公共卫生问题，因为小膜壳绦虫需要一个中间宿主，如粒甲虫，而侏儒绦虫可以直接感染其最终宿主。绦虫在现代小鼠群体中很少见。腹泻和生长迟缓可能在发生严重感染时出现，但大多数情况下临床上无症状。感染可通过粪便漂浮时检出虫卵或尸检时观察到小肠中的成虫来确诊。治疗方法包括使用吡喹酮治疗，但由于属于人兽共患病，一般不建议治疗。除净化重新建群外，通过其他方式根除绦虫是极其困难的。

4. 鞭毛虫感染

小鼠螺旋核鞭毛虫和小鼠贾第鞭毛虫是发生在小肠和盲肠的鞭毛虫。在幼年动物中，寄生虫可能会引起腹泻，偶尔会导致死亡，但成年动物通常没有症状。贾第鞭毛虫可以用甲硝唑治疗，甲硝唑可以控制疾病暴发，但不能消除寄生虫。没有可用的方法治疗螺旋核鞭毛虫病。剖腹产净化可以用于净化小鼠鞭毛虫。

（四）其他病症

1. 豚鼠细菌性乳腺炎

细菌性乳腺炎在哺乳期豚鼠中很常见。巴氏杆菌属、克雷伯氏菌属、葡萄球菌属、链球菌属等均可能相关。乳腺变得发热、增大和充血，并可能产生带血的乳汁。仔鼠应立即断奶，对母鼠进行适当的抗生素治疗。热敷乳腺也有一定的帮助。

2. 脱水

脱水是小鼠急性死亡的一个可能原因，不容忽视。即使水瓶已满，也可能因为吸管中的气锁而无法喝到水。自动饮水系统中的饮水阀出现故障也会导致供水不足。此外，当到达一个新环境时，小鼠学习如何使用一种新的饮水系统时可能会很慢。进行外科手术的小鼠应定时提供腹腔或皮下注射温盐水、乳酸林格氏溶液，每次 1 ～ 2mL，以弥补术后经常出现的饮水减少。

3. 结膜炎

豚鼠衣原体是包涵体性结膜炎的病原体。严重疾病的周期性暴发在持续感染的种群中很常见。成年动物通常无症状。症状主要见于 1～3 周龄的豚鼠。可通过直接接触或气溶胶传播。临床症状包括结膜发红、浆液性至脓性渗出物、畏光。通过结膜刮片的显微镜检查和上皮细胞胞浆内包涵体的鉴定可作出明确诊断。这种疾病往往是自限性的，病变在 3～4 周内愈合。磺胺眼膏可用于使动物更舒适。豚鼠衣原体被认为是一种潜在的人类病原体。其他病原也可能与豚鼠结膜炎有关，包括肺炎链球菌、大肠杆菌、金黄色葡萄球菌和多杀性巴氏杆菌，与豚鼠衣原体共感染。

二、实验兔常见疾病的预防和治疗

环境控制和饲养管理的改进使实验兔大多数传染源被鉴定和根除。如今，大多数实验兔种群相对来说不含引起临床疾病的病毒、细菌、寄生虫和真菌。掌握可能感染兔种群的各种传染源的基本知识，对于在疾病暴发时能够迅速和适当地作出反应是必不可少的。兔往往非常坚忍，因此观察临床症状可能是一个挑战。一些常见的症状包括厌食、拒绝治疗、抑郁、驼背和嗜睡。兔厌食必须及时治疗，避免胃肠淤滞而危及生命。治疗方法包括液体疗法和营养支持，以维持肠道功能，防止脱水和肠道无力。口服补液和危重病护理产品可在市场上买到。下文概述了实验兔常见的细菌、病毒、真菌和寄生虫病，以及一些标准的诊断和治疗方法。

（一）呼吸系统疾病

1. 兔出血症

兔出血症的病原是杯状病毒，具有高度传染性，在亚洲、欧洲、非洲，以及澳大利亚、新西兰、美国和墨西哥都有报道。这种疾病见于 2 个月以上的兔；较年轻的兔在临床上没有受到影响。该病通过直接接触和粪 - 口传播，媒介传播包括寄生虫和昆虫。该病起病急，症状可能包括神经系统症状，如颤抖、不协调和虚脱；发病率和死亡率为 80%～100%。大体病变包括气管、肺、肝、脾、肾、胸腺和腹膜的弥漫性出血。死亡原因是最常见的弥散性血管内凝血（DIC）与深静脉血栓。根据临床症状、病理表现和暴发特征可以初步判断，通过对感染组织进行 ELISA 检测或 PCR 检测及家兔接种可作出明确诊断。这种病毒不能在体外可靠地分离出来。感染的动物群体应该被扑杀。灭活病毒疫苗可提供长达 6 个月的保护，普通级兔需要进行免疫，保护兔群免受感染。

2. 细菌性肺炎与呼吸道疾病

巴氏杆菌病是家兔最常见、最棘手的疾病。它是由多杀性巴氏杆菌引起的疾病。家兔可能在没有临床症状的情况下，把这种微生物隐藏在上呼吸道。微生物可从呼吸道沿鼻泪管、咽鼓管、气管、血液和性交配传播。可能会出现各种综合征，包括鼻炎、结膜炎、支气管肺炎、中耳炎和内耳炎、生殖器感染、脓肿和败血症。

多杀性巴氏杆菌很容易通过直接接触、被鼻腔分泌物污染的空气或者气溶胶感染实验兔。多杀性巴氏杆菌不同菌株的毒力不同，有的菌株可引起迅速致命的败血症，而其他菌株则仅诱发缓慢进行性鼻炎。

确诊通常是通过培养方法，另外，酶联免疫吸附试验（ELISA）或聚合酶链反应（PCR）检测也可用于辅助诊断。为了排除这种微生物对研究结果的不利影响，只有不含巴氏杆菌的兔才能被使用。用抗生素治疗根除这种微生物是极其困难的，这种微生物存在于鼻道、咽等处。治疗巴氏杆菌病常用的抗生素包括青霉素 G（40 000U/kg）、恩诺沙星（5mg/kg，每天两次，共 14 天）和替米考星（25mg/kg）。长时间使用青霉素 G 等抗生素时应注意，兔容易出现由梭状芽孢杆菌肠毒素血症引起的致命腹泻。

（二）消化系统疾病

肠道疾病是仅次于巴氏杆菌病的健康问题。在某些情况下，腹泻与一种特定的病原体有关，但在许多情况下，肠道疾病的病因尚不清楚。肠道疾病包括球虫病、肠毒血症、泰泽氏病和沙门氏菌病。病因不明的肠道疾病包括大肠杆菌病和黏液性肠病。对症治疗是治疗兔急性腹泻的最佳方法，此外，保持兔的水分和体温，改变饮食结构，给予较高的纤维和较低的蛋白质，保持兔的肛门没有粪便嵌塞、后躯清洁和干燥。镇痛药适用于抑郁、厌食的兔。

1. 大肠杆菌病

最常引起兔疾病的大肠杆菌类型被称为肠致病性大肠杆菌（EPEC）。肠致病性微生物通常不会产生肠毒素，也不会侵入肠黏膜。相反，EPEC 黏附在肠上皮细胞的受体上，并可能释放细胞毒素。在一些严重腹泻的病例中，EPEC 被大量检出。大肠杆菌病的暴发可能出现在哺乳期（1～2 周龄）或断奶期（4～6 周龄）。临床症状是非特异性的，可归因于任何肠道病原体。大体表现包括盲肠水肿和出血。组织学上，可能有绒毛萎缩、水肿、充血、出血，肠上皮附着大量革兰氏阴性肠道杆菌。初步诊断可通过观察特征性组织学病变和粪便培养中出现非溶血性兼性厌氧大肠杆菌而鉴定。确诊可通过显微镜检查、血清分型或生物分型。治疗主要是对症治疗，采用抗生素（庆大霉素、氯霉素和新霉素）、肠道保护剂（如水杨酸铋）、液体和电解质以及其他支持性给药。改变饮食习惯，将每天摄入的浓缩饲料量减少，并提供额外的粗饲料（如干草），在降低死亡率方面通常比抗生素更有效。

2. 沙门氏菌病

沙门氏菌感染是实验兔肠道疾病的一个相对少见的原因，但它是急性致命的，以败血症为特征，可能导致腹泻或流产。虽然各种抗生素可以有效地消除沙门氏菌病的临床症状，但由于该生物体具有潜在的人畜共患病危害，且可能存在不明显的携带者，因此禁止对受感染的动物进行治疗。一旦发现阳性动物，需要安乐死和净化种群。

（三）其他常见病

1. 金黄色葡萄球菌感染

金黄色葡萄球菌被认为是兔鼻咽、结膜和皮肤的正常细菌。它是兔结膜炎最常见的病因之一。致病性感染可能以败血症、皮炎和脓肿的形式出现及表现。葡萄球菌性乳腺炎常导致母兔的败血症和在不良卫生条件下的多发性脓肿。该菌可通过培养鉴定，其相对毒力可通过 PCR 鉴定。青霉素、恩诺沙星、头孢菌素、氨基糖苷类、氯霉素，结合局部治疗有时是有效的。然而，对葡萄球菌感染的抗生素治疗结果通常较差。

2. 乳腺炎

乳腺炎在哺乳期和假孕期偶有发生。一些微生物，包括金黄色葡萄球菌、巴氏杆菌属和链球菌属，是乳腺炎的病原体。致病微生物可能通过兔笼的碎片、哺乳期幼兔牙齿的创伤或不卫生的饲养环境引入。治疗方法包括隔离受感染的母兔，并用适当的抗生素治疗；可能需要切开和冲洗脓肿。幼崽应该离开母兔，但不能寄养给另一只母兔，因为疾病有可能传播到健康的动物身上。

3. 耳螨

兔耳螨是一种非穴居螨，它会啃咬内耳的表皮，引起强烈的炎症反应。一种干燥的、棕色的、有硬壳的物质积聚在耳朵的内表面。这种情况在为农业或宠物业饲养的兔身上很常见，但在研究群体中却极为罕见。严重的螨虫感染引起炎症和强烈的内耳廓瘙痒。受影响的兔可能会摇头和强烈地抓耳朵，可能导致自残。颈部、背部可能因抓伤而出现硬壳状病变。很少发生继发性细菌感染，导致中耳炎或内耳炎。借助耳镜或把壳放在载玻片上的矿物油中，用显微镜检查，可以很容易地看到螨虫。螨虫可以在环境中存活3周。可以使用伊维菌素、莫西替丁或塞拉霉素进行治疗。严重病例的耳郭和耳道清洁是有争议的。移除结痂的材料会减少螨虫的负荷，但耳组织和血管可能会在不经意间受到损害。对严重感染的动物应考虑使用止痛药。

4. 牙齿错位

下颌前突是一种常见的遗传性疾病，上颌骨相对于下颌骨的长度来说偏短，导致下切牙生长在大的上切牙前面而不是后面。牙齿错位的其他原因包括外伤和牙根感染。颊齿过度生长可能因为很难被看到而未被诊断。电动牙钻或普通牙钻可以用来修剪牙齿。最好避免使用指甲钳，因为会导致牙齿断裂。根据需要进行重复修剪，通常每月两次到每月一次。扑杀受影响的动物及其后代是繁殖群体中唯一成功的根除方法。

5. 中暑

兔很容易中暑。幼年、老年、肥胖或怀孕的兔容易发生热衰竭。其他易感因素包括环境温度高于29.5℃、高湿度（70%或更高）、通风不良和拥挤。治疗方法包括迅速降低体温，提供支持性护理如类固醇和静脉输液。预后差。

三、实验用非人灵长类动物常见疾病的预防和治疗

饲养管理、动物诊断和治疗的进步使非人灵长类动物致病性微生物被识别和控制。户外畜栏饲养时，因为接触病原体的可能性更大，传播途径较难控制，疾病的发病率往往会增加。需要对可能感染人群的病原体有基本的了解，以便对疾病暴发作出迅速和适当的反应。非人灵长类动物最常见的健康问题是细菌性肠炎和细菌性肺炎。病原可能一直在动物体内潜伏，运输应激、饮食变化或环境变化会引起动物发病。种群较大或居住在户外设施中的灵长类动物，建议接种麻疹、狂犬病和破伤风疫苗。

（一）呼吸系统疾病

非人灵长类动物易被人、牛和禽分枝杆菌属菌株感染。人类结核分枝杆菌是迄今为

止最常见的病因，导致猴肺结核，该病虽然不是非人灵长类动物最常见的疾病，但却是最具破坏性的疾病之一。结核病通常由人类传染给圈养的非人灵长类动物，对员工进行隐性结核病感染筛查非常重要。年轻的猕猴是最易感群体；临床症状出现前疾病传播迅速。老年猕猴、狒狒和类人猿的疾病发展与人类更为相似，进展较慢。实验性感染肺结核，动物在6周到12个月内从最初感染发展到死亡。主要传播途径是呼吸道的气溶胶。其他途径包括：肠道侵入；皮肤感染，如被咬伤；接触受感染动物的血液、痰、排泄物、脑脊液和病变组织的渗出物。肺结核的临床症状通常在疾病进入晚期之前并不明显。最常见的症状是嗜睡和体重减轻。其他临床症状包括肺炎、腹泻、皮肤溃疡和淋巴结化脓。某些情况下，在动物突然死亡之前没有观察到疾病的迹象。肺部和肺门淋巴结的黄色干酪样结节是尸体剖检的特征性表现。肝脏、脾脏、腹部、腹股沟和腋窝的淋巴结也经常被感染。结核的矿化和纤维化在非人灵长类动物中很少见。

结核菌素皮肤试验（TST）是最常用的筛检方法。将已知量的结核菌素皮内注射在上眼睑，观察周围区域在注射后24h、48h和72h，以组织水肿、变色、溃疡和坏死为特征的迟发型超敏反应。眼睑是首选的位置，因为它有助于在不重新捕获动物的情况下观察检测结果。不幸的是，由于反复试验、近期接种麻疹疫苗、继发感染或其他并发疾病导致免疫抑制等原因，受感染的动物可能对该试验无反应（即产生假阴性）。TST假阳性结果可能是由于动物先前接触到与分枝杆菌属抗原性相似的微生物、最近接种弗氏完全佐剂或创伤性注射技术所致。其他用于菌落筛选的诊断方法包括体外检测 γ- 干扰素反应或结核菌素抗原的体液免疫反应，MFIA方法近年来被用于检测结核杆菌抗体。其他诊断方法包括组织、痰液、支气管肺泡灌洗检查、抗酸染色和培养以及聚合酶链反应（PCR）。胸部X光片偶尔用于检测可疑动物的肺部病变。

治疗方法包括对极有价值的动物（如大型类人猿或精选实验动物）进行长期（约一年）全身性异烟肼给药等治疗，但一般受感染的动物最好被扑杀，因为它们会给动物群体和人类带来风险。异烟肼与链霉素或其他药物联合应用可提高疗效。最有效的控制手段是隔离、检测和扑杀感染猴。对已知或怀疑接触结核感染动物的动物应进行隔离和反复的检测，或从群体中扑杀。

（二）消化系统疾病

灵长类动物最常见的三种细菌性胃肠炎是弯曲杆菌病、志贺氏菌病和沙门氏菌病。

1. 弯曲杆菌病

空肠弯曲杆菌（*Campylobacter jejuni*）是从活动性空肠弯曲杆菌腹泻病中分离出来的最常见的微生物，主要见于灵长类动物。无症状携带者很常见，可通过粪 - 口传播。临床症状包括水样腹泻，严重脱水。诊断需要用特殊培养基在 $5\% \sim 10\%$ 的 CO_2 环境中培养粪便样品。治疗方法包括支持性护理、补充水分和纠正电解质异常。抗生素的使用一直存在争议。

2. 志贺氏菌病

尽管其他志贺氏菌也可能诱发疾病，临床上志贺氏菌病最常见的病原还是福氏志贺氏菌（*Shigella flexneri*），通过粪 - 口途径在非人灵长类动物之间，以及从人类传播给非人灵长类动物。虽然成年动物很少出现临床疾病，但这种疾病对幼年动物来说可能很严重甚至致命。非人灵长类动物和人类的感染从无症状携带者到急性暴发性痢疾。临床症状包括抑郁、带血、黏液性腹泻、虚弱、消瘦和脱水。腹痛通常很明显，受影响的动物可能会以坐姿向前弯曲，双手交叉放在腹部。通常情况下，随着疾病的进展，动物会半昏迷；发病后 24 小时到 2 周内可能会死亡。另外，也可能发生非肠道志贺氏菌感染，包括牙龈炎、流产。治疗方法包括用药敏试验筛选抗生素、对有症状和无症状但暴露于环境中的个体提供支持性护理。应制定严格的环境净化措施。

3. 沙门氏菌病

虽然比志贺氏菌和弯曲杆菌感染少见，但沙门氏菌感染引起的胃肠炎也发生在非人灵长类动物身上。感染途径包括食用受污染的饲料和接触受感染的动物。沙门氏菌感染的临床特征与志贺氏菌相似，常见呕吐，病程较缓。志贺氏菌病和沙门氏菌病的大体病变不易区分，两者可能以混合感染的形式存在。沙门氏菌病的典型大体表现是肠内容物由糊状变为液体，肠黏膜肿胀变红，脾脏充血。沙门氏菌感染常累及回肠，而志贺氏菌病很少累及回肠。

细菌性肠胃炎的治疗包括提供支持性护理和基于药敏试验的抗生素给药。抗分泌药物，如盐酸地芬诺酯、高岭土、果胶或其他肠道吸收剂也可以使用。在严重腹泻的情况下，补液和补电解质是必不可少的，理想的是静脉注射。新世界猴与旧世界猴相比，通常需要更多的补液。

（三）其他常见病

1. 猴 B 病毒感染

猕猴疱疹病毒 1 型，通常被称为疱疹 B 病毒，属于 α 疱疹病毒，是重要的人畜共患病。灵长类动物的病变包括唇、舌、胃肠道溃疡和肝坏死。猕猴是 B 型疱疹病毒的自然宿主，感染是终生的，特别是在应激或免疫抑制期间，病毒在唾液或生殖器分泌物中间歇性激活和排毒。人类被感染的猕猴咬伤和抓伤可被感染。感染的猕猴可能在眼、口腔或生殖器黏膜上出现结膜炎、水疱或溃疡，或者可能无症状。建议从 B 型疱疹病毒阴性群中获得猕猴，但不能消除疾病的可能性。因为 B 病毒间歇性排毒，所以人与猕猴接触时，必须将所有猕猴视为潜在的传染病携带者，并佩戴适当的防护（如长袍、手套、面罩、全套护目镜或面罩）以防止暴露感染。在处理可能被猕猴血液、尿液、唾液或组织污染的所有设备和标本时，应采取防护措施。

接触猕猴或在猕猴周围工作的人员必须接受有关 B 型疱疹病毒感染的临床表现的培训。人被感染可能出现脑脊髓炎症状，虽然发病率很低，但病死率约为 80%。人类的临床症状还包括水疱、暴露部位的疼痛和瘙痒、淋巴结病、发热、麻木、暴露肢体的肌无力或瘫痪、结膜炎、颈部僵硬、鼻窦炎、头痛、恶心、呕吐、精神状态改变以及其他中枢神经系统症状。在人类出现中枢神经系统症状之前，用抗病毒药物对其进行早期治疗，可阻止疾病的发展，但并不能消除病毒。暴露的个体应该由医生密切监控，直到可以确定没有感染为止。在此期间，应劝告患者避免将疾病传播给他人。

应在可能接触猕猴的区域张贴标识，提示在接触猕猴时应采取适当措施，可能暴露的皮肤应使用含有洗涤剂肥皂的溶液清洗至少 15min，以减少或消除活病毒有机体的数量。可能暴露于 B 病毒的眼睛或黏膜应立即用无菌盐水或水冲洗 15min。

2. 破伤风

破伤风是由破伤风梭菌产生的两种神经毒素（解痉素和破伤风溶血素）引起的，新世界猴和旧世界猴都易受感染。临床症状包括强直性肌肉痉挛、紧张症、吞咽困难、癫痫发作、呼吸麻痹和死亡。建议灵长类动物接种疫苗，破伤风抗毒素可有效治疗破伤风病例。

3. 关节炎

关节炎是许多年长的非人灵长类动物的常见疾病，常见于猕猴。临床症状包括关节肿大、关节活动受限、肌肉挛缩和消瘦。指间关节和膝关节是最常见的发病部位。一些人提出用多硫酸糖胺聚糖治疗有利于减轻临床症状。建议使用止痛药，增加有规律运动和锻炼的机会；严重者可使用人类关节炎药物。

参 考 文 献

李厚达 . 2003. 实验动物学（第二版）. 北京：中国农业出版社 .

李会芳，许梅笛，佟柳，等 . 2017. ATP 生物荧光法在 ICU 环境物体表面清洁消毒效果评价中的应用 . 中华医院感染学杂志 , 27(3): 699-701, 720.

田克恭，贺争鸣，刘群，等 . 2015. 实验动物疫病学 . 北京：中国农业出版社 .

王建飞，周艳，刘吉宏，等 . 2012. 实验动物饲养管理和使用指南（第八版）. 上海：上海科学技术出版社 .

Fox J G, Anderson L C, Otto G M, et al. 2015. Laboratory Animal Medicine. 3rd Edition. London: Elsevier Inc.

Hrapkiewicz K, Colby L, Denison P. 2013. Clinical Laboratory Animal Medicine: An Introduction. 4th Edition. Iowa: John Wiley & Sons, Inc.

Ravindran R, Krishnan V V, Dhawan R, et al. 2014. Plasma antibody profiles in non-human primate tuberculosis. J Med Primatol, 43(2): 59-71.

Suckow M A, Weisbroth S H, Franklin C L. 2006. The Laboratory Rat. 2nd Edition. MA: Elsevier Academic Press.

第八章　实验动物免疫

近几十年，随着世界人口的不断增长与频繁迁移，人类从未像今天这样，如此依赖着自然资源。由于人类扩张而造成的可利用水资源和生物资源的匮乏、能源枯竭、气候异常、环境污染等生态环境的恶化，逐渐打破了动物物种间以及人类间所原有的遗传学和生物学特性上的差异，破坏了疫病发生的种间屏障，进而导致全球动物疫病与人兽共患病的频繁发生。

当前，我国动物疫病的流行具有以下几个特点。①动物疫病种类增多、危害性加大：根据我国农村农业部先后发布的公告显示，我国动物疫病常见的有 157 种，人兽共患病有 26 种。但是，据不完全统计，我国记录在案的动物疫病已经超过 250 种，流行广泛、危害或潜在危害的疫病则超过 42 种，这些疫病里面有相当一部分对实验动物具有威胁，是造成实验动物疫病流行的主要因素。②病原体变异加快，出现耐药性：动物频繁接种疫苗会过度刺激机体免疫系统，导致体内病原体的外环境稳态失衡，病原体通过基因突变、基因重组等不断变异，主动适应机体并长期与宿主共存，进而形成非典型化的慢性疾病。长期不科学地滥用抗生素增加了动物体内的药物残留，致使病原体对化学药物产生耐药性，进一步增加了动物病原体的致病性。③多病连发，继发感染严重：当前动物疫病的发病形势多以混合感染为主，临床的发病动物往往能同时检测出多种病原体，如猪的伪狂犬病毒与细小病毒、猪繁殖与呼吸综合征病毒及猪 II 型圆环病毒等呈混合感染。检测猪消化道疾病常会发现猪流行性腹泻病毒、猪传染性胃肠炎和猪轮状病毒混合感染，为疫病防治带来新的困难。

第一节　免疫接种动物的确定

据世界卫生组织（World Health Organization，WHO）统计，全球每年死于各类传染病的人数占总死亡人数的 1/3。其中 60.3% 的传染病属于人兽共患病，而 75% 的人兽共患病病原体源自于动物，见附表 8-1。对人类所有病原体进行病原微生物学分类，结果显示：人类病原体中 80% 的病毒、50% 的细菌、40% 的真菌、70% 的原生动物以及 95% 的蠕虫都是人兽共患。动物疫病与人兽共患病的暴发不仅严重影响各国畜牧业的健康发展及动物源性食品的安全，还对人类健康、公共卫生安全和国家发展构成巨大威胁；WHO 也将其列为危害人类健康的主要病因，是重点防控对象。2006 年，世界动物卫生组织（Office International Des Epizooties，OIE）制定了新的 OIE 疫病目录收入标准，对《陆生动物卫生法典》进行修订并更名为《OIE 疫病目录》。2020 年《OIE 疫病目录》收录的动物疾病、传染病和虫媒病共计 117 种。

实验动物作为特殊的动物群体，是生命科学研究领域不可或缺的基础和支撑条件。实验动物一般不像家畜家禽进行常规免疫，因此，当实验动物因实验需求，比如疫苗研发过程中需要通过实验动物以确定疫苗的佐剂类型和剂量、免疫接种剂量等，或者当农用实验动物所在地为一类、二类或三类动物疫病疫区时，为顺利进行科学实验，避免疾病影响实验结果，保护科研人员身体健康，可通过人工方法将免疫原或免疫效应物质输入到实验动物体内，使实验动物以主动免疫或被动免疫的方式获得防治相关疫病的能力，进而切断其传染源，抑制其传播途径。目前，我国科研人员对实验动物的各种需求正不断增加，除传统意义上的模式实验动物（如小鼠、大鼠等）之外，畜禽（如反刍动物、猪、家禽）及犬、兔、非人灵长类等已被广泛用于各种科学实验。在目前的研究环境下，小鼠及大鼠等小型啮齿类动物通常饲养在屏障环境中，使其不受病原体的侵袭，在保证动物健康的同时，也避免了人兽共患病的发生，最终保证了实验结果的一致性和可重复性。但是针对其他实验动物，如犬、小型猪、兔和非人灵长类，由于饲养成本的提高，以及饲养规模等原因，无法大规模饲养在屏障环境，因此不可避免地会接触环境致病菌甚至一些致病性极强的病原体，从而导致群体的健康问题，给动物实验造成损失的同时，也危害人类健康。因此，需要通过疫苗接种对动物群体进行保护，使其健康成长，避免生物安全事件和对动物实验的影响。例如，在实验犬饲育阶段，根据国标需要，对狂犬病病毒、犬细小病毒、犬瘟热病毒、传染性犬肝炎病毒进行免疫，同时还需要排除一系列细菌病原体，包括钩端螺旋体、结核分枝杆菌等细菌。因此，需要对实验犬采取疫苗接种的形式对其形成保护。

　　随着人类疾病疫苗的研发，以及药物安全性评价的需求日益增长，对非人灵长类的需要也在日益增长，如何做好非人灵长类的疫病防治是实验动物医师的工作重点。非人灵长类的主要传染性疾病包括猴疱疹病毒I型病、猴D型逆转录病毒病、猴免疫缺陷病毒病、猴痘病毒病、麻疹等。非人灵长类的猴疱疹病毒I型（cercopithecine herpesvirus 1，B virus）（以下简称B病毒）目前尚无有效的疫苗。因此，在从事非人灵长类工作时，要额外注意个人防护，除应防止被动物抓伤、咬伤外，还要格外注意眼睛、口腔等黏膜部位被动物的排泄物或者血液污染。猴D型逆转录病毒（simian type-D retrovirus，SRV）有8个血清型，不同血清型之间虽然可发生免疫交叉反应，但病毒亚型之间的同源性并不高，比如1型与2型、3型的同源性分别仅68%和88%。虽然猴逆转录病毒是猴最常见的传染病，但大多数相关研究并没有公开报道。随着猴逆转录病毒对灵长类动物的危害加剧，引起了相关研究机构的重视，该病毒的检测频率才逐渐增加。

　　对于猴免疫缺陷病毒病（simian immunodeficiency virus，SIV）的研究，Stebbings等通过人工方法使猕猴感染野生型macJ5毒株，然后再对实验动物接种试验用macC8的弱毒疫苗，以期评价该疫苗的免疫效果。结果表明，实验组所有动物均可在免疫后14天，通过PCR检测到macC8 DNA的存在，而macJ5 DNA则检测不到。在免疫后第35天，PCR检测不到SIV macC8 DNA。猴免疫缺陷病毒各亚型间的同源性较高，彼此具有较强的免疫交叉反应，因此针对SIV的疫苗用毒株与感染毒株可以不同。

　　Hatch等人对猴痘病毒病的研究结果表明，单次免疫（免疫30天或免疫60天）后的食蟹猕猴无法产生特异性的中和抗体IgG，只有间隔30天再进行二次免疫的食蟹猕猴才可以产生特异性抗体，并中和掉外周血里的病毒。两次免疫后，灭活疫苗对食蟹猕猴的免疫保护期长达40天。Iizuka等则认为单次免疫可以使食蟹猕猴长期产生抗体，抵御猴痘病毒的侵袭。虽然上述两个研究所采用的疫苗毒株均不同，但都可以帮助实验动物抵御病毒感染。

根据我国《实验动物管理条例》第十七条规定：对必须进行预防接种的实验动物，应该根据实验要求或者按照《中华人民共和国动物防疫法》的有关规定进行预防接种，但用作生物制品原料的实验动物除外。随着科学研究的发展，大动物的 SPF 化也取得了快速的发展。针对 SPF 化的大型动物，由于其已经排除了相关病原体的威胁，因此不需再进行疫苗接种。实验用动物（包括反刍动物、猪、家禽等）应该根据《中华人民共和国动物防疫法》《一、二、三类动物疫病病种名录》《人畜共患传染病名录》，并参照国家和地方的疫苗接种计划来实施免疫。如果要出口，应当遵循相关的国际或出口目的国的相关标准。除上述名录中所包含的疫病外，我国地方推荐免疫接种的大型实验动物疫病还有猪轮状病毒病、猪流行性腹泻病。而小型啮齿类模式动物如小鼠、大鼠等，疫苗的应用不仅会干扰实验结果，还极有可能使免疫后的动物转为隐性感染，成为潜在的传染源。另外，对小型啮齿类等模式动物免疫接种会额外增加人力和时间成本，影响实验进度。因此，小型啮齿类实验动物原则上不采取免疫接种。

第二节　免疫原性

免疫原性是指疫苗中的靶抗原能有效诱导动物机体的免疫系统，使其免疫细胞活化、增殖、分化，最终产生免疫效应物质和致敏淋巴细胞的能力。对于同种动物不同个体之间或不同种动物，靶抗原的免疫原性有很大的差异。靶抗原的免疫原性是由自身的化学性质、物理结构及宿主因素决定的。正常情况下，具有相对复杂多聚体结构的蛋白质，含有较多的抗原表位，具有良好的免疫原性，常被用来设计成疫苗的靶抗原。根据微生物分类学，可将动物疫病及人兽共患病的病原体的靶抗原分为病毒抗原、细菌抗原和寄生虫抗原。

一、病毒抗原

动物免疫系统内的各种免疫球蛋白或 B 细胞、T 细胞的表面受体可以特异性地与位于病毒粒子表面的抗原表位，或存在于病毒蛋白质衣壳或囊膜蛋白上的抗原位点相匹配和识别。依据抗原表位刺激动物机体免疫应答的强弱，可将其分为三种，分别是隐蔽表位、新生表位和中和表位。

主要用于病毒性疫病疫苗的靶抗原有以下几类。

（1）结构蛋白和非结构蛋白抗原：这类抗原通常为不同病毒编码的蛋白质或非结构蛋白，能通过 B 细胞上免疫球蛋白的辨识或经抗原呈递细胞的处理，从而活化 T 细胞，产生抗病毒的连续免疫反应。

（2）小 RNA 病毒抗原：小 RNA 病毒是一个极为繁杂的病毒科，随着人兽共患病越来越被重视，口蹄疫病毒已经单独成为一个小 RNA 毒属，包括各型口蹄疫病毒。根据核酸序列和病毒蛋白结构分析，由于小 RNA 病毒在医学和兽医学中的重要性，人们对其进行了广泛、深入的研究。众所周知，口蹄疫病毒是最早发现的第一个动物病毒。也是在小 RNA 病毒中，首先发现了病毒 RNA 具有感染能力，但其活性仅为病毒粒子的百万分之一，并由此发现了病毒在细胞膜上的受体。

（3）病毒的超抗原（super antigen，sAg）：sAg 是一类只需要极低的浓度（1～10mg/mL）便可以激活体内大量（2%～20%）的 T 细胞克隆，从而产生极强免疫应答的物质。与普通抗原相比，sAg 在被 $CD4^+$ T 细胞识别之前，便可以直接与抗原呈递细胞（antigen presenting cell，APC）表面的 MHC（major histocompatibility complex，MHC）II 类分子抗原结合槽以外的部位结合，并以完整蛋白病毒粒子的形式呈递给 T 细胞，整个过程无需受到 MHC 的限制。同时，sAg 也是 T 细胞所形成的活化复合物，以及激发与 T 细胞活化相关的跨膜信号转导途径之间的桥梁。

（4）病毒抗原变异：许多病原体已经产生避开我们免疫系统的方法。例如，每年人类都会受到新的流感病毒株的袭击，2020 年初开始流行的"新型冠状病毒"（Corona Virus Disease 2019，COVID-19），这些病毒在不断地发生变异，从而导致不被机体抗体和 T 细胞消除。然而，病毒在自然条件下的突变也可以使其抗原发生变异。如何才能使已成为疫苗的种子毒株在自然条件下不发生变异，是疫苗研究所需解决的首要问题。

二、细菌抗原

根据细菌的致病特性可将细菌分为致病性和非致病性两类，前者能利用自身所分泌的毒力因子（外毒素和内毒素）干扰或破坏宿主的免疫屏障,使宿主的组织器官发生感染。致病性细菌通过毒力因子抑制免疫细胞的杀伤作用,例如,抑制白细胞的移行、吸附、内化,抑制细胞溶酶体酶的活性,诱导其凋亡;也能抵御补体的杀菌作用,竞争性抑制微量元素的螯合作用,抵抗宿主体内特异性抗体等。

在自然条件下，不仅不同菌株的毒力有所不同，同一菌株在不同条件下也表现出不同的毒力。在某种传染病的发病初期，从患病动物体内分离出来的菌株毒力较强，然而在临床症状明显期分离到的细菌毒力却有可能大为减弱。毒力强的菌株在体外连续传代后，由于外界生存条件的改变，继而毒力减弱，而通过易感动物的接种又能使毒力减弱的菌株恢复毒力。

根据细菌的几种参数，包括对细菌特性的分子作用机制研究，可获得两种不同途径的细菌疫苗。①实验途径菌苗：对于同一菌种不同毒力的分离株，根据其已知的理化特性进行分类收集。②分子途径菌苗：对多个不同分离株的毒力特性及成分、经典成分和特异性成分，都可以在分子水平上研究其相似性和差异性，以作为选择疫苗成分的依据。前一个途径的疫苗必须包括多个分离株，而后一个途径的疫苗则必须在充分理解其分子机制的前提下进行。

三、寄生虫抗原

寄生虫在宿主体内的寄生，必然要面临宿主免疫系统的监视和攻击。宿主通过免疫识别杀灭或消除寄生虫，而寄生虫则在长期的进化过程中通过免疫逃逸机制设法与宿主处于共生关系，导致宿主靶组织出现慢性病变。寄生虫的免疫逃避机制包括寄生虫寄生在宿主的免疫盲区、寄生虫抗原的免疫原性缺失、分泌免疫抑制剂、补体失活、借用宿主分子和模仿宿主分子并伪装虫体表面抗原、对主要寄生虫表面抗原的发育阶段进行特异性修饰、寄生虫表面抗原的脱落、产生能干扰或减少免疫反应的寄生虫抗原等策略。

暴露于宿主的寄生虫抗原可以分为两类。第一类是与宿主靶组织直接相关而无法隐蔽的抗原，这类抗原也是合理的疫苗候选抗原。然而，寄生虫的生存依赖于这些抗原的功能完整性，因此这类抗原在寄生虫的进化过程中已将宿主免疫系统的识别降至最小或随后识别。第二类是寄生虫产生的能颠覆宿主免疫反应的抗原，其亚类包括那些能产生免疫学诱骗或"烟幕"效应的寄生虫抗原。

从自然感染寄生虫的动物中所得到的抗血清或 T 细胞，常用于探测寄生虫虫体蛋白的粗提物或 cDNA 表达文库，从而使鉴定和纯化寄生虫抗原成为可能，并已成功地鉴定了许多寄生虫抗原，但并不能保证这些抗原可用于疫苗诱导免疫保护性产生。因此，除免疫原性外，其他因素也能决定寄生虫分子的潜在保护作用，如抗原在寄生虫中的位置、抗原的功能、对免疫介导攻击和宿主免疫反应的特殊成分的敏感性等。当候选保护性抗原被鉴定后，就有必要进行大量生产。如果该抗原是一种蛋白质，可通过重组 DNA 或肽合成技术大规模生产该抗原。

寄生虫分泌的或者在宿主与寄生虫关系中起着关键作用的虫体表面蛋白最有可能成为候选抗原。选择寄生虫分泌的或虫体表面抗原这两类抗原相对来说较为简单，但后者的亚群蛋白的选择却要困难得多。目前对寄生虫蛋白的生物学作用了解甚少，因此只有很少的保护性抗原能通过该途径得到确定。将寄生虫粗抗原分成几部分，并分别测试其作为疫苗的效力，最终再纯化为单个抗原，是选择具有良好保护性抗原的一种方法。该方法也可以筛选出在自然寄生中处于宿主免疫监视系统下的隐蔽抗原。抗蜱疫苗中的牛蜱隐蔽抗原即是用该方法分离得到的。

第三节　疫苗的类型和成分

一、弱毒疫苗

弱毒疫苗又叫活疫苗，是指通过人工定向变异的方法培育出具完整免疫原性但致病力减弱的一类生物制品。

由于弱毒疫苗的毒株无需灭活，因此具有以下优点：可以诱导包括体液免疫、细胞免疫在内的免疫力较快产生，对宿主的保护作用较强；病毒可以在宿主体内增殖，诱导较强的免疫力，免疫保护期长；诱导产生局部和全身免疫反应；疫苗制备工艺相对简单。弱毒疫苗也存在诸多缺点，包括：疫苗内可能含有其他活的病原体；部分弱毒疫苗毒株具有毒力返强现象；保存、运输条件严格，易受外界环境中理化因素的影响。

二、灭活疫苗

灭活疫苗又叫"死疫苗"，是指运用物理、化学方法使作为疫苗的病原体无法在被免疫动物体内复制，但仍保持免疫原性的一种生物制剂。灭活疫苗既可以由整个病毒粒子或细菌组成，也可以由它们的裂解片段组成。

灭活疫苗具有安全性高、物理和化学性质稳定、储存方便等优点。灭活疫苗和弱毒疫苗都属于传统疫苗，相比之下，灭活疫苗目前还有诸多不足之处：免疫效果较弱，免疫反应持续时间较短，需要多次接种；不同的靶抗原需要添加不同种类的灭活剂和佐剂。

三、亚单位疫苗

亚单位疫苗又叫组分疫苗，是一种通过化学分解或蛋白质水解的方法，提取病原微生物中具有免疫原性组分制成的疫苗。亚单位疫苗除了具有良好的免疫保护作用之外，还具有传统疫苗所不具备的优点，如亚单位疫苗安全性更高。由于亚单位疫苗只含有病原微生物的某一组分，不含有完整的病原体，因此动物接种后不会出现疫病的显性或隐性感染。亚单位疫苗接种后的副作用较小，疫苗中含较少或消除了常规疫苗难以避免的异源性物质，如热原、变应原等。此外，亚单位疫苗还具有稳定性好、应用范围广等优点。

四、重组疫苗

与传统生物学工艺所制备的弱毒疫苗和灭活疫苗相比，重组 DNA 技术为疫病的预防开创了一个全新的领域。重组疫苗根据抗原载体的种类可分为细菌活载体、病毒活载体和嵌合重组疫苗 3 种。重组 DNA 技术可以用于抗原的识别与分离，通过克隆技术和表达病原微生物中部分或全部的抗原，可以解决传统疫苗技术途径中的若干问题。第一，使用重组 DNA 技术可以获得足够多的抗原，而使用传统方法往往很难获得足够数量的、纯化的特定抗原。第二，重组 DNA 技术有助于特定抗原在适合的载体中表达，以实现更有效的抗原呈递和免疫原性，而传统疫苗无法对所有病原体进行致弱或灭活，而且致弱后病毒的位点也无法确定。第三，重组 DNA 技术可以实现疫苗抗原的大规模制备。此外，重组疫苗更加安全，可有效避免致病菌的污染。

五、多价疫苗

多价疫苗是指由一种病原微生物的多个血清型抗原所制备而成的、用于免疫接种的生物制品。

由于免疫系统可以同时针对不同的抗原，原则上不同的抗原可以在多价疫苗中组合或混合，一次免疫接种多价疫苗便可以抵御特定病原谱系的感染。因此，多价疫苗的应用不仅能够减少疫苗用量、接种次数与方法、接种费用，还避免了潜在的免疫副作用。对于单价疫苗而言，抗原的连续应用可能导致机体免疫系统出现"抗原竞争"现象，即疫苗中不同成分间的相互作用会引起免疫原性的减弱。

同时接种的多种抗原能够彼此之间或与靶向的微生物相互作用，其结果可能出现针对特定抗原的、免疫原性的协同或拮抗。科学研究表明，在依赖 T 细胞的免疫反应系统中，免疫不含有任何载体蛋白的多价合成肽，当其中一个特异性合成肽有 T 细胞能识别的表位时，这种多价合成肽疫苗能诱导针对疫苗的每一种特异性的体液免疫反应。而当多价疫苗中缺少这一特殊表位时，将使其余的表位丧失其免疫原性。同时，当不同抗原组合成多价疫苗时，佐剂的选择尤为重要。因此，对于每一种抗原的组合，最佳的佐剂必须通过免疫原性和安全性试验的鉴定。

六、佐剂

佐剂又叫非特异性免疫增强剂，是指伴随抗原共同进入体内且可以诱导免疫系统提高对抗原免疫应答能力的一种物质。目前，佐剂的作用机制尚不明晰，普遍认为其增强免疫应答的机制是：改变抗原物理性状，延长抗原在机体内的存留时间，保持对免疫系统的持续激活作用；使抗原更易被巨噬细胞吞噬，刺激单核巨噬细胞系统，增强其对抗原的呈递能力；促进淋巴细胞的增殖、分化，进而扩大和增强机体的免疫应答效应。

虽然佐剂的作用机制尚在研究之中，但其早已广泛应用，这一现象主要归功于佐剂在疫苗中的独特作用。佐剂对疫苗的普遍作用有：降低了抗原的剂量；减少了免疫接种的次数；避免了联合疫苗免疫的抗原竞争现象；延长了免疫应答的持续时间；增加了抗原的稳定性。佐剂按其来源和成分可分为矿物类佐剂、乳液佐剂、微生物佐剂和菌影系统等4类。常用的佐剂包括氢氧化铝、弗氏佐剂、壳聚糖纳米颗粒等。

第四节　免疫程序设定相关因素

一、免疫途径

（一）皮内注射

皮内注射是指把疫苗注射到皮肤的表皮以下、真皮层以内。在该部位注射疫苗后，可以使靶抗原在佐剂的辅助下，迅速被抗原呈递细胞（APC）捕获并通过淋巴通道流向局部淋巴结，进而产生免疫应答。因此，皮内注射是一种极为有效的免疫途径。采用该途径对动物进行免疫接种，只需要较小剂量的抗原即可获得与肌内注射相同的免疫应答，但该途径最大的缺点是对数量较多的动物操作较为困难，且接种后疼痛反应明显。

（二）皮下注射

皮下注射是指将疫苗注射到皮下组织。皮下注射较皮内注射方便，特别适合小型实验动物，通常采用颈背部的皮肤松弛部位进行注射。其缺点是与血管丰富的部位如肌肉比较，对抗原的吸收较缓慢；如果注射到脂肪组织，吸收就更少。目前普遍认为，相对于肌内注射而言，皮下注射所得到的抗体反应稍低，为保证免疫效果，实验动物医师应尽可能选择肌内注射免疫。

（三）肌内注射

肌内注射是指将疫苗注射到动物血管丰富的肌肉部位，进而使抗原与宿主免疫系统充分接触。但是，如操作不当，临床上经常出现疫苗因为注入富含脂肪或肌肉外的间质组织中，导致抗原沉积，影响抗原的吸收。因此，接种疫苗时必须避开脂肪组织，注入到肌肉丰富且不易被宿主碰触到的位置。

（四）口服

黏膜免疫系统是防止感染病原微生物的第一道防线，可对抗黏膜表面的感染，或通过黏膜侵入机体的病原微生物来诱导机体产生免疫应答。

分泌型免疫球蛋白 A（secretory immunoglobulin A，SIgA）分布于整个黏膜的表面。作为肠黏膜上的主要免疫球蛋白，SIgA 对各种内源共生菌及外源入侵的病原体都有抵抗作用，在黏膜免疫中起到关键作用。SIgA 主要分布在唾液、泪液、肠胃液、乳汁以及呼吸道分泌液等外分泌液中，是哺乳动物黏膜免疫的主要抗体。

目前，通过口服途径接种疫苗主要应用于禽类，如新城疫、传染性支气管炎、传染性法氏囊病和传染性喉气管炎等。与传统疫苗接种途径相比，口服途径接种的缺点是抗原易被消化酶降解，因此需要更多的抗原剂量和接种次数。

（五）鼻内接种

鼻内接种也是一种黏膜免疫途径。多年来，鼻内接种一直是一些疫病唯一的免疫途径，包括传染性牛鼻气管炎和牛副流感疫苗、猫病毒性鼻气管炎疫苗和猫杯状病毒疫苗、犬败血支气管炎博氏菌疫苗等。有研究表明，通过将传染性牛鼻气管炎疫苗鼻内接种与修饰后的肌肉接种的活疫苗的免疫应答谱进行比较，发现系统的细胞免疫和体液免疫应答水平不同，且局部应答有差异。虽然鼻内接种和肌内注射接种的鼻内分泌物中都存在 IgG，但只有鼻内接种疫苗所诱导的鼻黏膜可以分泌产生 IgA。在自然状态下，一旦整个黏膜表面有任何破裂口，就会有组织间液从缝隙中渗漏出，因此，强大的系统免疫将会阻止病原微生物的入侵。

此外，鼻内接种还可以有效躲避母源抗体的干扰。研究表明，用活的弱毒猪伪狂犬病疫苗通过滴鼻途径和肌内注射途径给有母源抗体的猪分组接种，结果前者比后者获得了更好的保护效果。

二、免疫接种程序

制定免疫程序和计划时需要考虑动物饲养管理的实际情况，包括动物饲养方式及周期、动物实验程序、动物采样方式及检测指标等；还应考虑到动物个体情况，如年龄、性别、身体状况等因素，这些都会影响到免疫程序的制定。由于抗体会被代谢或破坏，因此抗体保护水平随着时间的推移而降低，除非再次暴露于抗原，否则不会重新获得。因此，对动物免疫后需要测定不同时期的效价以确定是否、何时对其进行加强免疫。动物通过重复注射，周期性地暴露于抗原，以延长免疫时间，从而提升对外来病原体（通常是特定病原体）的防御能力。通过这种周期性的、不断使动物产生抗体，使得疾病没有机会发展，避免了疾病的传播。抗体滴度虽然在每次接种后 2～3 周达到峰值，但最终随着时间的推移，滴度逐渐下降到一个较低甚至无法检测到的水平。同一抗原的连续增强可促使动物个体具有越来越强的免疫记忆反应。

在指定动物接种程序时，遵循常规的模式虽较易执行，但至关重要的是实验动物医师对免疫计划的重要性和合理性的熟悉程度。同时，如果要使免疫计划得到可靠执行，该计划必须尽可能简单、易懂，避免因疫苗接种计划的实施影响实验动物的饲养管理和动物实验，以及实验结果的输出。通常饲养管理和动物的免疫接种程序是相辅相成、相互配合的。例如，舒适的、符合动物福利的实验动物饲养环境和营养全价的饲料可以使动物处于相对安逸的状态，有助于提高个体的免疫力；实验动物设施的洁净程度与动物个体主动获得免疫力联系紧密，长期处于低病原体风险环境的实验动物，往往对外界病原体的抵抗能力明显低于饲养在自然状态下的普通级实验动物。

动物个体所处的不同生理时期或不同年龄也是免疫接种程序制定所需考虑的主要因素。交配前期、妊娠期、新生动物期、断乳期、生长期及成年期是免疫接种的重要阶段。交配前接种疫苗通常是为了预防使母体怀孕失败的相关传染病的感染，如猪细小病毒、钩端螺旋体病、牛传染性鼻气管炎、牛病毒性腹泻，以及为新生动物提供一些初乳免疫力；在临近预产期的时候，接种疫苗可以最大限度地增加初乳抗体水平，对初产动物，应在妊娠中、后期前 2 ~ 4 周需给予一个诱导剂量的接种；新生幼龄动物是疫病发生率和死亡率的最高时期，除了在妊娠期通过强化接种增加母源抗体让幼龄动物摄食外，还需要即时对幼龄动物接种疫苗，通过主动免疫形式保护动物，但母源抗体也可以阻碍主动免疫的形成。

（一）二次免疫

用特异性抗原进行首次免疫，在接种 1 周内便可以诱导机体免疫系统产生"初次免疫应答"并分泌第一种抗体 IgM（免疫球蛋白 M）。IgM 可以与病原微生物直接结合，起到中和的作用。疫苗中的抗原刺激机体单核巨噬细胞系统活化，其分泌的多种细胞因子直接引发 B 细胞从增殖分泌 IgM 的浆细胞转化为增殖分泌 IgG（免疫球蛋白 G）的浆细胞。当 IgM 产量衰减时，IgG 产量开始增加，但最后两种抗体在血清中的含量都会在 10 周内下降至检测不到的程度。体内已经增殖和形成记忆的 B 细胞仍留于淋巴组织中并保留了识别特定抗原的能力，待再次接种相同抗原时，机体免疫系统则快速产生大量 IgG，形成较为持久的特异性抗体。

（二）加强免疫

加强免疫是指在基础免疫完成后，体内的血清保护性抗体滴度会逐渐减弱或消失，为使机体持续维持必要的免疫力，需要根据不同疫苗的免疫特性在一定时间内对动物进行疫苗的再次接种。通常灭活疫苗的免疫持续期较短，因此，对于多数疫苗，建议每年都要重复接种，但一些狂犬病疫苗例外，因为这些疫苗的免疫保护期可长达 3 年。通过非肠道途径免疫接种的活疫苗，免疫记忆持续时间虽较长，但不同于自然感染，每隔 2 ~ 3 年仍需要重复接种一次。因为个体差异，由于缺少持续抗原的刺激，导致免疫力下降，所以通常建议每年用同等的活疫苗加强免疫一次，尤其对那些具有很高科研价值的动物个体。

由于动物自然感染病原所产生的黏膜记忆持续时间很短，仅 3 ~ 4 周，所以在黏膜表面产生的抗体需要多次重复接种。因为获得性黏膜疫苗通常诱导产生更迅速的局部反应，同时产生干扰素，这种免疫方式通常在疫病暴发时使用。

（三）母源抗体

因为幼龄动物更容易受到疫病的侵袭，且后果严重，因此应采用早期免疫接种。所有动物在出生的时候就具有免疫力，尽管免疫反应的一些补充性成熟过程在新生期才出现。给幼龄动物成功免疫接种的主要障碍是存在母源抗体的严重干扰。因此，所有的免疫程序制定和执行，无论是用于动物个体还是群体的疫病防疫，都必须考虑母源抗体的存在和干扰程度。

对于实验犬和实验猫而言，尽管有少量母源抗体能够越过其胎盘屏障进入胎儿体内，但动物的主要母源免疫是通过摄食和吸吮初乳获得，它包括免疫细胞和母源免疫球蛋白。IgG 是大部分单胃动物初乳中含量最高的免疫球蛋白，而对反刍动物而言，IgG1 则更为重要。幼龄动物从消化道吸收免疫球蛋白的效果在出生后迅速降低，通常到出生后 48～72h 接近于零。主动免疫的成功依赖于早期摄食足够量的高质量初乳，这又取决于分娩母畜的免疫力水平和哺乳新生仔畜的行为是否强烈。

母源抗体通常会抑制新生动物对环境病原微生物及疫苗免疫所引起的抗体的合成，直到母源抗体作为一种正常蛋白被降解或减少。根据幼龄动物最初吸收的母源抗体量，以及母源抗体降解率或半衰期有所不同。由于每个新生动物所拥有的保护性抗体的量取决于分娩母畜对某种病原的最初抗体滴度，以及新生动物出生后 12～24h 内有效吸收的初乳量。相反，保护水平和无应答期都随个体而异。要考虑同胎动物随出生先后顺序而产生的个体差异，由于初乳量有限，那些先出生的动物，就有更多机会摄食更多的初乳。每个幼龄动物摄食的初乳量与每胎产仔数成反比。

一些已获得初乳的幼龄犬和猫在 6～8 周龄时就可以成功接种疫苗，而另一些可能还有残留的抗病原母源抗体，如细小病毒疫苗在 20 日龄时才可以接种成功。因此，接种必须重复多次，以确保获得早期保护。对某些个体而言，至关重要的是后期接种。理想的是大约每 2 周接种一次疫苗，在受到强毒力病毒感染之前，就可以很有效地刺激机体产生主动免疫反应。从经济性考虑，这种不断接种的方式对大部分实验动物管理不现实。因此，犬和猫的疫苗接种通常开始于 6～8 周，并间隔 3～4 周重复一次。对于犬瘟热病毒，抗体的半衰期是 8.5 天，母源抗体预计会持续到 12～14 周。因此，最近的一次接种应将时间安排在 12～14 周之后进行。当母源抗体逐渐降低，幼龄动物还具有过多抗体时，动物既不对疫苗产生反应，同时又不能充分抵抗外来感染，这段时间是一个关键的时间段。尽管有设计完善的疫苗接种方案，但这个敏感性缺口使得动物很难在重度污染的环境中保持健康。

（四）母体动物的接种

母体动物的免疫接种有利于在严重的污染环境中对新生动物的保护。通过对母体动物的接种提升初乳抗体滴度，来增强新生动物的免疫力。对妊娠母畜，在分娩前接种两次，以使初乳和常乳中抗体滴度达到最大。分娩后，出生动物则从摄食抗体量增加的初乳和常乳中获得增强的被动免疫保护。该方法常用于经产母猪和初产母猪大肠杆菌、轮状病毒、传染性胃肠炎、C 型产气荚膜梭菌、伪狂犬病及多杀巴氏杆菌感染的预防。

第五节　免疫缺陷动物

免疫系统正常的个体被称为具有免疫能力的个体，也可以通过疫苗接种等形式使得个体对特定病原具有免疫性，即免除该病原体对个体的侵袭和伤害。但是如果免疫系统的任何部分存在缺陷，那么该个体就被称为免疫缺陷或免疫系统不健全个体。由于其免疫系统不能对某些抗原产生充分的反应，这些免疫缺陷个体对感染原的易感性增强，即使是来自一般的非致病性生物体，也可能导致严重的或者复发以及慢性的感染。

免疫缺陷动物模型是人类疾病研究的重要疾病动物模型。在免疫缺陷动物中，实验动物免疫缺陷的种类分为原发性和继发性两种。原发性免疫缺陷病是一种遗传性代谢缺陷或可遗传的基因缺失所导致的疾病状态。例如，无胸腺的裸鼠缺乏胸腺，导致 T 淋巴细胞不能正常分化而导致功能缺失。也有一些由于个体中某一类抗体不能正确合成或细胞介导的反应不能正确工作而导致的遗传免疫缺陷疾病。继发性免疫缺陷病是一种获得性疾病，是传染病、癌症、衰老、营养不良，或使用糖皮质激素、抗癌药物和某些抗生素所导致的免疫缺陷。

最著名的免疫缺陷疾病是艾滋病，由人类免疫缺陷病毒（human immunodeficiency virus，HIV）引起，它破坏了辅助性 T 细胞和巨噬细胞，使机体无法有效地清除病原体。动物体两种常见的免疫缺陷病毒是：猴免疫缺陷病毒（simian immunodeficiency virus，SIV），其对非人灵长类动物，尤其是恒河猴影响较大；猫免疫缺陷病毒（feline immunodeficiency virus，FIV），它的宿主是家猫。

在实验动物研究中应用的免疫缺陷动物主要是由于先天基因突变或通过基因编辑手段，经过人工培育而成的一种或者多种具有免疫功能缺陷的动物。1962 年，苏格兰格拉斯哥（Glasgow，Scotland）Ruchill 医院病毒研究所的 N.R. Grist 博士实验室在非近交系的小鼠中偶然发现有个别无毛小鼠。在后续的研究中，科学家们逐步证实这种无毛小鼠是由于染色体上等位基因突变引起的，并且发现这种小鼠胸腺发育不全。在肿瘤研究过程中，丹麦科学家 Jorgen Rygaard 于 1969 年首次成功地将人的恶性肿瘤移植于裸小鼠体内并且存活，开创了以活的肿瘤细胞进行研究的先河，成为肿瘤学、免疫学及细胞生物学发展的里程碑。随着科研需求的加大以及生物科技的迅速发展，越来越多的免疫缺陷动物已用于人类疾病的研究。

遗传性免疫缺陷动物按照免疫功能缺陷的种类可以分为以下几类：

（1）T 淋巴细胞功能缺陷动物，如裸小鼠、裸大鼠、裸豚鼠等；

（2）B 淋巴细胞功能缺陷动物，如来源于 CBA/N 品系的 XID 小鼠；

（3）NK 细胞功能缺陷动物，如 Beige 小鼠；

（4）多重联合免疫缺陷动物，如 SCID 小鼠、NOD-SCID 小鼠、NSG 小鼠、NPG 小鼠、NRG 小鼠、BNX 小鼠、*Rag1* 基因敲除小鼠、*Rag2* 基因敲除小鼠、Motheaten 小鼠等。

一、不同的免疫缺陷实验动物生物学特性

（一）T淋巴细胞缺陷动物

1. 裸小鼠

裸小鼠仅有胸腺残迹或异常上皮，这种异常上皮不能使T淋巴细胞正常分化，因此缺乏成熟T淋巴细胞的辅助，导致裸小鼠无法产生多种类型的免疫反应，主要包括：需要$CD4^+$辅助T细胞的抗体形成；需要$CD4^+$和（或）$CD8^+$T细胞介导的细胞免疫反应；需要$CD4^+$T细胞辅助的延迟型超敏反应；组织移植的排异反应[由$CD4^+$和（或）$CD8^+$T细胞介导]。因此，裸小鼠可以用于肿瘤移植的研究。裸小鼠体内IgG匮乏，免疫球蛋白主要是IgM，其B淋巴细胞功能正常，成年裸小鼠（6～8周）相比同龄普通小鼠有较高的自然杀伤细胞（natural killer cell，NK）活性，但幼年（3～4周）裸小鼠NK细胞活性相比同龄普通小鼠低下。随着裸小鼠的年龄增长或其他因素的影响（如微生物感染），其体内成熟的T细胞数会增加，这可能会对肿瘤移植结果产生影响。

2. 裸大鼠

裸大鼠的生物学特征与裸小鼠相似，也是先天性胸腺发育不良及T淋巴细胞功能免疫缺陷。裸大鼠常染色体上FOXN1基因突变也属于隐性遗传，只有在纯合子才出现典型的生物学特征，因此裸大鼠的命名常以$FOXN1^{rnu}$为后缀，而裸小鼠的命名常添加$FOXN1^{nu}$。其繁殖方式也采用纯合的雄性和杂合的雌性进行交配获得后代。裸大鼠免疫器官的组织学与裸小鼠极为相似，3周龄裸大鼠纵隔的连续切片中，只见胸腺残体，未见淋巴细胞，淋巴结副皮质区实际上无淋巴细胞。裸大鼠血液中淋巴细胞计数随年龄增加而减少，中性粒细胞、嗜酸性粒细胞和单核细胞比例明显增多。裸大鼠血清IgM水平与同窝出生的杂合个体相同，都在正常范围内，而IgG水平较低。虽然裸大鼠体内T细胞功能缺陷，但B细胞功能基本正常，NK细胞活力较强；NK细胞活性增强可能与体内干扰素水平有关。裸大鼠对结核菌素无迟发性变态反应。

（二）B淋巴细胞功能缺陷动物

伴性免疫缺陷小鼠来源于CBA/N品系的基因突变个体，其突变基因位于X性染色体，与人的无丙种球蛋白血症的基因突变相似。X染色体*BTK*基因突变的雌性小鼠（xid/xid）和雄性小鼠（xid/Y）呈现B淋巴细胞功能缺陷，对非胸腺依赖性抗原没有体液免疫反应，免疫球蛋白IgM和IgG3含量极少，但是IgG1、IgG2b、IgG2a和IgA的含量正常，并且其T细胞功能正常。若将正常的CBA/N小鼠的骨髓移植给XID小鼠，B细胞缺损可以得到恢复。

（三）NK细胞功能缺陷动物

Beige小鼠是自然杀伤（NK）细胞活性缺陷的突变系小鼠，Beige小鼠的突变基因为位于13号染色体的溶酶体运输调节因子基因。Beige小鼠的NK细胞功能缺陷，是细胞溶解作用的识别过程受损所致。纯合的*Lystbg*基因同时还损伤细胞毒性T细胞功能，降低粒细胞趋化性和杀菌活性，延迟巨噬细胞调节的抗肿瘤杀伤作用。该基因突变还影响

溶酶体的发生过程，导致溶酶体膜缺损，使有关细胞的溶酶体增大、溶酶体功能缺陷。

（四）多重联合免疫缺陷小鼠

多重联合免疫缺陷小鼠的蛋白激酶、DNA 激活以及催化多肽相关的基因会出现突变，这种突变将导致 V（D）J 重排机制发生异常。当这种突变纯合时，小鼠表现为淋巴细胞抗原受体基因 V（D）J 编码顺序重组酶活性异常，使 V（D）J 区域在重排时断裂端不能正常连接，重排后的抗原受体基因出现缺失和异常，造成 T、B 淋巴细胞不能分化为特异性的淋巴细胞，从而表现为严重的联合免疫缺陷。

多重联合免疫缺陷小鼠的所有 T 细胞和淋巴细胞的功能检测均为阴性，对外源性抗原无细胞免疫和体液免疫反应。但是多重联合免疫缺陷小鼠的非淋巴造血细胞分化正常，巨噬细胞、粒细胞和红细胞都正常，自然杀伤细胞、淋巴因子激活细胞也呈现正常。值得注意的是，少数多重联合免疫缺陷小鼠有免疫"渗漏"现象，即随着年龄的增长会产生具有一定功能的 T 细胞和 B 细胞。这种现象与小鼠的年龄、品系和饲养环境有关，其机理目前尚不清楚。

（五）人工定向培育的多重联合免疫缺陷型小鼠

1. RAG1 和 RAG2 小鼠

RAG1 和 *RAG2* 基因的突变会导致机体内 V（D）J 重排机制异常，从而导致免疫系统的 T、B 淋巴细胞不能分化为特异性的淋巴细胞。*RAG1* 基因突变的纯合子小鼠，具有严重的 T、B 细胞早期发育停滞，它们的外周血没有成熟的循环 T/B 淋巴细胞，这与人的重症联合免疫缺陷综合征 SCID 非常相似。

2. 以 NOD 为背景的 *Reg1* 与 *IL2RG* 基因突变小鼠（NRG 小鼠）

NRG 小鼠属于多重免疫缺陷小鼠，与 RAG1 小鼠一样，其免疫系统的 T、B 淋巴细胞不能分化为特异性的淋巴细胞，它们的外周血没有成熟的循环 T/B 淋巴细胞，同时也具备了 IL2rg^{null} 基因缺陷小鼠的特性，即无 NK 细胞活性。

二、免疫缺陷动物饲养环境

与免疫系统健全的动物相比，免疫缺陷小鼠通常需饲养在隔离环境下，但也可以在屏障环境中根据不同的免疫缺陷动物提供密切的环境检测，尤其针对特定的病原体进行更高频率的检测和管控，从而确保免疫缺陷小鼠可以正常饲育。

不同的免疫缺陷小鼠对环境病原体的敏感性不同，例如，NOD/ShiLtJ、SWR/J 和 A/J 小鼠属于补体片段 C5 缺陷品系，但是可以在普通的屏障内健康生长；又如，C3H/HeJ 和 C57BL/10ScN 小鼠属于 Toll 样受体 4（Tlr4）缺陷，虽可以在屏障内正常饲育，但是需要对革兰氏阴性菌，如假单胞菌和幽门螺杆菌进行额外检测，因为这些小鼠比其他品系更容易受到这些病原体的感染。一些重度免疫缺陷的小鼠如 SCID、Rag1-deficient 和 NSG，则需要饲养在隔离环境以确保尽可能无病原体，尤其是一些对正常小鼠非致病性的病原体。

还有一些虽然具有正常功能的 B 细胞和 T 细胞的小鼠,如 TCR(T 细胞受体转重排)的 OT-1 和 OT-2 小鼠,由于其体内的 TCR 出现重排,直接导致 T 细胞介导的免疫反应效率极低,因此这些小鼠也需要特定的饲养环境,以确保其正常生长。但是在一些低等级屏障环境中,有些免疫缺陷小鼠也可以正常生长。例如,SCID 小鼠是一种严重联合免疫缺陷动物,在繁育过程中有可能出现"免疫渗漏"现象,部分小鼠会出现低水平的功能性 T 和 B 细胞,并且血清中 Ig 含量明显升高,从而对外界环境的病原体具有一定的抵抗作用。因此,在用 SCID 小鼠进行肿瘤或免疫学实验时,通常需要先使用酶联免疫吸附法(ELISA)测定鼠血清中总 Ig 含量来判断小鼠是否出现免疫渗漏。随着基因编辑技术的发展及胚胎操作的便利性,通过基因敲除制作免疫缺陷小鼠已经成为现实,但也存在由于基因编辑的错误或未进行充分的验证导致获得的免疫缺陷小鼠具有一定的免疫功能,虽可饲养在低等级屏障环境,但是无法用于肿瘤学和免疫学的研究工作。

在免疫缺陷小鼠的饲养过程中,会存在免疫渗漏的现象,例如,在 SCID 小鼠的饲养过程中,部分小鼠出现低水平的 T 和 B 细胞,血清中 IgG 含量明显升高。引起免疫渗漏的原因有很多,与动物的年龄、品种品系、实验中所使用的能引起免疫反应的外源性物质、ELISA 检测相关抗体的位点以及对检测结果阈值(cut-off)的定义等都有一定关系。在免疫缺陷小鼠抗原受体基因重组酶异常的情况下,可以使小鼠自身表达有功能的抗原受体,使部分淋巴细胞恢复功能。这种"免疫渗漏"现象出现的频率及产生免疫球蛋白的水平通常随小鼠饲养周期的延长而升高。同时,免疫缺陷小鼠也会由于环境致病因素未得到严格控制,促使其免疫系统的重建。相关研究表明,在屏障环境饲养的 SCID 小鼠 3 ~ 9 月龄出现 Ig 阳性的概率 < 5%,但是随着饲养时间的延长,12 ~ 15 月龄的 SCID 小鼠至少有 30% 检出 Ig 阳性。因此,饲养环境对免疫缺陷小鼠的影响不仅局限在是否可以生存,随着实验动物对环境的适应,免疫系统的"渗漏"将直接影响到实验数据的准确性。

第六节　免疫效果的监测

一、影响免疫效果的因素

(一)疫苗因素

病原体的血清型或亚型越少、变异能力越小,则疫苗免疫接种的效果越好。

当疫苗中有效抗原的血清型与地方流行毒株的血清型一致时,免疫接种才能达到预期效果。疫苗中的有效成分含量越高,杂质成分越少,疫苗品质就越好,免疫接种后的效果也越好。另外,联苗在制备时应充分浓缩抗原,提高抗原的浓度,若联苗中每一种抗原的含量均低于同等剂量的单苗,那么联苗免疫后所产生的免疫效果不如同等剂量的单苗,且随着联数的增加,免疫效果相差也越大。

(二)免疫程序因素

即使在同一个实验动物设施,由于免疫程序的不同,同一类型的疫苗所达到的免疫效果也不完全一致。疫苗种类、剂型、免疫接种的途径等都是免疫程序中非常重要的部分,疫苗接种人员在制定免疫程序时，应当充分了解附近区域相关疫病的流行态势，有针对性地制定免疫方案，切忌在制定免疫程序时过于程序化或随意套用免疫程序。

（三）免疫操作因素

疫苗的免疫接种是一项繁重的工作，免疫操作不规范是临床中造成免疫失败的一个重要因素。免疫时，如果注射器针头的规格不符合疫苗和动物接种部位的要求，则极易造成药液外漏，降低免疫效果。此外，免疫接种的注射器针头消毒不彻底或未能做到及时更换，则隐性感染动物的血液极有可能进入健康动物体内，人为造成疫病的传播。

（四）动物自身因素

幼龄动物可以通过吸吮母乳的方式获得母源抗体，形成免疫保护作用。当幼畜体内的母源抗体水平较高时，免疫接种往往达不到预期的免疫效果，有时甚至会导致免疫失败，所以对幼畜免疫时要充分考虑母源抗体的干扰作用。免疫前，接种人员应全面了解免疫群体的生理状态，避免动物处于疾病恢复期或寄生虫感染时期。此外，当动物长期处于养殖密度过大、周边卫生环境恶劣、饲料中微量元素不全、动物机体营养不良等条件时，由于病原体长期刺激机体，其免疫功能受到抑制，因此免疫效果也较差。

二、免疫效果的检测方法

（一）抗原抗体反应

抗原抗体反应又叫血清学反应，是指抗原与相关抗体相遇时所发生的特异性结合反应。体内发生的抗原抗体反应称为体液免疫反应，表现为促进吞噬、杀菌、中和毒素等作用；体外发生的抗原抗体反应可呈现出某种免疫反应现象，如凝集、沉淀、溶血等。因此，可以通过免疫学检测技术对样本中的抗原或抗体进行半定量或定性检测，进而达到监测动物机体免疫系统、诊断疾病及判断预后等目的。

免疫学中常见的抗原与抗体反应的主要类型有凝集反应、沉淀反应、补体参与的反应、标记免疫反应等4类，其涉及的实验技术多达十余种，见附表8-5。其中，酶联免疫检测技术是临床中用于监测免疫接种后实验动物体内抗体的常用技术。

（二）酶联免疫吸附试验（ELISA）类型

根据ELISA的试剂来源、受检样本以及检测的具体条件，ELISA共有间接法、双抗原夹心法、竞争法、捕获包被法和ABS-ELISA法等5种监测动物体内相关抗体的方法。

（1）间接法ELISA：先将抗体包被在ELISA固相载体上面，随后分两步进行检测。首先加入受检样本与抗体特异性结合，随后加入酶标二抗并利用底物显色。该方法具有灵敏度较高、标记抗体用量少、成本低廉等优点，但因其酶标二抗可以与抗原直接结合，存在交叉反应的可能性，故实验周期较长、背景值较高。此外，该方法容易受到血清中IgG的干扰。为避免上述干扰因素，实验过程中操作人员应选择抗体纯度高的包被液，受检样本如果是血清，则应适当增加血清稀释倍数，防止假阳性结果的出现。

（2）双抗原夹心法 ELISA：先将捕获抗原包被在 ELISA 固相载体上，然后加入受检样本和检测抗原。如果检测抗原是酶标抗原，则可称为直接夹心法 ELISA；如果检测抗原不带有标记，则还需要使用酶标二抗与检测抗原结合，后者称为间接夹心法 ELISA。直接夹心法与间接法 ELISA 的不同之处在于，前者以酶标抗原代替了酶标抗体。直接夹心法灵敏度高，是间接法 ELISA 的 2～5 倍。同时，由于双抗原夹心法 ELISA 使用两种特异性抗原与抗体结合，故其特异性很高。

（3）竞争法 ELISA：预先将抗原包被在固相载体上面，并加入酶标记的特异性抗体。实验时，加入受检样本，样本中的待检抗体与系统中原有的酶标抗体竞争性结合包被在固相载体上的抗原。通过洗涤洗掉被竞争结合的酶标抗体，最后添加底物显色。需要注意的是，显色结果与待测抗体的量成反比。

（4）捕获包被法 ELISA：预先将特异性抗原包被在固相载体上面，通过加入受检样本和针对该样本中的目的抗体的特异性酶标抗原，使其发生特异性结合。最后添加酶促反应底物，使抗体抗原复合物发生显色反应。该方法主要用于检测血清中某种抗体的亚型成分，如 IgM。血清中的 IgM 包括特异性和非特异性两种，当受检样本为血清时，血清中的 Ig 可以干扰特异性 IgM 的测定，故先将所有血清 IgM 固定在固相载体上面，待去除 IgG 后再测定特异性 IgM。

（5）ABS-ELISA 法：ABS 是亲和素与生物素系统的简称。生物素与亲和素的结合具有很强的特异性，其亲和力远远高于抗原抗体反应，二者一经结合就极为稳定。由于 1 个亲和素可以与 4 个生物素分子结合，因此 ABS 与 ELISA 法可分为酶标亲和素 - 生物素法和桥联亲和素 - 生物素法两种。二者均以生物素标记的抗原代替原 ELISA 系统中的酶标抗原。

参 考 文 献

贺争鸣 . 2016. 实验动物管理与使用指南 . 北京 : 科学出版社 .

李厚达 . 2003. 面向 21 世纪课程教材 实验动物学 (第 2 版). 北京 : 中国农业出版社 .

卢炳州 . 2017. 仔猪 A 型口蹄疫母源抗体及细胞因子消长规律 . 兰州 : 甘肃农业大学硕士学位论文 .

乔贵林，夏咸柱，王度林，等 . 1997. 犬瘟热病毒抗体检测方法的比较研究 . 中国兽医学报 , (1): 27-30.

秦川 . 2008. 医学实验动物学 . 北京 : 人民卫生出版社 .

杨儒爱 . 2018. 猪瘟、伪狂犬和猪口蹄疫不同方法免疫效果对比研究 . 兰州 : 甘肃农业大学硕士学位论文 .

于亚丽，华育平，曾祥伟，等 . 2009. 虎源猫泛白细胞减少症病毒 VP1、VP2 和 NS1 基因的克隆与序列分析 . 东北林业大学学报 , 37 (1): 83-85.

余琼，李建，周治平，等 . 2012. 猪瘟母源抗体消长规律的测定和免疫效果观察试验 . 西昌学院学报 (自然科学版), (1): 23-25.

中华人民共和国农业部 . 一、二、三类动物疫病病种名录 . 2008-12-21.

朱盛和 . 2016. 犬细小病毒灭活疫苗的制备及效果观察 . 广州 : 华南农业大学硕士学位论文 .

Abdulhaqq SA, Martinez M, Kang G, et al. 2019. Repeated semen exposure decreases cervicovaginal SIVmac251 infection in rhesus macaques. Nat Commun, 10: 3753.

Berry N, Stebbings R, Ferguson D, et al. 2008. Resistance to superinfection by a vigorously replicating, uncloned stock of simian immunodeficiency virus (SIVmac251) stimulates replication of a live attenuated virus vaccine (SIVmacC8). J Gen Virol, Sep, 89(Pt 9): 2240-2251.

Digangi BA, Gray LK, Levy JK, et al. 2011. Detection of protective antibody titers against feline panleukopenia virus, feline herpesvirus-1, and feline calicivirus in shelter cats using a point-of-care ELISA. J Feline Med Surg, Dec, 13(12): 912-918.

Ian R, Tizard. 2021. Vaccines for Veterinarians. Amsterdan: Elsevier.

Iizuka I, Ami Y, Suzaki Y, et al. 2017. A single vaccination of nonhuman primates with highly attenuated smallpox vaccine, LC16m8, provides long-term protection against monkeypox. Jpn J Infect Dis, Jul 24, 70(4): 408-415.

Jas D, Frances-Duvert V, Vernes D, et al. 2015. Three-year duration of immunity for feline herpesvirus and calicivirus evaluated in a controlled vaccination-challenge laboratory trial. Vet Microbiol, May 15, 177(1-2): 123-131.

Klement E. 2018. Animal Movement Control and Quarantine. In: Lumpy Skin Disease, Springer, Cham, 97-98.

Stebbings R, Berry N, Stott J, et al. 2004. Vaccination with live attenuated simian immunodeficiency virus for 21 days protects against superinfection. Virology, Dec 5, 330(1): 249-260.

Szadvari I, Krizanova O, Babula P. 2016. Athymic nude mice as an experimental model for cancer treatment. Physiol Res, Dec 21；65(Supplementum 4): S441-S453.

World Organisation for Animal Health (OIE). 2017. Terrestrial Animal Health. 27th Edition.

World Organisation for Animal Health (OIE). 2018. Manual of Diagnostic Tests and Vaccines for Terrestrial Animals, 1092-1106.

第九章　动物接收和检疫

实验动物在社会经济发展中发挥特定作用的同时，其自身固有的生物安全风险也日益受到国际社会的关注，并成为进出境检疫的重要对象，各国纷纷出台相关法规要求和检疫政策，规范实验动物的饲养繁育、质量管理、生物安全、动物福利和口岸检疫等管理行为。

第一节　实验动物接收

实验动物的接收是指动物由专门实验动物运输车辆运抵试验场地后，转入动物实验设施的过程，包括实验动物的交接和实验动物体检。在此过程中，要对动物的品种、品系、数量、体重、性别以及动物健康状况进行检查核对，查验相关的运输文件、运输工具、运输条件，以确保运输活动的合理合法，避免违规、违法对实验单位造成的不必要风险，保证动物的健康。动物在抵达实验单位后，还应进行一段时间的隔离检疫，以避免因到场动物处于疾病潜伏期，在动物接收时无法排除患病动物而对实验结果造成影响。

一、对动物运输工具和条件的要求与检查

动物运输是保证实验动物健康的重要环节，运输工具尤为重要。因此，在订购动物时首先应该选择配备专业动物运输工具的合格供应商。另外，在运输车辆到场后，还应对动物运输车辆和动物的运输状态进行检查。一般对动物运输的要求如下：动物的运输过程中要采用安装有空调设备的专门动物运输车辆，保证温度和通风；不在极端气候条件下运输动物；运输过程中保证合理的动物密度，轻拿轻放，合理规划线路，减少各种延迟及意外；长途运输还要保证动物有充足的饮食、饮水，灵长类可以添加水果饲喂，啮齿类可以添加专用动物果冻。此外，在运输过程中给动物补充适量的维生素C、维生素E，有助于抵抗运输应激因素对动物造成的影响。动物不能与感染性物质，以及可能对动物造成伤害的物品混装。如有特殊要求，需要对患病或临产动物进行运输的，应有专人进行监护照顾。

二、动物运输文件的检查要求

动物在到场后需要查验实验动物供应单位提供的实验动物合格证、质量检测报告及动物档案等相关文件，方可进行动物的接收。动物在经过铁路、公路和航空进行跨省运输时，要凭检疫部门出具的动物检疫相关证明方可合法运输，检疫证明上应加盖双方所在地区检疫部门的专用公章，且运输车辆号牌需与检疫证明上登记的号牌一致。如涉及野生动物保护名录中收录的各级保护动物，在运输时还应携带相关省级林业野保部门签

发的批准文件和饲养繁殖单位的资质证明。

三、对动物运输包装的检查要求

在运输过程中一定要采取符合相关标准的包装笼具进行运输，防止动物密度过大、保证动物通风，防止动物破坏逃逸及粪便的外溢。如有特殊要求，还应进行相关的微生物防护，不同种属动物不能共同运输，家兔要保证有充足的活动空间，犬和非人灵长类要求单笼运输，并且要有足够的空间使动物身体可以自然舒展。外包装上醒目位置应有标签，注明动物的品种、品系、性别、数量、质量等级、生物安全等级、运输要求、发货时间、警示信息等。

只有经过检查没有出现异常，且动物实际情况与资料档案、相关检测报告、实验动物质量合格证对应无误后，动物方可接收，并填写动物接收记录表。动物档案、合格证、检疫证明、运输文件要进行归档。在进入特定洁净等级的实验动物设施前，啮齿类动物外包装还应使用 75% 酒精无死角彻底喷洒消毒后方可进入动物设施。

四、实验动物医师在动物接收工作中的职责

动物在进行实验之前应该进行大体的检查和一段时间的检疫观察，以排除外伤、动物自身缺陷及传染性疾病对动物实验的影响。

（一）对动物进行大体检查

动物在到场后，应由实验动物医师进行体表状况检查，包括表皮和被毛情况、天然孔分泌物情况、是否有体表寄生虫感染、是否有外伤、有无先天性畸形或疾病，以及动物的呼吸情况、粪尿排泄物情况等。发现动物出现异常情况时，应详细记录，对动物进行隔离，并通知相关负责人员根据情况进行处理。

动物大体检查流程如下：

（1）动物的精神状态；

（2）动物的饮食、饮水情况；

（3）是否出现明显外伤或者血迹；

（4）是否出现粪便异常；

（5）动物呼吸状态是否出现异常；

（6）其他可见的外观改变。

动物出现异常情况应及时记录并报告实验动物医师；如动物无异常，也应填写相关记录。

（二）接收动物与要求不符时的处理

当接收动物时发现运输车辆不符合要求，应该由实验动物医师对动物状态进行检查；如发现动物因运输问题出现应激反应、外伤或其他问题，应立即联系动物供应商，要求其更换动物以及运输车辆，并可按合同规定进行索赔。

　　当接收动物时发现提供单位无法提供相关的批文、批件、检疫运输证明、实验动物合格证,应拒绝接收动物,否则不仅无法保证实验的顺利进行和使用单位实验设施的安全,还有可能对动物使用单位造成政策法律上的不良影响。

　　当接收动物时发现动物健康状况、动物数量、性别、年龄与要求不一致,应立即联系动物供应商,要求其更换动物,并可按合同规定进行索赔。

第二节　动物检疫的目的和意义

　　动物检疫是指为了预防和控制实验动物疫病,防止实验动物疫病的传播、扩散和流行,保护实验动物生产、使用和人体健康,由法定机构、法定人员,按照法定的检疫项目、标准和方法,对实验动物进行检查、定性和处理的一项带有强制性的技术行政措施。

　　动物检疫是预防实验动物疫病传播的重要环节之一,是预防动物疫病和人畜共患病发生与传播的重要手段,是动物防疫工作的主要组成部分,是维护公共卫生安全强而有力的保障。

　　与实验动物有关的疾病中,有些疫病发生后,导致动物质量下降或大批死亡,造成实验动物生产停止,对实验产生干扰,使科研工作不能正常进行,影响研究的准确性和可靠性;有些疫病发生后,尤其是人畜共患病,严重威胁从事科研和生产人员的健康。例如,高致病性禽流感和埃博拉出血热,发生后对社会经济和公共卫生具有影响,易造成重大经济损失,需要采取强制措施予以防控。通过动物检疫,可以在第一时间发现可能存在的疫病,有助于把实验动物疫病控制在最小范围内,最大限度减少危害。

　　因此,动物检疫可以防止实验动物染疫死亡,保障科学研究的正常进行,阻止动物疫病在不同的饲养设施、地区或国家传播,保障农牧业生产安全和人民的身体健康,同时,动物检疫也是实现实验动物质量标准化的关键。"以检促防",严格的检疫也是对实验动物生产及使用单位的有效监督,同时可避免人兽共患病的发生和传播。

　　动物检疫具有以下基本特点。①法定性。实验用动物检疫是政府行为,受法律保护,其本质是由县级以上人民政府设立的动物卫生监督机构的官方兽医,依照《动物防疫法》和《动物检疫管理办法》,以及相应的《检疫规程》和《技术规范》等在辖区内依法实施的权利和义务。②规范性。实验用动物检疫的实施必须是 2 名以上持有执法证件的官方兽医,依照法定程序、方法、范围和内容开展工作。其他任何单位和人员均无权实施动物的检疫工作。③时效性。实验用动物检疫的时效性主要是指《动物检疫合格证明》的时效性,实验动物检疫是对过去一段时间动物健康情况的确认,检疫结果证明一般在 14 天内有效。④可追溯性。动物检疫是对特定动物实施特定项目的检疫,具有特定性,通过检疫结果证明可以实施可追溯性管理。

　　动物运输前,通过进行严格的产地检疫,检疫人员可以充分掌握动物饲养和管理环节中各种物品的使用,及时发现有关潜在疫病风险,禁止调运不合格的动物,并按照相关法规对其采取隔离、封锁、扑杀、无害化处理等强制措施,有效切断疫病的传染源和传播途径。实验动物检疫还可以准确反映出动物产地及其周边疫病的流行态势,为动物卫生监督部门及时掌握动物健康状态、制订各项免疫计划提供可靠数据。此外,实验用动物疫病的检疫工作是公共卫生的重要组成部分，可以有效阻断人畜共患病、新发与再发传染病的流行和蔓延。

第三节　动物检疫法规与指南

为维护实验动物的健康水平，国家先后制定了法律、法规、部门规章以及规程和标准等，保障实验动物检疫工作正常开展。在进出境检疫过程中，参考国际法规，先后与有关国家签订了动物协定、议定书等，并与有关国家建立了检验检疫合作机制，在防止疫病传入传出的前提下，保障了实验动物的正常进出口。动物检疫过程中，涉及的检疫法规与标准主要包括以下几个方面。

一、实验动物主管机构

科学技术部主管全国实验动物工作，统一拟定实验动物的发展规划及相关政策规章，起草有关法规。其他有关部门依其职责负责管理本部门或本系统的实验动物管理和应用工作。地方科技厅（委、局）负责本地区的实验动物管理工作，是实验动物许可证发放、管理的实施机关。有的地方和单位还专门成立实验动物管理办公室或委员会，专项负责实验动物繁育、应用和管理工作。农用实验动物除接受科技主管部门监管外，还应按照农业部相关规定实施相关隔离检疫、运输等流程。

海关总署依据《中华人民共和国进出境动植物检疫法》及其实施条例等相关法律法规的规定，负责统一管理全国进出境实验动物的检疫工作，各直属海关负责管理和实施本关区进出境实验动物的检疫工作。

二、法律法规要求

（一）国际法规

主要包括《实施卫生与植物卫生措施协议》（简称《SPS 协议》）、《OIE 陆生动物卫生法典》《濒危野生动植物种国际贸易公约》（CITES）等。

（二）国家法律

主要包括《中华人民共和国生物安全法》《中华人民共和国动物防疫法》《中华人民共和国进出境动植物检疫法》《中华人民共和国野生动物保护法》等，由全国人民代表大会制定。

（三）国家法规

主要包括《中华人民共和国进出境动植物检疫法实施条例》《重大动物疫情应急条例》《中华人民共和国濒危野生动植物进出口管理条例》《实验动物管理条例》等，由国务院依据宪法和法律制定。

（四）国家部委指南

主要包括《中华人民共和国进境动物检疫疫病名录》《进境动植物检疫审批管理办法》《进境动物隔离检疫场使用监督管理办法》《进境动物检疫疫病名录》《进境动物和动物产品风险分析管理规定》《出入境检验检疫风险预警及快速反应管理规定》《进出境重大动物疫情应急处置预案》《关于做好进境动物源性生物材料及制品检验检疫工作的通知》《质检总局关于深化京津冀地区进境动植物源性生物材料检验检疫监管改革的通知》《质检总局关于推广京津冀沪进境生物材料监管试点经验及开展新一轮试点的公告》等。

（五）国际组织 / 政府协议协定

主要包括检验检疫协定和议定书，是实施进出境实验动物检疫工作的重要法律依据。截至目前，我国已与多个有关国际组织、国家或地区签署动物检疫方面多边、双边协议 / 协定，与主要贸易伙伴建立了检验检疫合作机制。

（六）国际 / 国家 / 行业检疫标准

主要包括《陆生动物诊断试验和疫苗标准手册》等国际标准和国内标准。目前有多项涉及进出境实验动物检疫技术工作的国家标准、行业标准以及企业标准，有些为强制性标准，有些为推荐性标准。已经初步形成了门类齐全、结构合理、具有一定配套性和完整性的实验动物标准体系。

第四节　进出境实验动物检疫

根据实验动物的疫病特点、国外疫病风险分析结果及国内饲养水平等，动物检疫机构拟定了针对进出境较多的鼠、犬、猴等实验动物不同环节的特定检疫要求，对动物检疫过程进行具体指导，保障动物检疫工作正常进行。实验动物进境检疫标准主要包括隔离场所标准、境外检疫要求和进境后检疫要求。

一、进境检疫要求

（一）隔离场所的设定

动物的引进是外来动物疫病传入的重要途径，实验动物进境后在指定场所隔离检疫，可在隔离检疫期间发现潜在动物疫病并处置，防止实验动物疫病传入。从功能和目的考虑，隔离场所应具备以下功能：首先，需具备实验动物饲养的基本条件；其次，可有效防止实验动物疫病传入及传出；最后，还需具备在发现疫病后能够及时处置的能力。因此，隔离场所建设需重点考虑选址、周边环境、内部布局、功能设施等多个方面。

1. 啮齿类

虽然各国对无特定病原体（SPF）动物的界定范围有所不同，但目前实验啮齿类多为大鼠及小鼠，并且多为 SPF 级，有关隔离场所建设可依据我国《实验动物 环境与设施》（GB14925）要求进行设置。

2. 猪

鉴于国内猪病疫情复杂，隔离场所除了要防止境外动物疫病传入，同时也应防止国内疫病传入隔离场，外部环境和选址尤为重要。可根据《进境种猪临时隔离场建设规范》要求，选择交通便利，邻近港口、码头或国家机场，离进境口岸距离小于50km的地区；同时还应避开水源保护区，远离野生动物保护区10km以上，周围3km范围内无陆生动物饲养场、屠宰厂、制革厂、兽医院、畜牧兽医研究所、人工授精站、胚胎移植站、农贸市场、学校、医院、居民区、主干道等。所在地周围10km范围内，1年内没有世界动物卫生组织（OIE）规定应通报疫病中猪及其他偶蹄动物疫病的发生和流行。

除选址和环境外，场址还应考虑地势、风向，地势应干燥，排水要良好。与口岸之间的运输线路应避开可能因疫病而受管控的地区。

场内建设除具备必要的供水、供电设施外，还应布局合理，综合考虑室内通风、光照、饲料运输、污染物清理与处理，有关建设可参考《实验动物 环境与设施》（GB14925—2010）的要求。

3. 水生动物

国内使用较多的水生实验动物为斑马鱼，隔离场建设可参照《进境动物隔离检疫场使用监督管理办法》中的《进境水生动物指定隔离检疫场基本要求》。

隔离场选址须远离其他水生动物养殖场、水产加工厂及居民生活区等场所；四周须有与外界环境隔离的设施，并有醒目的警示标志。

场内应具有独立的供水系统及消毒设施。水源无污染，养殖用水应符合我国渔业水域水质标准，并经过滤净化处理。具有可靠的供电系统、良好的增氧设备，具备与申请进出境动物种类和数量相适应的养殖环境和条件，必要时还应有可调控水温的设备。排水系统完全独立，并具有无害化处理设施。具有防逃逸设施。应配备供存放和运输样品、死亡动物的设备。

隔离检疫区与生活区应严格分开，入口应设有消毒池（垫）。

4. 其他实验动物（非人灵长类动物、犬、兔、雪貂等）

其他实验动物微生物等级多为普通级别，针对隔离场所的外部条件可参考《进境动物隔离检疫场使用监督管理办法》中的《进境小动物指定隔离检疫场基本要求》。隔离场选址应远离相应的动物饲养场、屠宰加工厂、兽医院、居民生活区及交通主干道、动物交易市场等场所；四周须有实心围墙或与外界环境隔离的设施，并具有醒目的警示标志。

场内可参考《实验动物 环境与设施》（GB14925）建设，具备与申请动物种类和数量相适应的饲养条件及隔离检疫设施，具有安全的防逃逸装置，并具有捕捉、保定动物所需的场地和设施。场内还应具有必要的供水、供电、保温及通风等设施，水质符合国家饮用水标准，并设有污水处理和粪便储存场所。场内须配备供存放和运输样品、死亡动物的设备。场内须有死亡动物及废弃物无害化处理设施。

隔离检疫区与生活办公区应严格分开，隔离场和隔离舍入口均须设有消毒池（垫），人员进出隔离区的通道要设更衣室，并备有专用工作服、鞋、帽等个人防护装备。

（二）进境检疫标准

进境实验动物主要包括啮齿类动物（SPF 鼠）、非人灵长类动物、犬等。进境动物检疫标准的拟定需要经过风险分析、实地评估和检疫要求确定等环节，主要从以下几个方面考虑。首先，从输出国家方面，不能发生我国《进境动物检疫疫病名录》中的一类传染病、寄生虫病（以下简称"一类病"）和人畜共患病。其次，从饲养场所或设施方面，不能发生我国关注的《进境动物检疫疫病名录》中的二类传染病、寄生虫病（以下简称"二类病"）及以下疾病，对于我国关注的二类病及以下疾病还应进行相应检测。从输出动物方面，不能发生对动物有危害和对科学研究有潜在影响的疾病。从与动物密切接触方面，还应杜绝运输容器以及饲料、垫料传播疾病的可能性。

1. 啮齿类动物（SPF 鼠）

考虑到各国 SPF 鼠标准不一致、当前我国科研需求以及进境后我国 SPF 鼠养殖水平，经风险评估后，确定了通用动物卫生证书，输出国家须确保输出的 SPF 鼠满足通用动物卫生证书中有关要求。证书要求包括以下三个方面。

（1）周边环境。SPF 鼠的饲养设施单独设立，要关注饲养设施过去一年的监测情况，确认不能发生我国关注的一类疫病，还应确认设施内二类病及以下疾病和人畜共患病的发生情况，如狂犬病、钩端螺旋体病、土拉杆菌病、鼠疫、淋巴细胞脉络丛脑膜炎病毒病、肾综合征出血热、汉坦病毒肺综合征和鼠痘等。

（2）输出国饲养设施，须满足输出国 SPF 鼠的设施标准，在官方兽医的监管下进行饲养管理和卫生控制，并按照输出国 SPF 鼠标准定期进行监测，确保 SPF 鼠符合标准要求。

（3）输出的 SPF 鼠，应确认其自出生后一直在饲养设施内饲养，未与其他不同健康状态的动物接触，也未进行有关传染病和寄生虫的实验。启运前 24h 内，确认无任何传染病和寄生虫的临床迹象。运输的容器、包装、饲料、垫料、饮水需经过消毒处理，满足 SPF 鼠的卫生要求。

SPF 鼠进境后，在指定隔离场所隔离检疫 30 天，发现异常的，可采样检测有关疫病项目。满足以下条件的进境 SPF 鼠的隔离期可调整为 14 天。

（1）提供出境前 3 个月内的动物健康监测报告，证明 SPF 级小鼠的淋巴细胞性脉络丛脑膜炎病毒、鼠痘病毒、仙台病毒、小鼠肝炎病毒和汉坦病毒检测结果均为阴性，SPF 级大鼠的仙台病毒和汉坦病毒检测为阴性。

（2）无出境前 3 个月内健康监测报告或监测项目不满足上述要求的，进境后经中国合格评定国家认可委员会（CNAS）认可的实验机构检测上述疫病合格的。

2. 猪

与输出国家签订了科研用猪协定书的，输出的科研用猪可按协定书检疫；未签订协定书的，可参考种用猪的双边议定书实施检疫。以丹麦小型猪为例，有关检疫要求包括以下四个方面。

（1）国家疫病情况。根据世界动物卫生组织（OIE）《动物卫生法典》，首先确认没有一类病，如非洲猪瘟、口蹄疫、古典猪瘟、奥耶斯基氏病（伪狂犬病）。同时还应确认没有二类病和人畜共患病，如布鲁氏菌病、猪水泡病、水泡性口炎、牛结核病和传染性胃肠炎等。

（2）饲养场所或设施，应确认没有二类病及以下的疾病，如捷申病毒性脑脊髓炎、猪流行性腹泻、脑心肌炎、细小病毒、血凝性脑脊髓炎、猪密螺旋体痢疾、钩端螺旋体病、弓形体病、支原体肺炎、布氏杆菌病、传染性胸膜肺炎、萎缩性鼻炎、猪丹毒、猪繁殖与呼吸综合征、新型 H1N1 猪流感等。

（3）输出的科研用猪，所在猪群没有出现猪断乳后全身消耗性综合征（PMWS）和猪皮炎肾病综合征（PDNS）等有关的临床症状。输出前，在官方兽医的监管下，隔离检疫至少 30 天。检疫期间，输出的猪不得与不出口到中国的猪接触。对关注的疫病检测确认没有染病，如布鲁氏菌病、钩端螺旋体病、猪繁殖与呼吸综合征（美洲株和欧洲株）、猪流感（新型 H1N1）和猪流行性腹泻等。出口猪没有接种过任何疫苗。

（4）其他方面。装载猪的箱、车等应清理和消毒。检疫期间和运输所用的饲料、垫草不得来自因发生猪疫病而受限制的地区。输出前、检疫期间以及运输途中，不得途径因发生猪疫病而受限制的地区。不得与不同收、发货人的动物接触。按照指定的路线运抵口岸。

3. 非人灵长类动物

与输出国家签订了实验猴协定书的，可按协定书实施检疫；未签订协定书的，可参考非人灵长类动物的通用要求实施检疫。有关检疫要求包括以下四个方面。

（1）国家疫病情况，确认没有发生人兽共患病，如埃博拉和马尔堡病。

（2）饲养场所或设施，确认没有发生二类病及以下疾病，如 B 病毒病、结核病、沙门氏菌病和志贺氏菌病等。

（3）输出的科研用猴，须进行不少于 30 天的隔离，隔离期间对关注的疫病检测确认没有染病，如 B 病毒病、结核病、沙门氏菌病和志贺氏菌病等。输出前，应在输出方兽医的监督下驱除体内外寄生虫。

（4）其他方面。运输包装应当符合国际航空运输协会的有关规定，包装及其运输工具应消毒。所用的饲料和垫料不得来自动物传染病的流行地区，并符合兽医卫生条件。

4. 犬

与输出国家签订了实验犬协定书的，可按协定书实施检疫；未签订协定书的，可参考犬的通用要求实施检疫。有关检疫要求包括以下三个方面。

（1）饲养场所或设施，应关注二类病和人畜共患病发生情况，如狂犬病、犬瘟热、伪狂犬病、犬细小病毒病、犬冠状病毒病、犬轮状病毒病和传染性肝炎等。

（2）输出的科研用犬，进入隔离场前应注射有关疫苗，如狂犬病、犬冠状病毒病、传染性肝炎、犬瘟热和犬细小病毒病疫苗等。输出前，输出犬须隔离检疫 30 天。隔离检疫期间，须在官方兽医监督下驱除体内外寄生虫。

（3）其他方面。装载犬的箱、车厢、船舶或飞机舱应进行清洗并消毒。检疫期间和运输途中，输出犬所用饲料、垫草应来自非疫区，并符合兽医卫生条件。运输途中，输出犬不得途经传染病的封锁区，且不得与其他动物接触，亦不得与不同收、发货人的动物混装。

犬、非人灵长类等实验动物进境后，在指定隔离场所隔离检疫 30 天，并按疫病监测计划要求采样检测。

二、出境检疫要求

出境实验动物主要包括啮齿类动物（SPF 鼠）、比格犬、SPF 蛋等，必须满足进口国家要求，不同国家基于本国的动物卫生水平，确定有关检疫标准。

（1）SPF 鼠无特殊要求，一般要求 SPF 鼠来自非疫区和健康群体，经临床检查健康，没有任何传染病迹象。SPF 鼠遗传物质要求供体动物没有接触过任何患有传染病的动物。

个别国家或地区要求来源种群中未出现特定疫病的临床症状，如汉坦病毒、鼠痘病毒、狂犬病毒、猴痘病毒、淋巴细胞脉络丛脑膜炎病毒、呼肠孤病毒 3 型和仙台病毒等。饲养设施应防止野生动物、啮齿动物和昆虫等进入。

（2）输往日本的实验犬，要求输出犬的前两年内，养殖场没有发生狂犬病。启运前至少 180 天内，饲养场没有引入外来实验犬。实验犬自出生以来就一直由指定的实验犬或猫的养殖场饲养。启运前没有发现任何狂犬病和钩端螺旋体病的临床症状，并按要求进行狂犬病免疫。

三、检疫程序

（一）进境检疫

进境检疫是指检疫机构根据有关双（多）边协定、我国法律法规规定以及贸易合同约定等对输入的实验动物实施检疫，以防止检疫性动物传染病和寄生虫病传入我国的强制性行政措施。

进境检疫程序包括检疫准入、隔离场所指定、检疫审批、境外预检、检疫申报、口岸检疫、隔离检疫、实验室检测、出证及放行等。

1. 检疫准入

根据中国法律、法规、规章，以及国内外动物疫情疫病和有毒有害物质风险分析的结果，结合拟向中国出口动物的国家或地区质量安全管理体系的有效性评估情况，动物检疫机构准许某类或某种实验动物进入中国的相关程序。进境实验动物检疫准入包含准入评估、确定检验检疫卫生条件和要求等程序及内容。

2. 隔离场所指定

进境实验动物应当按照《进境动物隔离检疫场使用监督管理办法》的规定取得隔离场使用证。除申请表外，还应提供有关隔离场所和环境的照片、饲养和防疫管理制度、运输计划和路线等资料。隔离场符合标准的，动物检疫机构予以批准使用，并出具《进出境动物临时隔离场许可证》。

3. 检疫审批

输入《进境动植物检疫审批名录》中的动物，应在签订贸易合同或协议之前，由进口商提出申请办理检疫审批手续，获得《中华人民共和国进境动植物检疫许可证》（以下简称《进境动植物检疫许可证》）。检疫审批手续具有前置性、书面性、不可或缺性及时效性。

待审批进境的动物，应确认输出和途经国家或地区无相关的动植物疫情，符合中国有关动植物检疫法律法规和部门规章的规定，符合双边检疫协定（包括检疫协议、议定书、备忘录等）或通用检疫和卫生要求。

4. 境外预检

境外预检（产地检疫）是根据法律和协议（我国对外签署的动物检疫协定、动物检疫议定书、谅解备忘录、会谈纪要、信函等）、检疫许可的要求及工作需要，动物检疫机构派出人员到动物产地从事进境动物输出前检疫等一系列工作。目前境外预检的对象主要包括猪、牛、羊、猴等实验动物。

5. 检疫申报

实验动物在到达前，及时向动物检疫机构申报，提交的材料主要包括进境动植物检疫许可证、检疫证书（由输出国或地区的官方检疫机构出具）、贸易合同、发票等。

6. 口岸检疫

动物到达口岸后，由口岸动物检疫机构实施口岸检疫，了解个体的健康状况，及时发现潜在或已发生疫病。对整群健康状况迅速做出正确的基本判断，以决定是否允许整群或个体进境。

口岸检疫应确认包装是否符合要求，有无破损、渗漏，动物与证书是否相符，检查名称、品种、规格、数量、输出国别、养殖场所或设施等项目是否与《进境动植物检疫许可证》以及申报的内容一致，还应确认是否存在漏报或瞒报的事项。查验合格的，作放行处理；不合格的，作封存、退回或销毁处理。

7. 隔离检疫

进境后，需要在指定的隔离场所按要求实施隔离检疫。动物入场前，隔离场管理单位做好饲草、饲料以及有关的物资准备工作，对场所进行消毒处理，对饲草、饲料和垫料进行熏蒸，人员需要取得健康证明。隔离期间，对人员、车辆进出进行管控；对动物每天进行临床巡查；动物进境 7 天内，按照疫病监测计划、检疫许可证及其他检疫规定，采集样品并送实验室；对死亡动物进行解剖以及无害化处理，根据需要对动物进行免疫、治疗等，定期对场内及其他有关区域进行消毒处理等。每日记录动物饲养、临床健康、人员、车辆进出以及防疫消毒等情况。

8. 实验室检测

按照疫病监测计划、检疫许可证及其他检疫规定等要求，对送检样品进行检测，按时出具实验室检测报告，一般在动物隔离检疫期满一周前出具。

9. 出证及放行

隔离期满，实验动物实验室检测结果为合格的，经最后临床检查合格后，出具证书准予放行；不合格的，予以退货或扑杀并作销毁处理。

（二）出境检疫

出境检疫是指检疫机构根据有关双（多）边协定、输入国家或地区要求或贸易合同约定等对输出的实验动物实施检疫，确保满足输入国家或地区要求的强制性行政措施。

出境实验动物检疫程序一般包括注册登记、出境前申报、隔离检疫、实验室检测、检疫出证、离境检疫等。

1. 注册登记

依据双边检疫协定、输入国家或地区检疫要求或我国法律法规有关要求等，对出境动物养殖场和存放场所实施注册登记，颁发相关证明。

2. 出境前申报

动物启运前，出境实验动物应提前申报，申报材料包括进口国家检疫要求、检验报告等。

3. 隔离检疫

根据有关双（多）边协定、输入国家或地区要求或贸易合同约定等确定隔离检疫场，并按要求实施隔离检疫。

4. 实验室检测

根据有关双（多）边协定、输入国家或地区要求或贸易合同约定等实施检测。

5. 检疫出证

对检疫合格的出境实验动物，根据有关双（多）边协定、输入国家或地区要求或贸易合同约定等要求出具检验检疫证书。

6. 离境检疫

到达离境口岸时，口岸检疫机关对出境实验动物进行临床检查，核对动物数量，核对货证是否相符，必要时进行复检。经查验或复检合格的出境动物，准予离境；经查验或复检不合格的出境动物，不予出境。

第五节　国内实验动物运输检疫标准

一、适用范围

适用范围包括国内调运（出售或运输）的、可用于实验的动物。实验动物中的农用动物根据《动物检疫管理办法》的规定，检疫范围由农业农村部制定、调整并公布，主要包括猪、反刍动物（羊和牛）、家禽、犬、猫、兔、鱼类等七大类；农用实验动物外的物种则根据《实验动物管理条例》和《实验动物品种及质量等级目录》，由农业农村部与科学技术部共同制定、监管，主要包括小鼠、大鼠、非人灵长类、雪貂等。

二、检疫标准

《动物防疫法》第三条第二款规定，检疫的对象是指传染病和寄生虫病。不同动物的检疫对象因品种而异，农用动物的检疫对象按农业农村部制定的相应检疫规程明确执行，而非农用实验动物的检疫对象由国家标准化管理委员会按照实验动物标准化技术委员会制定的《实验动物 微生物学等级及监测》（GB 14922.2—2011）和《实验动物 寄生虫学等级及监测》（GB 14922.1—2001）执行。目前我国未有雪貂检疫的国家标准，本书参考江苏省的地方标准（DB32/T 2731.3—2015），列举需要检疫的微生物对象。

三、检疫程序

1. 申报受理

实验动物国内运输检疫程序申报受理程序如下。

农用实验动物申报受理程序：送检动物需提前 3 ～ 15 天申报检疫。动物卫生监督机构在接到检疫申报后，根据当地相关动物疫情情况，决定是否予以受理。如受理，应当及时派出官方兽医到现场或指定地点实施检疫；如不予受理，应说明理由。

犬申报受理程序：犬实施狂犬病免疫 21 天后申报检疫，填写检疫申报单。动物卫生监督机构在接到检疫申报后，根据当地相关动物疫情情况，决定是否予以受理。如受理，应当及时派出官方兽医到现场或到指定地点实施检疫；如不予受理，应说明理由。

以大鼠、小鼠、豚鼠、兔、非人灵长类动物为主的实验动物受理程序：送检动物需提前 3 ～ 15 天申报检疫。跨省出售、运输实验动物的，实验动物生产单位应当向所在地（县）的动物卫生监督机构申报检疫，如实填写检疫申报单并提交下列材料：实验动物生产单位的《实验动物生产许可证》（复印件）；实验动物使用单位的《实验动物使用许可证》（复印件）；《实验动物质量合格证》（复印件）并符合该实验动物微生物等级标准的最近 3 个月（无菌动物为最近 1 年内）实验动物质量检测报告（复印件）；实验动物免疫情况（作为生物制品原料的、用于特定病原研究和生物制品质量评价的、按照标准规定不能免疫的实验动物除外）。动物卫生监督机构在接到检疫申报后，应当及时派出官方兽医到现场实施检疫。

省内出售、运输实验动物，不需要进行检疫，凭加盖实验动物生产单位印章的《实验动物生产许可证》（复印件）及附具的质量检测报告（复印件）出售、运输。

2. 查验资料

官方兽医应查验饲养场（养殖小区）《动物防疫条件合格证》和养殖档案，了解生产、免疫、监测、诊疗、消毒、无害化处理等情况，确认实验动物来自非封锁区且饲养设施 6 个月内未发生相关动物疫病，确认动物已按国家规定进行强制免疫，并在有效保护期内。官方兽医应查验动物标识加施情况，确认其标识与相关档案记录相符。

实验动物还需按照《动物防疫法》及国务院兽医主管部门要求对动物进行预防接种，且在有效保护期内（有特殊要求的实验动物除外）；《实验动物生产许可证》、《实验动物质量合格证》、实验动物质量检测报告提交的复印件与原件一致，且原件合法有效。此外，实验动物供应商还应提供以下完整的资料：品种、品系的确切名称；遗传背景或其来源；病原微生物检测状况；饲育单位负责人签名。

3. 临床检查

A. 猪

a. 检查方法

（1）群体检查：从静态、动态和食态等方面进行检查。主要检查生猪群体精神状况、外貌、呼吸状态、运动状态、饮水饮食情况及排泄物状态等。

（2）个体检查：通过视诊、触诊和听诊等方法进行检查。主要检查生猪个体精神状况、体温、呼吸、皮肤、被毛、可视黏膜、胸廓、腹部及体表淋巴结、排泄动作及排泄物性状等。

b. 检查内容

（1）出现发热、精神不振、食欲减退、流涎；蹄冠、蹄叉、蹄踵部出现水疱，水疱破裂后表面出血，形成暗红色烂斑，感染造成化脓、坏死、蹄壳脱落，卧地不起；鼻盘、口腔黏膜、舌、乳房出现水疱和糜烂等症状的，疑似感染口蹄疫。

（2）出现高热、倦怠、食欲不振、精神委顿、弓腰、腿软、行动缓慢；间有呕吐、便秘、腹泻交替；可视黏膜充血、出血或有不正常分泌物、发绀；鼻、唇、耳、下颌、四肢、腹下、外阴等多处皮肤点状出血，指压不褪色等症状的，疑似感染猪瘟。

（3）出现高热、眼结膜炎、眼睑水肿；咳嗽、气喘、呼吸困难；耳朵、四肢末梢和腹部皮肤发绀；偶见后躯无力、不能站立或共济失调等症状的，疑似感染高致病性猪蓝耳病。

（4）出现高热稽留、呕吐、结膜充血、粪便干硬呈粟状，附有黏液、下痢、皮肤有红斑和疹块，指压褪色等症状的，疑似感染猪丹毒。

（5）出现高热、呼吸困难，继而哮喘，口鼻流出泡沫或清液；颈下咽喉部急性肿大、变红、高热、坚硬；腹侧、耳根、四肢内侧皮肤出现红斑，指压褪色等症状的，疑似感染猪肺疫。

（6）咽喉、颈、肩胛、胸、腹、乳房及阴囊等局部皮肤出现红肿热痛、坚硬肿块，继而肿块变冷，无痛感，最后中央坏死形成溃疡；颈部、前胸出现急性红肿，呼吸困难、咽喉变窄，窒息死亡等症状的，疑似感染炭疽。

B. 反刍动物

a. 检查方法

（1）群体检查：从静态、动态和食态等方面进行检查。主要检查动物群体精神状况、外貌、呼吸状态、运动状态、饮水饮食、反刍状态、排泄物状态等。

（2）个体检查：通过视诊、触诊、听诊等方法进行检查。主要检查动物个体精神状况、体温、呼吸、皮肤、被毛、可视黏膜、胸廓、腹部及体表淋巴结、排泄动作及排泄物性状等。

b. 检查内容

（1）出现发热、精神不振、食欲减退、流涎；蹄冠、蹄叉、蹄踵部出现水疱，水疱破裂后表面出血，形成暗红色烂斑，感染造成化脓、坏死、蹄壳脱落，卧地不起；鼻盘、口腔黏膜、舌、乳房出现水疱和糜烂等症状的，疑似感染口蹄疫。

（2）孕畜出现流产、死胎或产弱胎，生殖道炎症、胎衣滞留，持续排出污灰色或棕红色恶露以及乳腺炎症状；公畜发生睾丸炎或关节炎、滑膜囊炎，偶见阴茎红肿，睾丸和附睾肿大等症状的，疑似感染布鲁氏菌病。

（3）出现渐进性消瘦，咳嗽，个别可见顽固性腹泻，粪中混有黏液状脓汁；奶牛偶见乳房淋巴结肿大等症状的，疑似感染结核病。

（4）出现高热、呼吸增速、心跳加快；食欲废绝，偶见瘤胃膨胀，可视黏膜紫绀，突然倒毙；天然孔出血、血凝不良呈煤焦油样、尸僵不全；体表、直肠、口腔黏膜等处发生炭疽痈等症状的，疑似感染炭疽。

（5）羊出现突然发热、呼吸困难或咳嗽，分泌黏脓性卡他性鼻液，口腔内膜充血、糜烂，齿龈出血，严重腹泻或下痢，母羊流产等症状的，疑似感染小反刍兽疫。

（6）羊出现体温升高、呼吸加快；皮肤、黏膜上出现痘疹，由红斑到丘疹，突出皮肤表面，遇化脓性细菌感染则形成脓疱继而破溃结痂等症状的，疑似感染绵羊痘或山羊痘。

（7）出现高热稽留、呼吸困难、鼻翼扩张、咳嗽；可视黏膜发绀，胸前和肉垂水肿；腹泻和便秘交替发生，厌食、消瘦、流涕或口流白沫等症状的，疑似感染传染性胸膜肺炎。

C. 禽

a. 检查方法

（1）群体检查：从静态、动态和食态等方面进行检查。主要检查禽群精神状况、外貌、呼吸状态、运动状态、饮水饮食及排泄物状态等。

（2）个体检查：通过视诊、触诊、听诊等方法检查家禽个体精神状况、体温、呼吸、羽毛、天然孔、冠、髯、爪、粪、嗉囊内容物性状等。

b. 检查内容

（1）禽只出现突然死亡、死亡率高；病禽极度沉郁，头部和眼睑部水肿，鸡冠发绀、脚鳞出血和神经紊乱；鸭、鹅等水禽出现明显神经症状、腹泻、角膜炎甚至失明等症状的，疑似感染高致病性禽流感。

（2）出现体温升高、食欲减退、神经症状；缩颈闭眼、冠髯暗紫；呼吸困难；口腔和鼻腔分泌物增多，嗉囊肿胀；下痢；产蛋减少或停止；少数禽突然发病，无任何症状而死亡的，疑似感染新城疫。

（3）出现呼吸困难、咳嗽；停止产蛋，或产薄壳蛋、畸形蛋、褪色蛋等症状的，疑似感染鸡传染性支气管炎。

（4）出现呼吸困难、伸颈呼吸，发出咯咯声或咳嗽声；咳出血凝块等症状的，疑似感染鸡传染性喉气管炎。

（5）出现下痢，排浅白色或淡绿色稀粪，肛门周围的羽毛被粪污染或沾污泥土；饮水减少、食欲减退；消瘦、畏寒；步态不稳、精神委顿、头下垂、眼睑闭合；羽毛无光泽等症状的，疑似感染鸡传染性法氏囊病。

（6）出现食欲减退、消瘦、腹泻、体重迅速减轻，死亡率较高；运动失调、劈叉姿势；虹膜褪色、单侧或双眼灰白色混浊所致的白眼病或瞎眼；颈、背、翅、腿和尾部形成大小不一的结节及瘤状物等症状的，疑似感染马立克氏病。

（7）出现食欲减退或废绝、畏寒，尖叫；排乳白色稀薄黏腻粪便，肛门周围污秽；闭眼呆立、呼吸困难；偶见共济失调、运动失衡、肢体麻痹等神经症状的，疑似感染鸡白痢。

（8）出现体温升高；食欲减退或废绝、翅下垂、脚无力，共济失调、不能站立；眼流浆性或脓性分泌物，眼睑肿胀或头颈浮肿；绿色下痢，衰竭虚脱等症状的，疑似感染鸭瘟。

（9）出现突然死亡；精神萎靡、倒地两脚划动，迅速死亡；厌食、嗉囊松软，内有大量液体和气体；排灰白色或淡黄绿色混有气泡的稀粪；呼吸困难，鼻端流出浆性分泌物，喙端色泽变暗等症状的，疑似感染小鹅瘟。

（10）冠、肉髯和其他无羽毛部位出现大小不等的疣状块，皮肤增生性病变；口腔、食道、喉或气管黏膜出现白色节结或黄色白喉膜病变等症状的，疑似感染禽痘。

（11）出现精神沉郁、羽毛松乱、不喜活动、食欲减退、逐渐消瘦；泄殖腔周围羽毛被稀粪沾污；运动失调、足和翅发生轻瘫；嗉囊内充满液体，可视黏膜苍白；排水样稀粪、棕红色粪便、血便、间歇性下痢；群体均匀度差；产蛋下降等症状的，疑似感染鸡球虫病。

D. 犬

a. 检查方法

（1）群体检查：从静态、动态和食态等方面进行检查。主要检查犬群体精神状况、外貌、呼吸状态、运动状态、饮食情况及排泄物状态等。

（2）个体检查：通过视诊、触诊和听诊等方法进行检查。主要检查犬个体精神状况、体温、呼吸、皮肤、被毛、可视黏膜、胸廓、腹部及体表淋巴结、排泄动作及排泄物性状等。

b. 检查内容

（1）出现行为反常、易怒、有攻击性、狂躁不安、高度兴奋、流涎等症状的，疑似感染狂犬病。有些出现狂暴与沉郁交替，表现特殊的斜视和惶恐；自咬四肢、尾及阴部等；意识障碍、反射紊乱、消瘦、声音嘶哑、夹尾、眼球凹陷、瞳孔散大或缩小；下颌下垂、舌脱出口外、流涎显著、后躯及四肢麻痹、卧地不起；恐水等症状。

（2）出现母犬流产、死胎，产后子宫有长期暗红色分泌物，不孕，关节肿大，消瘦；公犬睾丸肿大、关节肿大、极度消瘦等症状的，疑似感染布氏杆菌病。

（3）出现黄疸、血尿、拉稀或黑色便、精神沉郁、消瘦等症状的，疑似感染钩端螺旋体病。

（4）出现眼鼻脓性分泌物、脚垫粗糙增厚、四肢或全身有节律性抽搐等症状的，疑似感染犬瘟热。有的出现发热、眼周红肿、打喷嚏、咳嗽、呕吐、腹泻、食欲不振、精神沉郁等症状。

（5）出现呕吐，腹泻，粪便呈咖啡色或番茄酱色样血便，带有特殊的腥臭气味等症状的，疑似感染犬细小病毒病。有些出现发热，精神沉郁，不食；严重脱水，眼球下陷，鼻镜干燥，皮肤弹力高度下降，体重明显减轻；突然呼吸困难，心力衰弱等症状。

（6）出现体温升高，精神沉郁；角膜水肿，呈"蓝眼"；呕吐、不食或食欲废绝等症状的，疑似感染犬传染性肝炎。

（7）出现鼻子或鼻口部、耳郭粗糙或干裂、结节或脓疱疹，皮肤黏膜溃疡，淋巴结肿大等症状的，疑似感染利什曼病。有些出现精神沉郁、嗜睡、多饮、呕吐、大面积对称性脱毛、干性脱屑、罕见瘙痒，偶有结膜炎或角膜炎等症状。

E. 猫

a. 检查方法

（1）群体检查：从静态、动态和食态等方面进行检查。主要检查猫群体精神状况、外貌、呼吸状态、运动状态、饮食情况及排泄物状态等。

（2）个体检查：通过视诊、触诊和听诊等方法进行检查。主要检查猫个体精神状况、体温、呼吸、皮肤、被毛、可视黏膜、胸廓、腹部及体表淋巴结、排泄动作及排泄物性状等。

b. 检查内容

（1）出现行为异常，有攻击性行为，狂暴不安，发出刺耳的叫声，肌肉震颤，步履蹒跚，流涎等症状的，疑似感染狂犬病。

（2）出现呕吐，体温升高，不食，腹泻，粪便为水样、黏液性或带血，眼鼻有脓性分泌物等症状的，疑似感染猫泛白细胞减少症（猫瘟）。

F. 兔

a. 检查方法

（1）群体检查：从静态、动态和食态等方面进行检查。主要检查兔群体精神状况、外貌、呼吸状态、运动状态、饮食情况及排泄物状态等。

（2）个体检查：通过视诊、触诊和听诊等方法进行检查。主要检查兔个体精神状况、体温、呼吸、皮肤、被毛、可视黏膜、胸廓、腹部及体表淋巴结、排泄动作及排泄物性状等。

b. 检查内容

（1）出现体温升高到41℃以上，全身性出血，鼻孔中流出泡沫状血液等症状的，疑似感染兔病毒性出血病（兔瘟）。有些出现呼吸急促，食欲不振，渴欲增加，精神委顿，挣扎、咬笼架等兴奋症状；全身颤抖，四肢乱蹬，惨叫；肛门常松弛，流出附有淡黄色黏液的粪便，肛门周围被毛被污染；被毛粗乱，迅速消瘦等症状。

（2）出现全身各处皮肤次发性肿瘤样结节，眼睑水肿，口、鼻和眼流出黏液性或黏脓性分泌物；头部似狮子头状；上下唇、耳根、肛门及外生殖器充血和水肿，破溃流出淡黄色浆液等症状的，疑似感染兔黏液瘤病。

（3）出现食欲废绝，运动失调；高度消瘦，衰竭，体温升高；颌下、颈下、腋下和腹股沟等处淋巴结肿大、质硬；鼻腔流浆液性鼻液，偶尔伴有咳嗽等症状的，疑似感染野兔热。

（4）出现食欲减退或废绝，精神沉郁，动作迟缓，伏卧不动，眼、鼻分泌物增多，眼结膜苍白或黄染，唾液分泌增多，口腔周围被毛潮湿，腹泻或腹泻与便秘交替出现，尿频或常呈排尿姿势，后肢和肛门周围被粪便污染，腹围增大，肝区触诊疼痛，后期出现神经症状，极度衰竭死亡的，疑似感染兔球虫病。

4. 实验室检测

对疑似患有本规程规定疫病及临床检查发现其他异常情况的，应按相应疫病防治技术规范进行实验室检测。实验室检测须由省级动物卫生监督机构指定的具有资质的实验室承担，并出具检测报告。以兔为例，对疑似患有兔病毒性出血病（兔瘟）和兔球虫病的，应按照国家有关标准进行实验室检测。

5. 检疫结果处理

经检疫合格的，出具《动物检疫合格证明》；经检疫不合格的，出具《检疫处理通知单》，并按照有关规定处理。

临床检查发现患有相关规程规定动物疫病的，应扩大抽检数量并进行实验室检测。发现患有相关规程规定检疫对象以外动物疫病，影响动物健康的，应按规定采取相应防疫措施。发现不明原因死亡或疑似为重大动物疫情的，应按照《动物防疫法》《重大动物疫情应急条例》《动物疫情报告管理办法》的有关规定处理。病死动物应在动物卫生监督机构监督下，由畜主按照《病害动物和病害动物产品生物安全处理规程》（GB16548—2006）规定处理。

6. 检疫记录

检疫申报单：动物卫生监督机构须指导畜主填写检疫申报单。检疫工作记录：官方兽医须填写检疫工作记录，详细登记畜主姓名、地址、检疫申报时间、检疫时间、检疫地点、检疫动物种类、数量及用途、检疫处理、检疫证明编号等，并由畜主签名。检疫申报单和检疫工作记录应保存 12 个月以上。

7. 检疫结果处理

经检疫合格的，出具《动物检疫合格证明》；经检疫不合格的，出具《检疫处理通知单》，禁止调运，并按照有关规定处理。发现死因不明或疑似为重大动物疫情的，应按照《动物防疫法》《重大动物疫情应急条例》《动物疫情报告管理办法》的有关规定处理。病死动物应当在动物卫生监督机构监督下，由饲养者按照《病害动物和病害动物产品生物安全处理规程》（GB16548—2006）规定处理。

运载工具、笼具等应当符合动物防疫要求，并兼顾动物福利。启运前，饲养者或承运人应当对运载工具、笼具等进行有效消毒。

8. 检疫防护要求

从事实验动物相关产地检疫的人员要定期进行相关人畜共患病疫苗免疫。检疫的人员要配备红外测温仪，以及相应的个人防护用具如手套、口罩（呼吸器）、隔离服、护目镜等。

第六节　动物适应性饲养以及相关要求

检疫期也是对动物进行适应性饲养的过程，动物在运输的过程中都会受到不同程度的外界刺激，从而产生应激反应，这对动物的健康状态甚至理化指标都有影响，在这一时间段内对动物环境、饲料饮水、相关操作进行管理，使动物适应更快、更好的新生活环境，保障动物在实验过程中的身体健康状态，是保证动物实验顺利进行的重要环节。

动物在到达实验场地后，由于生活环境的变化和运输过程中的刺激会出现不同程度的应激反应，具体表现为：动物对外界刺激反应激烈、恐惧或者抑郁，攻击性加强，心率加快，饮食减少、腹泻、脱水，体内各种酶和激素异常等。因此，在动物到场后，进行检疫的同时就应开始进行适应性的饲养，以消除应激反应对动物实验的影响。

一、适应饲养期间动物设施环境要求

动物饲养环境应保证动物处于合适的温度、湿度、光照等环境中，必须保证有足够的通风换气次数，所有的环境条件都应符合实验动物设施环境标准 GB14925—2010《实验动物环境及设施》的要求。动物笼具的尺寸在满足国家标准的前提下，应最大限度地保障动物充分活动的自由。实验笼具应该进行彻底的消毒。

二、适应饲养期间对动物用品的要求

动物饲料的营养充足与否是维持动物正常生长、繁殖乃至抵抗运输应激的先决条件，饲料的品质对实验动物生产和动物实验的结果起到关键、直接的影响。实验动物大多采用全价营养饲料。饲料的供应商必须具有饲料生产许可证，具有一定生产规模，生产质量稳定，能定期提供饲料营养成分和污染物的检测报告（1 或 2 次／年）。如实验需要饲料，还应该进行系统消毒处理，饲料的消毒方法有两种，即高压消毒和 ^{60}Co 射线照射。此外，根据动物的生长发育阶段还应选择适合的饲料类型，一般动物饲料分为繁殖料、维持料、青饲料以及特殊饲料。饲料到场后要查验饲料的合格证和保质期。青饲料不得腐败变质，在投喂动物之前还应彻底清洗。灵长类动物在到场后如果出现进食量减少或者不进食的情况，可以适当加大青饲料的投喂量，青饲料品种以苹果、花生为宜。此外，在动物适应饲养阶段给动物摄入适量的维生素 C，可以有效地降低运输应激对动物健康水平造成的伤害。

动物饮水也是保证动物健康状态、降低动物应激反应的重要因素。清洁级以上实验动物的饮水在符合 GB 5749—2022《生活饮用水卫生标准》要求的基础上，必须达到无菌。屏障环境动物饮用水处理方法包括反渗透膜过滤技术和高压灭菌。动物在饮水过程中会将饲料碎渣通过水嘴带入到水瓶中，长时间可引起细菌的滋生繁殖或瓶塞堵塞。在动物饲养过程中，要保证动物饮用水及时更换。若实验需经饮水给药，则要根据不同药物的半衰期制订水瓶更换频率。普通级实验动物饮水应选用符合市政饮用水标准的自来水，配合自动饮水装置供水，还可根据动物等级要求不同，选用专用实验动物饮水净化设备对饮用水进行杀菌净化处理。动物饮用水管线的铺设应采用专用的 PVC 自来水管线材料进行铺设，防止管线老化生锈污染饮用水。在动物适应性饲养期间保持供应足量、清洁甚至灭菌的动物饮水可降低动物应激反应水平，减少可能出现的继发感染。

动物垫料直接与动物接触，其微生物含量、理化性质对动物健康和应激状态也有十分重要的影响。垫料的材质应符合对动物的健康和福利无害的、吸湿性好、尘埃少、无异味、无毒性、无油脂、无伤害、耐高温、耐高压等要求。垫料须经灭菌处理后方可使用。常用的垫料种类包括刨花、玉米芯、纸屑等。需注意的是，松树等针叶林类的刨木花多含芳香类物质，具有肝细胞毒性，会影响动物健康。

玉米芯不用于繁殖动物和禁食动物的饲养，会影响动物筑巢，且动物啃食垫料会影响实验结果。垫料的更换频率主要依据饲养动物的种类、笼内动物数量、设施的通风换气次数、设施的清洁卫生状况、氨浓度是否超标等。一般每两周更换 1 或 2 次垫料，饮水瓶漏水造成垫料潮湿时应及时更换。根据动物等级的要求，还可对垫料进行高温消毒，以保证动物健康。

此外，在适应饲养期间应该尽量降低外界刺激对动物的影响，保持设施内安静，观察操作时轻拿轻放，以求最大限度降低应激对动物健康的影响，使动物更好地适应新的设施环境。

参 考 文 献

北京市质量技术监督局 . 实验动物运输规范 . 2017-9-14.

种焱，张兆平，马树宝，等 . 进口 SPF 鼠调整隔离期检疫风险分析 . 中国动物检疫，34(10): 10-14.

国家科学技术委员会 . 实验动物管理条例 . 1988-11-14.

河北省质量技术监督局 . 动物卫生监督管理综合标准第 4 部分：动物及动物产品运输、仓储的检疫监督管理规程 . 2008-12-29.

河北省质量技术监督局 . 实验动物 猫的饲养与管理 . 2016-9-30.

吉林省市场监督管理厅 . 动物及动物产品运输监督管理规范第 1 部分：公路运输 . 2019-10-14 .

吉林省市场监督管理厅 . 动物及动物产品运输监督管理规范第 2 部分：铁路运输 . 2019-10-14.

吉林省市场监督管理厅.动物及动物产品运输监督管理规范第 3 部分：民航运输.2019-10-14.

江苏省质量技术监督局.实验用雪貂 第 3 部分：遗传、微生物和寄生虫控制 DB32/T 2731. 3-2015.

进境动物隔离检疫场使用监督管理办法 (原质检总局令第 122 号令).2009-12-10.

李垚.2019.医学实验动物学.上海：上海交通大学出版社.

辽宁省质量技术监督局.动物及动物产品运输防疫技术规范.2013-12-12.

林祥梅, 李志辉.2011.实验动物与出入境检验检疫.中国比较医学杂志, 21 (10, 11): 34-38.

人畜共患传染病名录 (农业农村部第 1149 号公告).2009-2-2.

国家科学技术委员会.实验动物管理条例 (国家科学技术委员会令第 2 号).2017-3-1(1988-11-14 发布，
　　2011 年、2013 年、2017 年三次修订).

国务院.中华人民共和国进出境动植物检疫法实施条例 (国务院第 206 号发布).

全国人民代表大会常务委员会.中华人民共和国进出境动植物检疫法 (中华人民共和国主席令第
　　五十三号).1992-4-1.

中华人民共和国农业部.一、二、三类动物疫病病种名录 (农业农村部第 1125 号公告).2008-12-21.

中华人民共和国海关总署与丹麦王国环境和食品部关于丹麦输华科研用小型猪卫生证书的备忘录
　　2018-9-19.

中华人民共和国进境动物检疫疫病名录 (农业农村部、海关总署第 256 号公告).2020-7-3.

中华人民共和国农村农业部.反刍动物产地检疫规程.2019-1-2.

中华人民共和国农村农业部.家禽产地检疫规程.2019-1-2.

中华人民共和国农村农业部.猫产地检疫规程.2019-1-2.

中华人民共和国农村农业部.犬产地检疫规程.2019-1-2.

中华人民共和国农村农业部.生猪产地检疫规程.2019-1-2.

中华人民共和国农村农业部.兔产地检疫规程.2019-1-2.

中华人民共和国农业部.动物检疫管理办法.2010-1-4.

中华人民共和国全国人民代表大会常务委员会.中华人民共和国动物防疫法.2021-1-22.

GB 14922.1—2001.实验动物 寄生虫学等级及监测.

GB 14922.2—2001.实验动物 微生物学等级及监测.

GB 14925—2010.实验动物 环境及设施.

第三篇

实验动物疼痛管理

第十章　实验动物疼痛的医学管理

在实验动物医学管理的实践中，实验动物疼痛既是不可忽视的伦理学问题，更是不可忽视的医学管理问题。尽管存在不同意见，做好实验动物疼痛的评估和管理，是保障实验动物健康及福利的重要前提。许多临床兽医将"疼痛"称为"第四生命体征"，这一说法对于"实验动物"同样适用。

在应用活体脊椎动物进行科学实验时，受试动物或多或少都会经历不同程度的疼痛伤害。这些伤害不仅会削弱实验动物的福利水平和健康状况，还会干扰实验结果，对研究工作的科学性和真实性造成负面影响。国际通用的"五大自由"和"3R原则"要求我们在科学研究中要加强实验动物疼痛的医学管理。因此，在使用动物进行科学研究时，我们应当做好实验动物的疼痛评估、完善实验程序、改进实验技术，从而尽最大可能减轻或避免动物在实验过程中遭受到与实验目的无关的痛苦。

作为实验动物的"代言人"，实验动物医师是动物管理和使用的重要参与者，应全面和深入地了解动物疼痛产生的原理，熟悉疼痛对动物生理和行为的影响，掌握评估和识别动物疼痛的一般方法，以便能够在实验过程中对因实验引发的疼痛实施科学且有效的医学管理。

第一节　实验动物疼痛基础

一、动物疼痛的定义

国际疼痛研究协会（IASP）将疼痛描述为"是一种与实际或潜在的组织损伤相关的、不愉快的感觉和情绪情感体验，或与此相似的经历"。与之相似，人们将动物的疼痛描述为在受到伤害刺激或其机体完整性受到威胁（这种威胁可能并未造成实际伤害）时动物的一种负向感觉和情感体验。在此过程中，动物会改变生理行为、采取保护性动作、产生习惯性回避，以此减轻或避开损伤、降低再次受到伤害的可能，同时促进机体的康复。当伤害体验的强度和持续时间超过伤害持续时间，且自身的生理和行为反应无法成功缓解这种体验时，则会诱发"非功能性疼痛"。

如前所述，疼痛是一种复杂的情绪体验，是因实质或潜在的组织损伤所引起的不愉快的感受，其本质是一种心理状态，有害刺激引起的伤害感受器的电活动或其在痛觉通路中的传导不是疼痛。痛苦则用于表述负面的情感状态，用来界定不愉快的感觉状态的程度，在动物无法适应应激源（干涉动物康乐和舒适的刺激）导致自身生理与心理状态无法恢复平衡时产生。过去在探讨疼痛和痛苦对动物的影响时，常将二者结合起来共同讨论。但我们应该知道，二者的形成过程及其对动物的影响存在本质差别。疼痛可成为动物痛苦的原因，但很多时候，相比疼痛，实验动物的痛苦更多源自饲养管理、饲养环境以及一般性实验操作。

二、痛觉生理学

疼痛包含"感觉特性"和"情感反应"两方面的含义。痛觉用于描述疼痛的"感觉特性"，是神经系统对潜在的或实际发生的组织损伤的感受。痛觉的形成一般包括 4 个主要步骤：转导，即伤害性感受器（或称疼痛受体）将机械、热或化学物质引发的伤害性刺激转化为动作电位；传递，这些感觉冲动经由周围神经传至脊髓；调制，感觉冲动在其他神经元的作用下在脊髓里被放大或抑制；感知，冲动被上传至脑，并在那里被加工和识别。

致痛物质或称致痛因子是疼痛产生的始动因素。机体组织在经历创伤、炎症或肌肉和神经缺血时，局部组织会释放致痛物质。释放的致痛物质既可兴奋伤害性感受器，产生痛觉传入冲动；也可以致敏伤害性感受器，导致其刺激阈值下降，对阈上刺激反应增强，对阈下刺激也能起反应，进而造成感受野扩大。常见的致痛物质有无机离子（K^+、H^+、Ca^{2+}）、胺类 [5- 羟色胺（5-HT）、组胺、乙酰胆碱]、肽类 [缓激肽、P 物质、前列腺素（PG）、加压素] 和腺苷类（ATP、ADP、AMP）等。

无机离子主要起组织致痛作用，如 K^+ 和 H^+ 在组织损伤和炎症中致痛，同时也是肿瘤、类风湿等疾病的主要致痛物质。5-HT 也是主要的外周致痛因子。5-HT 主要参与血管性疼痛和损伤性疼痛，恶性肿瘤所引起的癌痛也可能与 5-HT 有关。缓激肽是一种较强的致痛物质，在所有公认的致痛物质中，缓激肽的致痛作用最强，极微量即可引发强烈的疼痛反应，该物质在体内破坏较快，强效致痛能力持续时间短暂，故认为它仅参与急性疼痛（如心绞痛、急腹痛）。P 物质是初级伤害性感受器的传入纤维末梢释放的兴奋性神经介质，但在高级中枢部位，它又有明显的镇痛作用。

三、疼痛分类

有很多方法被用于疼痛分类。例如，依据疼痛持续时间长短可将其分为急性疼痛和慢性疼痛；依据疼痛产生原因可将其分为伤害性疼痛、炎症性疼痛、癌痛、神经病理性疼痛、非特异性疼痛等；依据疼痛发生部位可将其分为躯体性疼痛、内脏性疼痛和中枢性疼痛；依据疼痛的严重程度可分为轻度疼痛、中度疼痛和重度疼痛。在此我们仅就急性疼痛和慢性疼痛展开说明。

（一）急性疼痛

急性疼痛常常有直接病因。它将潜在的伤害性刺激因子与令人不快的感觉相关联，通常对机体具有重要的保护作用。急性疼痛可持续几秒到几天，或更长时间，在人有时可以长达 3 个月。一般来说，止痛药对急性疼痛有良好的治疗作用。急性疼痛可被进一步划分为伤害性疼痛和临床性疼痛。

1. 伤害性疼痛

伤害性疼痛是一种机体的早期预警系统，使人或动物反射性地或主动地脱离物理、热或化学威胁，免受进一步伤害。该类疼痛由伤害刺激激活高阈值伤害性神经元而引发，组织损伤范围很小，局限在伤害感受器的激活部位，转瞬即逝。伤害性疼痛的另一重要特征是，其引发的神经生理学反应和主观反应高度相关，并与初始刺激强度成正比。伤害性疼痛引发生理行为和躲避行为形成保护性反射，这均有助于防止或减轻组织的损伤。

2. 临床性疼痛

由明显组织损伤引起的持久的、不愉快的感觉称为临床性疼痛。与伤害性疼痛相比，临床性疼痛有可能自发引起刺激信号放大或处理异常，在损伤部位及周边组织形成以过敏、痛觉过敏和痛觉超敏为特征的原发疼痛和继发疼痛。引发临床性疼痛的主因是组织内的炎症反应和外周或中枢神经元的损伤，其数量、类型广泛，如创伤、手术、感染等。临床性疼痛通过将疼痛与组织愈合相结合来发挥其有益的生物学作用，有助于限制恢复过程中新伤害的发生。但很多情况下，由于炎症的过度发展或受伤神经组织的功能异常，临床性疼痛会变成一种疾病，这对个体来说毫无好处。因此，不能将其潜在益处作为临床性疼痛可被忍耐或不予治疗的依据。除了伦理学考虑，一般认为，未加治疗的情况下，疼痛会造成发病率和死亡率上升。

（二）慢性疼痛

慢性疼痛是持续到对相关区域具有保护作用时段之外的疼痛，或持续存在却无明确病因的疼痛。基于常规医疗经验，IASP采用时间节点来划分慢性疼痛，并将3个月作为急性疼痛转变为慢性非恶性疼痛的适宜节点。慢性疼痛可以持续几个月到几年，并经常超过创伤治愈期，伴随着长期的病理过程。相较急性疼痛，慢性疼痛更难识别和治疗，并且需要详尽病情检查诊断和采用多种治疗方法。

与急性疼痛不同，慢性疼痛对适应不利，亦无已知有益作用。动物的慢性疼痛可能源于神经、免疫和内分泌系统的损伤，或炎症引发的级联反应所致的神经系统的功能和形态的改变。尽管对于急性疼痛如何转变为慢性疼痛的机制仍不十分清楚，但以慢性疼痛为特征的神经功能的长期病理性改变无疑参与了整个神经系统的基因型、表型和功能的改变，某些改变甚至是不可逆的。因此，对于动物实验过程中由于实验原因引起的类似疼痛，我们应该更加重视。

兽医学领域中遇到的慢性疼痛大多数是神经病理性、炎症性或癌性的。这并不是说慢性疼痛的病因是单一的，多数情况下可能同时存在多个病因。

1. 神经病理性疼痛

IASP将神经病理性疼痛定义为"因神经系统原发性损伤或功能障碍而引发的疼痛"。也有人将其定义为"外周或中枢神经系统损伤（或同时发生）所引起的疼痛并伴有感觉症状和体征"。大量动物实验结果表明，外周或中枢神经系统伤害感受成分的病变或损伤会引发神经病理性疼痛相关的痛觉过敏、痛觉超敏，以及相关自发行为。神经病理性疼痛的病因包括创伤、中毒（如化疗引起的多发性神经病变）、代谢性疾病（如糖尿病）、感染性疾病（如疱疹病毒感染）、神经退行性疾病和炎性疾病（如多发性硬化症）等。上述病因在兽医学中可能并不多见，但在利用实验动物进行相关疾病的模拟时有可能碰到。

2. 慢性炎症性疼痛

慢性炎症性疼痛是由侵入受伤或病变组织的免疫细胞释放致痛因子、敏化因子和免疫调节因子而引起的疼痛。进行慢性炎症性疼痛造模时，随着疾病进展，致痛因子和敏化因子持续生成，促成炎症性疼痛模型所特有的神经化学信号特征。骨关节炎、子宫内膜异位症、猫的下尿路疾病、蹄腐病，也可能包括溃疡性皮炎，都可以引起慢性炎症性疼痛。

3. 癌症相关的慢性疼痛

肿瘤是慢性疼痛的既定病因。然而，在实验动物医学领域，能否将其作为病因尚不可知。我们知道，几乎所有的体内成瘤实验都是利用啮齿类动物完成的。但是，虽然携带巨大瘤体，这些动物却无明显疼痛表现。这在用于瘤株增殖的免疫缺陷鼠中更是如此。除骨骼和神经性疾病研究（几乎均为急性疼痛）外，我们对因癌症造模或自发性肿瘤（骨除外）引发的实验动物的疼痛了解甚少。

四、实验动物对疼痛的感受

如前所述，疼痛是由实际或潜在组织损伤所致的一种不愉快的感觉和情感经历，包括伤害性感受和伤害性反应两种成分。虽然疼痛感受在人类中很明确，但要清楚地了解它在动物中是否存在就十分困难。因为动物不会说话，不能报告它们的主观体验，我们也无法切实了解它们的体验，因而似乎也无法对这些不能表达其认知体验的物种进行疼痛定义。

据此，一些研究人员相信动物实验过程中动物只能产生痛觉，疼痛这一概念仅对人类适用。实际工作中，偶尔会有极少数科研人员对动物能感受疼痛产生怀疑。他们主张接受动物能感受疼痛没有实际意义，理由是动物不能用语言来表达感受，我们也就没有必要承担那么多的伦理责任。其实，在生物医学研究领域抱有这种态度的人根本不知道如何确定动物对疼痛的感受，他们用邋遢、抑郁、兴奋等描述动物，却并不知道动物此时可能正在经历疼痛引发的痛苦。上面这些极少数人的态度和主张虽然承认关于动物疼痛的伦理学问题，但又试图通过质疑动物能感受疼痛的真实性来弱化或否定相关的伦理学责任。这种质疑动物是否能像人类那样感受疼痛的做法，具有一定的欺骗性，只能使实验动物的伦理状况不断恶化。

我们知道，基于伦理和科学考虑，最大限度地降低或消除生物医学研究中动物可能遭受的疼痛及其相关的痛苦是每个 IACUC 成员和实验动物医师所关注的核心问题之一。讨论这一问题的前提是动物能感受疼痛。那么动物是否能像人类一样感受疼痛呢？答案不容置疑，动物能感受疼痛，动物疼痛和人类疼痛有着共同的特征及生理学机制。

尽管争论仍在继续，但兽医和越来越多的神经科学家的共识是，动物确实会感到疼痛。无法进行口头交流并不能否定一个人正在经历疼痛，因为"疼痛总是主观的"。许多动物对疼痛刺激的行为反应与人非常相似。偷偷观察被阉割的公牛时会发现，它时不时地踩脚，有时会蜷缩在地，有时还会发出呻吟。爪子受伤的犬会跛行，尽量避免患肢着地或承重，避免造成二次伤害。猫疼痛时会出现斜视和皱眉，理毛行为消失，表现攻击性行为等。给小鼠注射致痛药物后，它们会倾向于选择含有止痛药而口味很差的食物，放弃美味但不含止痛药的食物。这些都说明动物能感受到疼痛。

但很多时候我们又观察不到类似的疼痛相关行为，"它们似乎并不痛苦"，或者"情况好像并不严重"。例如，有些做过骨科手术的绵羊，虽然在遭受巨大的疼痛，但术后和正常羊的表现似乎一模一样。再如，有的狗刚做完绝育手术就开始和其他正常的狗嬉闹玩耍，几周后主人发现这只狗的创口非但没有愈合，相反，皮肤和组织已完全裂开，看起来这只狗似乎感受不到一点疼痛。造成上述现象的主要原因在于生物在进化过程中形成了刻意隐瞒或掩藏病痛的行为倾向，这对于动物生存概率的提高非常重要。

科学实验证实，不仅哺乳动物能感受到疼痛，鸟类、鱼类都被证实能感受到疼痛，甚至昆虫也能感受到一定程度的疼痛。所有脊椎动物甚至某些非脊椎动物都有感受、传递、处理和记忆疼痛所需的解剖生理结构，将高温或机械压力施加到麻醉后的鱼身上，通过对大脑进行扫描，发现鱼脑的神经元活动模式和人类疼痛时神经元活动模式很像。此外，动物会因疼痛刺激产生对应的行为变化，如果将致痛的液体注射到鱼的嘴唇里，会发现鱼在很长时间内都不进食，这是典型的疼痛防御的表现。同时，这些鱼还会不停摆动身体，去鱼缸底部的沙砾上磨蹭嘴唇。这些情况显示，动物和人类对于疼痛有类似的感知能力。

因此，避免疼痛或采取正确的止痛措施，对于实验动物来说，不论从道德还是科学研究的角度考虑，都是绝对必要的。除非科学上存在已知的相异情形，否则我们应该假设"相同的操作程序如果会对人类造成疼痛，则其亦会引发动物的疼痛"。

五、疼痛对实验动物生理和行为的影响

疼痛时，动物常表现为心跳加快、血压和体温升高、性情暴躁、采食和饮水减少、免疫力低下、神经内分泌系统紊乱以及行为异常等。疼痛会导致应激，应激会打破代谢平衡，造成动物发病率和死亡率升高。疼痛往往伴有临床表现，例如，遭受疼痛的动物停止理毛、体重减轻或出现自残行为；也可能是亚临床型的，并且仅在实验操作后才会显现，如手术引发的疼痛会加速肿瘤的生长。

（一）疼痛与应激

疼痛是重要的应激源。疼痛刺激会干扰神经内分泌系统，打破代谢系统的平衡，进而增强应激反应。如果疼痛刺激过强或持续时间过久，超出机体防疫体系的补偿能力，会导致动物发病率和死亡率增加。持续性疼痛应激还会导致免疫抑制。

同时，多种环境或生理应激也可增强或削弱疼痛感受。例如，无法逃避的足底电刺激、恐惧、攻击行为等应激源可以减少动物伤害性行为反应的发生，产生所谓的"应激镇痛"。在打斗或逃跑等高度紧张的情况下，疼痛的减轻是有利的。对动物来讲，在到达安全场所前去处理伤痛会有生命危险。因此，进行动物疼痛评估时，必须注意动物的疼痛程度很可能受曾其应激史的影响。

（二）疼痛对摄食和体重的影响

研究表明，剧烈的慢性疼痛会引发皮质醇和儿茶酚胺过度分泌，导致血糖水平上下波动。疼痛长期得不到有效控制，会发生垂体-肾上腺功能耗竭，造成食欲减退、采食量和饮水量下降、动物营养（特别是蛋白质）摄入不足，临床表现为体重减轻、粪尿量减

少、肌肉萎缩、虚弱和精神萎靡，甚至发生脱水死亡。

（三）疼痛对行为的影响

　　动物遭受伤害性刺激后，在中枢神经系统的识别和组织下，机体会对刺激产生一系列的应答反应，包括行为反应。行为反应是动物最常见的缓解疼痛应激的方式，表现为对伤害性刺激的躲避、逃跑、反抗和攻击等。其中躲避是最常见的一种，表现出警惕人的存在、远离同伴、烦躁不安、恐惧。动物遭受疼痛时，其活动量可能增多或减少。此外，声音反应也具有提示意义，急性疼痛的动物会发出尖叫或嚎叫声，慢性疼痛的动物会发出呻吟或叹息。动物长期处于疼痛状态，行为可能发生改变，出现异常行为，如患有跛行的奶牛出现抖蹄和患肢抽动。行为反应出现得迅速、明显，很容易被观察到，但也需要注意，动物有时很善于隐藏疼痛行为。因此，观察动物疼痛行为表现时，远离动物进行观察会有所帮助，如通过远距离的照相机或通过屋内单向窗户来进行观察。

（四）疼痛对心血管系统的影响

　　疼痛会导致动物机体产生应激反应，引发交感神经兴奋，造成去甲肾上腺素和肾上腺素分泌增多以及胰岛素释放减少。动物血管收缩，心肌收缩力增强，进而导致血压增高、心率增快，有时可能发生心律失常。在此过程中，动物心肌耗氧量增加，心肌氧供需失衡，如果是心功能低下的心衰模型动物，可引起充血性心力衰竭。疼痛还会造成动物微循环血流速度明显减慢，血液瘀滞，呈现高黏滞、高凝状态。

（五）疼痛对呼吸系统的影响

　　明显的疼痛会严重影响呼吸功能。由于疼痛，胸廓运动幅度变小，膈肌收缩功能障碍，咳嗽次数减少，气管内分泌物不能及时排出，容易发生肺炎和肺不张。对人类患者的研究结果表明，疼痛会造成肺顺应性变差、潮气量降低、功能残气量明显减少、分钟通气量下降、肺内通气 - 灌注不匹配，导致低氧血症和高碳酸血症。早期缺氧和二氧化碳蓄积可刺激每分钟通气量代偿性增加，长时间的呼吸功能增强可导致呼吸衰竭。疼痛引起的水钠潴留可以促使血管外肺水增多，容易引发肺水肿。虽然在实验动物中没有特别多的相关报道，但疼痛对实验动物应该也会引起类似的效应。

（六）疼痛对消化系统的影响

　　疼痛刺激作为严重的应激负担，会引起动物食欲和消化功能的减退。动物疼痛时，机体交感神经兴奋性增加，流经胃肠道的血流量减少，胃肠道功能受到反射性抑制，肠蠕动减慢，肠道吸收功能减低。胃肠道功能关系到动物能否由饲料中获得足够的营养物质，是保证动物健康生活的重要环节。实施有效的镇痛措施可以促进动物术后胃肠道功能快速恢复，提高动物存活率，提高动物福利水平，进而节约实验资源。

（七）疼痛对免疫的影响

　　大量研究结果表明，疼痛和创伤应激能引发淋巴细胞减少及网状内皮系统抑制，使机体对再次抗原刺激的迟发性过敏反应和 T 细胞依赖的抗体反应减弱，抑制 γ-干扰素（INR-γ）和白细胞介素 -2 的产生、HLA-DR 抗原的表达及 T 细胞母细胞化反应。动物遭受强烈应激因子作用后也会引起儿茶酚胺和糖皮质激素大量分泌，导致胸腺、脾脏和淋巴组织萎缩，使嗜酸性细胞、T 淋巴细胞、B 淋巴细胞等免疫细胞的产生、分化及其活性受阻，白细胞的吞噬活性减弱，体内抗体水平低下，导致机体免疫力下降、免疫应答不完全。

（八）疼痛对神经内分泌系统的影响

疼痛能激活机体的神经内分泌系统，引起体内多种激素和细胞因子的过度释放，并产生相应的病理生理改变，对机体产生显著的不良影响。疼痛使儿茶酚胺、皮质醇、血管紧张素 II、抗利尿激素、促肾上腺皮质激素、生长激素和胰高血糖素水平升高，造成促进合成代谢的激素（如胰岛素和睾酮）的水平相对不足。肾上腺素、皮质醇及胰高血糖素水平的升高会促使糖原分解、降低胰岛素的作用和增加糖原异生，最终导致高血糖。醛固酮、皮质醇和抗利尿激素可使外周疼痛神经末梢敏感性增强，产生更剧烈的疼痛，形成疼痛—儿茶酚胺释放—疼痛的恶性循环。

第二节　实验动物疼痛的医学管理

如前所述，疼痛是动物实验过程中不可忽视的伦理学问题，是重要的应激源，动物实验引发的疼痛不仅有可能严重地削弱动物福利水平，还可以成为干扰实验结果的重要因素。因此，在不干扰研究目标的前提下，我们应采用各种手段识别和发现动物疼痛状况，尽量消除或减少导致动物疼痛的因素，以尽最大可能减少或消除动物在实验过程中所遭受的疼痛及其造成的痛苦。

一、造成实验动物疼痛的因素

利用实验动物开展科学研究时，及时、及早发现造成其疼痛的原因有时比了解它们的表现还要重要和有帮助。可造成实验动物疼痛的原因多种多样，其中最直接的原因包括实验操作、研究目标（如疼痛研究）等，饲养过程中动物的意外受伤以及疾病也可能成为疼痛的诱因。此外，由于实验动物在人工环境下饲养，作为应激源，运输、饲料和饮水、环境、饲养管理以及设施运行等许多细节方面的不当都可能通过中枢作用造成疼痛阈值升高或降低，甚至直接引发疼痛。在评价痛苦是否存在时，这些是需要考虑的重要方面。

很多情况下，实验操作是引起动物疼痛的最直接原因，如外科手术操作、烧烫伤、不正确的安乐死操作方法等。基于生物医学研究的纷繁复杂，很难为这些巨量的差别化操作列出一个详细的清单，而且各种操作引起疼痛的严重程度也各不相同。但需要说明的是，这些实验操作都应由受过培训的专业人员实施，非专业人员的操作所引起的动物疼痛可能远不止于此。

造成实验动物疼痛的因素还可能与研究目标有关。有些研究目标本身就有意或无意地包含了动物的疼痛及其相关感受，如疼痛研究。疼痛研究是一类对解决和缓解人类与动物的疼痛具有重大意义的研究工作，以在动物身上有意引起疼痛或痛苦为主要特征。

将正常动物改造成可以模拟人类疾病状态的动物模型是在生物医学领域进行疾病研究的一个重要手段。这种以认识疾病本质、找寻治疗方法为目标的研究工作，虽然不以有意引起动物疼痛为研究目标，但研究过程会给受试动物带来疼痛和痛苦是这类研究的重要特征，如炎症和癌症领域的相关研究。此外，出于开发新药的目的，经常会用动物来对新化合物的未知毒性和药理作用进行测试。这类研究中，会以全身或局部的方式让动物直接接触可能具有潜在毒性的化学物质，那些有毒物质会对动物的生理甚至解剖结构产生扰乱或伤害，其引起动物疼痛的种类也是多种多样的，有急性疼痛也有慢性疼痛，有全身性疼痛也有局部疼痛，有体表疼痛也有内脏型疼痛和深部疼痛。这类因研究目标引起的动物似乎无法规避的疼痛和痛苦往往具有"隐蔽性"，在动物实验的伦理学评估中遇到的问题最多，需要更多关注。

此外，我们还应关注运输、饲料和饮水、环境、饲养操作、设施管理以及动物社交等诸多细节。如果操作不当，动物实验过程中方方面面的因素都有可能造成动物应激。应激会对动物的生理和行为、神经内分泌和免疫造成影响，极端情况下还会造成动物痛苦，引发疼痛。因此，进行动物疼痛评估时，必须注意动物的疼痛程度很可能受其应激史的影响。在探讨疼痛与痛苦时，我们也常将它们对动物的影响结合起来综合探讨。

二、实验动物疼痛识别和评估

一个成年人通常能向你准确描述疼痛的开始和结束、发生部位、感觉强度，这些信息对于确定和控制疼痛非常关键。虽然有些动物在经历疼痛时也会发出声音，甚至有特征性的面部表情，但让它们用语言表达其疼痛是不可能的。同时，动物进化过程中还形成了刻意隐瞒或掩藏病痛的行为倾向。这些都使得对动物疼痛的识别和评估变得非常困难。

（一）对实验动物疼痛的识别

在许多使用动物进行科研的过程中，对动物疼痛的识别有赖于对动物正常生理和行为的理解，以及对疼痛时所表现出的临床生理指标和行为特征的掌握。为了缓解疼痛并促进机体恢复，动物会表现出一系列与疼痛相关的行为和异常改变，这都为疼痛识别提供了有效依据。了解掌握动物疼痛时的临床表现，通过与正常行为的对比，我们能对实验中动物经历的痛苦或疼痛进行辨别和界定，进而对动物实施疼痛控制。

实验动物在疼痛时会发生行为（包括非刺激性和刺激性）改变。非刺激性行为改变表现为疼痛会导致动物失去了对事物正常的好奇心，变得倦怠、嗜睡、冷漠，与其他个体间的互动性社会行为减弱，例如，相互追逐玩耍行为消失、相互理毛行为减少，甚至出现厌恶同类和撕咬同伴的行为。刺激性行为主要是指正在经历疼痛的动物受到外界刺激时的行为表现。此时动物可能非常警觉，按压或触碰疼痛部位时会表现出恐惧或攻击行为，也可能表现为反应性行为降低甚至没有任何正常的行为反应。动物经历疼痛会变得食欲不振、采食量减少、体重减轻，这些也是进行动物疼痛评估时的重要指标。实验动物在经历疼痛时所表现出的临床症状包括：被毛粗乱、尖叫、呻吟、呜咽、呼吸急促、流涎、排尿、瞳孔扩大、打喷嚏、流"红泪"、跛行、犬坐、不愿走动或躺卧甚至出现自残行为等。需要注意的是，动物因疼痛而表现出的行为改变，可能因动物品种、性别、经历、年龄等而不同，在进行疼痛识别时都要进行充分分析。

（二）对实验动物疼痛的评估

要使动物在实验过程中保持良好健康状况，做好疼痛评估是关键。同时，进行动物实验时，对动物疼痛程度进行准确评估也一直是一个难以解决的问题。该问题长期困扰动物实验人员和动物福利保护者。一般较为简单的方法是评估实验过程中动物疾病的发生率和死亡率，但该方法无法揭示动物在实验中所承受的疼痛状况。实际工作中我们常根据动物行为和外观的改变、活动和伤害性反应的异常来推断动物的痛苦程度。这种评估方法可归类为简单描述评估法。依据动物体重、外观、临床体征、无刺激一般行为和对刺激的反应等，人们建立了一些常见实验动物（大鼠、小鼠、豚鼠、地鼠、家兔和犬）的疼痛程度评估判定表，详见附表 10-1 ～附表 10-6。这些表格为我们在实际工作中进行大鼠、小鼠、豚鼠、地鼠、家兔和犬等动物的疼痛评估提供了依据。

从行为学角度讲，非人灵长类动物与上述其他实验动物间存在明显差异。因此，在对非人灵长类进行疼痛评估时会遇到更多困难。例如，非人灵长类动物接受手术后，实验人员进行现场观察时这些动物常呈无反应状态，直到由轻微疼痛演变为重度疼痛时才会有所表现。因此，对非人灵长类动物进行疼痛评估时最好采用摄像装置或相隔一段距离进行远距离观察的方式，以应对它们善于隐藏疼痛的行为特点。此外，对非人灵长类动物特有的自然行为特征和实验室常用猴种的相关知识的了解也是十分必要的，这是正确判断疼痛引发异常行为的理论基础。非人灵长类动物疼痛时的评估指标详见附表 10-7。

更为客观的评估动物疼痛程度的方法是进行量化评分。量化评分将实验人员对动物的主观观察转化为客观评分，有助于提高评估的客观性和准确性。该方法依据动物的外观、行为和临床表现等进行评分，然后依据该动物的总评分来判断动物是正常、轻度疼痛还是重度疼痛，再依此决定对动物实施治疗还是采取安乐死措施。

进行疼痛评估时应当注意，必须由受过训练的或有工作经验的人员（如通过培训的动物护理人员、技术人员和实验动物医师等）来进行。疼痛评估的关键是能区分正常和不正常行为，而就某些实验动物而言，其行为改变往往微乎其微，难于分辨。对动物疼痛的评估需要耐心，对动物的观察是一个动态和细致的过程，这样才能发现与正常动物外观方面存在的偏差。评估人员最好是经常与动物接触的人员，比如饲养员，这样才能及时发现动物的异常表现。评估应在不干扰动物的情况下进行观察，因为某些动物（如家兔、仓鼠、非人灵长类等）在人员在场情况下会呈现出明显的行为变化（如静止不动、隐藏病情等），因此采用摄像机或视窗进行观察可能是更好的选择。

也可以应用生理和生化指标作为疼痛评估的依据。虽然生理生化指标的测定需要一定的测量手段，但对于疼痛的评估和判定是非常有帮助的。疼痛时发生改变的生理指标可能包括体温、心率、血压、呼吸、血细胞计数、血细胞分类、心输出量、血流量等，疼痛也可以引起瞳孔开放、肌肉张力、体表血流量等的改变。疼痛对生化指标的影响包括血清中促肾上腺皮质激素、皮质类固醇和儿茶酚胺升高，以及性类固醇下降。但这些激素水平的改变与疼痛的关系并非十分明确，其他应激因子也有可能引起类似改变。

三、实验动物疼痛的医学管理

进行动物实验时，施加在动物身上的实验操作会对其产生不良影响，这是不可避免的。某些特殊情况下，这种不良作用的产生本身就是研究目标和结果的组成部分。然而我们必须强调，在大多数实验操作过程中，疼痛等不良反应不是研究过程必须存在的伴随效应。疼痛可能造成动物生理、生化、行为等多方面发生改变，如果不能有效控制，则会影响动物健康，延长术后恢复时间，削弱动物福利水平。研究证实，采取有效的镇痛措施能有效缩短动物术后恢复时间。

如何才能有效避免和降低疼痛对动物福利和实验结果的影响呢？为做到对实验动物疼痛的有效控制，我们应该采用预测、防止、改善及被动终止等策略。药物治疗是实验过程中减轻动物疼痛、避免动物遭受非必要痛苦的有效手段。此外，避免和降低实验动物疼痛的策略还包括方案审查和改进、改善饲养环境、提高外科手术技术、加强术后看护和护理、脱敏、适应环境等非药物控制手段和安乐死。实际工作中，所选择的控制实验动物疼痛的策略也应随动物品种、研究目的、操作方法、持续时间、给药途径和疼痛程度不同而做出合理选择。

（一）药物管理策略

有很多药物可用于干预和减轻实验过程中动物的疼痛。可用于疼痛控制的药物包括阿片类药物、非甾体抗炎药（NSAID）和镇痛辅助用药。选择镇痛药物时应充分考虑研究目的、实验方案，并依据疼痛严重程度和类型，以及动物的实际情况做出恰当决策。阿片类药物通常作为麻醉前用药，可以与乙酰丙嗪、安定或右美托咪啶等联合使用，这时阿片类药物还可以起到超前镇痛的作用。阿片类药物也是重度疼痛的首选药物，如丁丙诺菲，当 NSAID 不起作用时，也可选择阿片类药物进行疼痛控制。传统上认为 NSAID 的镇痛作用不够强，一般仅用于轻度疼痛的治疗，但随着 NSAID 的不断更新，酮洛芬、卡洛芬、美洛昔康、罗非昔布等也被越来越多地用于剖宫产和骨折等兽医临床手术的术后镇痛。

没有哪一种药物可以满足所有情况。动物对不同镇痛剂的敏感性随着品种、品系、年龄和性别的不同而差别很大。选择合适的镇痛剂，应充分征询实验动物医师的建议。虽然镇痛剂对消除实验过程中动物的疼痛非常有用，但不正确的药物选择、给药剂量和方式可能导致药物无效或产生危害作用。出于安全考虑，了解和掌握不同动物正常状态下的心率、呼吸、体温及其他基本生命体征，对于安全用药至关重要。在使用药物进行镇痛时，我们也可以使用两种或两种以上止痛药进行镇痛，还可以在此基础上联合使用镇痛辅助用药（如氯胺酮、α2- 受体激动剂、加巴喷丁等），这样可以在降低药物用量的基础上起到加强镇痛的作用，该方法被称为多模式镇痛。此外，经静脉或椎管持续给予阿片类药物或局部麻醉药来实施镇痛的方法也已成功应用于大型实验动物。

有时，在相对复杂和费时的实验操作过程中，镇静剂的使用有助于避免动物遭受痛苦和方便工作人员操作。需要注意，镇静剂虽然可以保持动物安静，但并不一定会产生镇痛作用，不是所有的镇静剂都同时具有镇静和镇痛两种作用。有些药物能使动物深度昏迷或镇静，但却没有镇痛的效果，会掩盖动物的疼痛表现，这对于避免和降低实验动物疼痛是不利的。

（二）非药物管理策略

疼痛的非药物控制包括使用针灸、电刺激、冷疗、热疗、徒手治疗等非药物方法控制动物的疼痛。但基于动物实验的特殊性，为达到实验目的，实验本身不可避免地会给动物带来疼痛和痛苦。因而，对实验动物疼痛的控制应开始于实验项目的伦理审查，终止于实验结束。

实验动物管理和使用委员会（IACUC）必须对动物实验研究方案实施充分的审查，确保替代或减少动物疼痛的因素都已被充分考虑到，确保对所有不能避免或消除的疼痛情况合理设立人道终点，而且应避免将死亡或严重疼痛和痛苦作为实验的终点。如果可能，IACUC 应督促实验申请者说明任何可能导致实验动物不可消除疼痛的科学理由和控制方法，即便相关疼痛可能非常轻微。方案审查结束并不意味着减少和控制实验动物疼痛的义务终止，IACUC 成员以及研究人员、实验动物医师、动物护理人员仍应继续担负起监测和控制实验动物疼痛的责任。

如果实验实施过程中动物不止一次地发生意外疼痛，实验申请者应提交针对该情况的修正案，陈述说明具有针对性的控制措施（如使用镇痛剂、增加镇痛剂用量等），或提供动物必须遭受额外疼痛和痛苦的理由。这些均建立在树立动物福利观念的基础上。如果参与科研项目和科研计划的每个成员，在动物饲养和使用过程中都多一份对动物福利的责任感并知道如何做好，那么毫无疑问，动物在实验过程中经历的痛苦或疼痛及其他危害都会减轻。

培训也可以成为非药物控制实验动物疼痛的重要方法。我们知道，对于同一项外科实验操作，一个具有丰富经验且对目标动物的解剖结构极其熟悉的技术员比一个未经培训的技术员给动物带来的疼痛伤害将会小得多。同理，加强无菌技术、麻醉镇痛、术后护理等相关操作培训也有助于减轻外科手术给动物带来的疼痛。此外，建立标准操作规程、制定应急预案、加强饲养管理、改善动物生存环境、科学设立人道终点、加强监督监测、提高实验动物医师诊疗水平以及重视人员和动物的心理因素等，都能对预防和控制实验动物疼痛起到重要作用。

最后我们应当记住，任何情况下，除非有相反的证据说明，我们应当相信能够引起人类疼痛和痛苦的因素同样能够引起动物疼痛和痛苦。控制或减轻实验动物疼痛的关键是预防。经验表明，一个有实验动物医师参与的训练有素的团队，在促进动物实验中识别和减轻动物疼痛、保护动物福利、推动科学良好发展方面发挥着重要作用。

参 考 文 献

贺争鸣，李根平，李冠民，等．2015. 实验动物福利与动物实验科学．北京：科学出版社：416-460.

卢选成．2013. 美国兽医协会动物安乐死指南．北京：人民卫生出版社：8-11.

Anderson LC, Otto G, Pritchett-Corning KR, et al. 2015. Laboratory Animal Medicine. 3rd Edition. Burlington: Elsevier Inc.

Thomas JA, Lerche P. 2010. Anesthesia and Analgesia for Veterinary Technicians. 3rd Edition. St. Louis, Missouri: Elsevier Inc.

第十一章　实验动物麻醉和镇痛

实验动物的麻醉和镇痛质量直接影响动物福利及实验结果，提供最合适而有效的麻醉方案是良好实验设计的重要组成部分。麻醉对动物的生理过程有深远的影响，这可能对实验数据产生显著影响。这些作用可能是所用麻醉剂（如右美托咪定引起的高血糖症）的直接结果，也可能是其他因素（如体温过低）引起的各种身体系统的继发反应。有些作用仅在麻醉期间持续存在，而有些则可能持续数小时或数天。使用不适当的麻醉剂和（或）未能提供高标准的手术护理，可能会导致这些影响的加剧以致无法控制。有时麻醉剂选择不当的影响可能会非常显著，但通常情况下影响是累积的且很难分辨，即使是细微的变化也会导致研究数据变异性的增加，因此必须引起研究者的重视。本章将系统地对麻醉及镇痛进行阐述，希望对读者有借鉴作用。

第一节　实验动物麻醉及镇痛概述

了解麻醉及镇痛的本质，明晰各种药物分类及特点，对于后续麻醉和镇痛的成功施行至关重要。本节着重介绍麻醉和镇痛的基本概念、麻醉剂和镇痛药的分类，以及如何正确选择药物。

一、基本概念

（一）麻醉

麻醉是指"失去知觉"。这可能包括意识丧失（全身麻醉），或是局限于身体的一小部分的感觉丧失（局部麻醉），或是通过在神经干周围注射药物来实现更大的、身体区域的局部麻醉。完美的麻醉技术应该是对动物造成最小的痛苦，提供适当程度的镇痛，恢复平稳且无不良副作用。在实验动物中，全身麻醉是最常见的方法。因为全身麻醉既导致意识的丧失，也产生感觉的丧失，从而在麻醉期间防止动物产生任何与操作相关的痛苦；它还可以确保动物基本上保持不动，产生肌肉放松和反射活动抑制。全身麻醉可以使用注射或吸入剂，或两种方法的组合。通常一种药物即可产生全身麻醉所需的所有特征：失去知觉、镇痛、反射活动抑制和肌肉松弛。也可以给予组合药剂，因为麻醉剂的副作用是剂量依赖性的，以相对较低的剂量联合给予几种药物，对主要的身体系统的影响通常小于使用单一麻醉剂。对于啮齿类动物，一般会将这些药物组合进行一次性注射；在较大的物种中，通常首先给予镇静和镇痛剂作为麻醉术前药物（或"预用药"），然后再给予产生麻醉作用的其他药物。最初的麻醉被称为"诱导"，持续的麻醉被称为"维持"。也可将注射剂和吸入剂组合，例如，使用注射剂诱导麻醉，然后使用吸入剂延长麻醉时间维持或增加麻醉深度。

对于许多药物而言，剂量的范围与预期效果的相应范围是一致的（如浅至深麻醉）。常使用的术语如下。

1. 镇静（轻、中或深度）

动物活动减少，可能完全不动，但很容易被唤醒，尤其是受到疼痛刺激时。

2. 镇痛

有一定缓解疼痛的作用。

3. 固定

动物被固定，但仍对疼痛刺激作出反应。

4. 轻度麻醉

动物不动且无意识，但即使是很小的外科手术也有反应。

5. 中度麻醉

可在不引起任何反应的情况下进行大多数外科手术（如剖腹手术），但动物仍可能对大的外科刺激（如骨科手术）产生反应。

6. 深度麻醉

动物对所有手术刺激无反应。

（二）镇痛

镇痛是指采取各种措施缓解动物的疼痛，特别是手术后持续有效的镇痛。这需要对动物进行仔细评估，并确定是否存在任何疼痛或不适的迹象。如果存在疼痛，则应修改所用的镇痛方案以提高疼痛控制的程度。镇痛方案的选择不仅取决于所涉及动物的种类，以及可能经历的疼痛的性质、持续时间和强度，而且还取决于具体研究项目的性质。

二、实验动物医学管理中常用麻醉剂的分类

（一）吸入剂

常用的吸入剂有地氟醚、恩氟烷、氟烷、异氟烷、甲氧氟烷、氧化亚氮（笑气）、七氟烷等。附表 11-1 中列出了不同吸入麻醉剂的诱导和维持的浓度范围。

麻醉的诱导速度和恢复速度受所输送的麻醉剂浓度、麻醉剂效价 [最小肺泡浓度值（MAC）$_{50}$] 和血气分配系数的影响。血气分配系数决定麻醉剂浓度的分配速率。分配系数越高，麻醉诱导的速度越慢，恢复速度越慢。

需要特别关注吸入麻醉剂被动物吸收后的体内代谢过程。一个常见的误区是，所有吸入的麻醉剂都会从体内呼出。虽然吸入麻醉剂主要以原形呼出，但其实许多吸入麻醉剂会经过体内代谢过程，与使用注射麻醉剂一样会诱导肝酶系统。这一点对于涉及评估新型药物或化合物体内作用的研究尤为重要。有关长时间吸入麻醉剂对肝酶系统影响的资料较多（Brown et al.，1974；Linde and Berman，1971），但很少有关于短时间吸入麻醉剂对肝酶系统影响的信息。避免这种作用的方法是使用异氟烷，它在体内几乎不代谢（Eger，1981）。如果使用其他药物，短于 5min 的麻醉不会产生显著影响，但长时间吸入麻醉会导致肝酶系统的诱导。

异氟烷是最常用的吸入麻醉剂，其诱导和苏醒速度较快，因此可以简便迅速地调节麻醉深度。它无刺激性、不易燃，并且无爆炸性。在使用中，异氟烷会产生中度呼吸系统和心血管系统抑制。其他麻醉剂，如氟烷、七氟烷，性质稳定、无可燃易爆性、麻醉作用强，但易出现血压降低、心律失常等副作用；氧化亚氮诱导期短、镇痛效果好，但肌松不完全，全麻效能弱。

还有许多吸入麻醉剂因其各种缺点已经或逐步在退出历史舞台。三氯甲烷/氯仿（Chloroform）有许多不良反应，使得它被淘汰出人类和兽医临床应用。三氯乙烯（Trichlorethylene）镇痛效果良好、价格便宜、对心血管抑制小，但它肌松作用差、麻醉效能低，在碳酸钠石灰中降解成有毒、易爆物质，因此不能在封闭的呼吸回路中使用；而且三氯乙烯经肝代谢的比重很大，并已被确定为某些物种的肝致癌物（Rusyn et al., 2014），已很少用于动物麻醉。另外，乙醚毒性低、安全范围较大，但是对呼吸系统具有刺激作用，遇明火极易产生爆炸。尽管乙醚曾经是一种广泛使用的麻醉剂，但其用于诱导麻醉会导致动物不适，甚至对某些动物（特别是豚鼠）有害。乙醚的爆炸性具有重大安全隐患，因此不能用于处死动物，因为尸体存放在不防火花的冰箱中，可能会导致爆炸，不推荐使用。

（二）注射剂

常用的注射剂有巴比妥类、类固醇类、解离类麻醉剂，以及其他催眠药和新型药剂。

1. 巴比妥类

（1）戊巴比妥（Pentobarbital）：戊巴比妥可通过静脉或腹腔注射给药，适用于多种动物。但是戊巴比妥会导致严重的心血管和呼吸系统抑制，镇痛作用差，并且在给予额外剂量以延长麻醉后，恢复所需时间显著延长。许多国家已不再将戊巴比妥作为麻醉剂销售。但是，如果特定的研究项目需要，可以从专业供应商（如 Sigma）处购买到。临床上必须优先使用药物级的麻醉药，非药物级化合物的使用必须有充分的理由并获得 IACUC 批准。

（2）硫喷妥钠（Thiopental）：静脉注射硫喷妥钠后可产生顺畅而快速的麻醉作用，几乎适用于所有物种。但是硫喷妥钠镇痛作用差，静脉注射后会引起短暂性呼吸暂停，如果注射到血管周围会引起刺激性，而且重复给药会大大延长恢复时间。由于硫喷妥钠具有很强的刺激性，因此不应通过腹腔、肌肉或皮下途径给药。该药物的主要用途是静脉注射以快速诱导麻醉，然后使用吸入剂进行维持。

（3）硫仲丁比妥钠盐（Inactin，硫代巴比妥钠）：硫仲丁比妥钠盐静脉给药后可平稳诱导麻醉并且作用时间长，但是它的镇痛作用不确切。

2. 类固醇类

阿法沙龙（Alphaxalone）及阿法多龙（Alphadolone）：静脉内给药后，阿法沙龙及阿法多龙能够平稳诱导麻醉。重复给药对恢复时间的影响很小。其溶液是无刺激性的，并且在大多数物种中是安全的。

3. 解离类麻醉剂

氯胺酮（Ketamine）：氯胺酮在大多数物种中都具有固定作用，可以通过肌肉、腹腔和静脉途径给药。它在大多数物种中仅引起中度呼吸抑制及血压升高。尽管产生的镇痛程度可能有所不同，但氯胺酮是 NMDA（*N*- 甲基 -D- 天冬氨酸）的拮抗剂，并且已被证明可以防止在手术过程中动物对有害刺激的反应。氯胺酮在各物种中产生的镇痛作用变化很大，在啮齿类动物中，外科手术麻醉时的高剂量会产生严重的呼吸抑制，恢复期较长，同时可能产生幻觉和情绪的改变。

4. 其他催眠药及新型药剂

（1）依托咪酯（Etomidate）和美托咪酯（Metomidate）：依托咪酯和美托咪酯是短效催眠药，对心血管系统的影响很小。但是二者单独使用几乎没有镇痛作用，并且有报道称依托咪酯长时间输注会抑制肾上腺皮质功能（Dodam et al.，1990）。

（2）丙泊酚（Propofol）：丙泊酚可在多种物种中快速诱导短期麻醉。如果给予额外的剂量，恢复是平稳和快速的，几乎没有累积作用。但其用于某些物种的大手术时镇痛作用不足，高剂量的快速诱导会产生短时的呼吸暂停。丙泊酚注射液为白色至类白色的均匀乳状液体，开启后应该尽快使用，6h 内未用完的应该废弃。

（3）三溴乙醇（Tribromoethanol/Avertin）：三溴乙醇用于大、小鼠的手术麻醉，具有良好的肌松作用，并且呼吸抑制程度中等。但是如果三溴乙醇的存放或使用不正确，会刺激腹膜，导致腹膜粘连，即使是新鲜配制的溶液也可能导致不良反应。因其不可预料的不良反应，应避免使用；临床上确需使用时，必须有充分的理由并获得 IACUC 批准。

（4）α- 氯醛糖（Alpha-Chloralose）：α- 氯醛糖可产生稳定、持久（8 ～ 10h）但仅达轻度的麻醉，对心血管和呼吸系统抑制较小（Holzgrefe et al.，1987；Svendsen et al.，1990）。但其镇痛特性不理想，诱导和恢复期非常长，并伴有非自愿的兴奋，一般适用于非存活实验。

（5）舒泰（Zoletil）：舒泰是一种全新的注射用麻醉剂，含有分离型麻醉剂成分替来他明（Tiletamine），以及兼有镇静剂和肌肉松弛作用的唑拉西泮（Zolazepam）。舒泰具有诱导期短、副反应小、安全性高等特点。不管是通过肌内注射，还是通过静脉注射，舒泰都具有良好的耐药性，同时具有非常高的安全指数。舒泰不能和吩噻嗪（乙酰丙嗪、氯丙嗪）同时使用，因为可能会出现心脏和呼吸功能降低及体温降低的风险。

注射麻醉剂中也有许多因其各种严重的毒副作用已经或逐步在退出历史舞台。乌拉坦可产生持久的麻醉（6 ～ 10h），对心血管和呼吸系统抑制较小（Field et al.，1993；Maggi and Meli，1986a，1986b），但是其具有致癌性（Field and Lang，1988），并会引起腹腔积液（Severs et al.，1981）和溶血作用。水合氯醛可产生中等持续时间（1 ～ 2h）、稳定的轻度麻醉（Field et al.，1993），对心血管系统和压力感受器反射影响较小，但是其镇痛特性不佳，外科麻醉所需的高剂量可能导致严重的呼吸抑制，大鼠腹腔内给药常发生麻醉后肠梗阻（肠扩张和瘀滞）（Fleischman et al.，1977），均已不建议使用。

（三）局部麻醉剂

局部麻醉剂一般通过直接作用于神经组织，以阻止神经冲动的传导。例如，可以将它们应用于眼睛的角膜和结膜表面以对该部位进行局部麻醉，或者可以将它们用于麻醉黏膜以缓解导管或气管导管的通过。也可以将局部麻醉剂（如普鲁卡因、布比卡因或利多卡因）注射到组织中以提供局部麻醉区域。缝合较小的伤口或对皮肤进行活检时，对皮肤及其下的结缔组织的浸润通常可提供足够的麻醉。若对更大范围的区域和不同组织层面浸润，则可为进行诸如剖腹手术等的手术操作提供足够的麻醉。

尽管局部麻醉剂在不同的实验动物中的毒性相似，但是啮齿类动物的体积小，用药过量的可能性高。为避免这种情况，应计算适当的安全剂量。另外，如果明确定义了手术部位的神经支配，可以通过渗透主要感觉神经周围的局部麻醉剂来产生区域麻醉。

在外科手术中使用局部麻醉的主要问题是，很难为动物提供人道、无压力的保定措施。因此，常将其与低剂量的催眠药或麻醉剂结合使用，以提供有效的约束。在考虑使用局部麻醉技术时，应综合考虑动物的可能行为、所涉及的外科手术类型、操作者及其助手的专业知识，制定最优的麻醉方案，保证局部麻醉能够安全、人道地使用。

三、实验动物医学管理中常用镇痛药的分类

（一）麻醉性镇痛药（阿片类镇痛药）

阿片类药物根据其对特定阿片类药物受体的活性进行分类，在临床上最重要的是 mu 和 kappa 受体。吗啡和其他阿片类药物 [如哌替啶（甲基吡啶）、芬太尼和阿芬太尼] 是 mu 激动剂，完全激动剂的镇痛作用随用药剂量的增加而增加。其他阿片类药物（如丁丙诺啡）被划分为部分 mu 激动剂，不断增加这些药物剂量最终会达到稳态而不再产生更大的镇痛作用。当考虑使用 mu 激动剂作为平衡麻醉剂的组成部分来阻止对手术刺激的反应时，应着重关注该作用，部分激动剂可能无法达到很大程度的镇痛效果；但是在术后阶段，两组药物提供的镇痛程度通常足以控制术后疼痛。

阿片类激动剂和部分激动剂可缓解疼痛，而不会损害其他感觉。但是，它们可能会导致一些不良的副作用。所有阿片类激动剂均可产生一定程度的呼吸抑制，但是仅给予临床有效剂量用来减轻术后疼痛时，一般不会产生严重问题。阿片类药物还可能引起镇静或兴奋，其作用在不同动物物种中差异很大（Le Bars et al., 2001），同时对行为的影响还取决于所用药物的剂量（Flecknell, 1984）。阿片类药物可引起某些动物的呕吐，特别是在非人灵长类动物和犬中。这种副作用主要见于将阿片类药物作为麻醉前用药时，而在术后给药时较少见。除了引起呕吐外，阿片类药物可能会延迟胃排空，增加肠蠕动并引起胆道痉挛，但通常对动物影响不大。

常见的麻醉性镇痛药包括丁丙诺啡（Buprenorphine）、布托啡诺（Butorphanol）、氢吗啡酮（Hydromorphone）、吗啡（Morphine）、纳布啡（Nalbuphine）、羟吗啡酮（Oxymorphone）、喷他佐辛（Pentazocine）、哌啶 / 哌替啶（Pethidine/Meperidine）、芬太尼（Fentanyl）、曲马多（Tramadol）等。对于常用实验动物的建议剂量范围参见附表 11-2、附表 11-3。

（二）非麻醉性镇痛药（非甾体类抗炎药、中枢镇痛药）

传统意义上，非甾体类抗炎药被认为是低效镇痛药，适用于控制轻度疼痛，或者主要用于治疗疾病的炎症过程导致的疼痛，如关节炎。对非甾体类抗炎药的认识已随着多种化合物的引入而改变，这些化合物已被证明具有相当强的镇痛作用，可用于减轻动物的疼痛（Lees et al., 2004；Papich, 2008；Gaynor and Muir, 2014）。

非甾体类抗炎药主要通过抑制环氧合酶（COX）的作用来发挥药效。COX 是一种催化花生四烯酸向前列腺素 H2 转化的酶，这是前列腺素合成的第一步。前列腺素是炎症的重要介质，并且直接或间接影响与组织损伤和其他炎症过程相关的疼痛程度。

与非甾体抗炎药有关的最重大问题是以溃疡和出血为主的胃肠道影响，以及肾毒性和对血小板功能的干扰（MacPherson，2000；Mathews，2000），还有血液异常和肝毒性（Lees et al.，1991）等其他问题。但是这些副作用主要见于长期给药后，而在术后 2 或 3 天治疗期内不常见。有报道称某些非甾体抗炎药（如阿司匹林）会引起胎儿畸形，因此通常不建议将其用于怀孕动物（Cappon et al.，2003）。另外，还应考虑研究项目与镇痛药的潜在作用，以便合理选择镇痛方案和药剂。

常见的非麻醉性镇痛药包括阿司匹林（Aspirin）、卡洛芬（Carprofen）、双氯芬酸（Diclofenac）、氟尼辛（Flunixin）、布洛芬（Ibuprofen）、吲哚美辛（Indomethacin）、酮洛芬（Ketoprofen）、美洛昔康（Meloxicam）、对乙酰氨基酚（Paracetamol/Acetominophen）等。对于常用实验动物的建议剂量范围参见附表 11-4、附表 11-5。

（三）实验动物医护中麻醉剂和镇痛药的选择原则

在对实验动物进行具体操作时，实验动物医师应结合动物特点选择合适的麻醉（剂）和镇痛（药）方式。例如，啮齿类动物因其体型较小使得某些操作受限，体表面积 / 体重比高，使它们特别容易发生体温过低且静脉内给药受表浅静脉的大小限制，此外，较小且相对难以接近的喉头使气管插管变得困难。因担心非人灵长类动物对人员造成人身伤害的潜在风险，可能会增加对化学药品保定的需求；鸟类、爬行动物、两栖动物及鱼类在解剖学和生理学上的差异影响麻醉剂的选择。

另外，在麻醉环节经常会遇到的问题是延长麻醉时间，最简单的方法是重复注射麻醉剂，但是如此间歇给药会导致麻醉深度发生很大变化。以巴比妥类药物为例，在初始注射之后，药物的血液浓度迅速升高，并且在相对血流较高的组织（如脑）中的浓度也迅速升高，随后药物会重新分配到其他身体组织，而脂肪中的蓄积最慢。随着这种重新分布的发生，大脑中药物的浓度下降，动物从药物的麻醉作用中恢复主要是由于这种重新分布，而不是由于药物的代谢或排泄。如果给予第二剂麻醉剂，由于动物体内已经含有某些药物，因此重新分配的速度会更慢，最终导致除了延长手术麻醉的持续时间外，麻醉后的睡眠时间也显著延长。如果动物最终醒来，则药物的残留作用可能会持续 24 ～ 48h。因此，反复增加药物剂量（如巴比妥类药物）不是延长麻醉时间的理想方法，可以考虑通过吸入麻醉来对麻醉深度进行简便迅速的调节，或者通过多种药物叠加的方式降低同种药物的蓄积影响。

镇痛方法的选择不仅取决于所涉及的动物种类，以及原本可能遭受的疼痛的性质、持续时间和强度，还取决于具体研究过程的性质。尽管镇痛药可能会与一系列生理过程发生相互作用，但疼痛除了是重要的伦理和动物福利问题之外，其本身也可能会给研究程序带来许多令人困惑的影响。因此，在为特定动物制定镇痛方案时，需要考虑以下几个因素：

（1）疼痛的严重程度是什么？预期的持续时间是多长？

（2）应该使用哪种药物？以什么剂量给药？

（3）是否有任何特殊因素会影响镇痛剂的选择，如动物种类、任何先前存在的异常，以及当前研究项目的任何特定特征或疼痛类型？

（4）现有的动物设施设置可对动物进行什么程度的术后护理和监测？员工可以24h参加吗？有连续输注镇痛药的设备吗？

此外，年龄、性别、环境等因素都会影响个体反应。因此，实验动物医师使用时应制定并调整成适用于自身情况的麻醉镇痛方案。

第二节　麻醉与镇痛实施中实验动物医师的职责

麻醉与镇痛的成功实施是一项系统工程，从涉及人员、动物、药品、仪器设备、场地等的麻醉前充分准备，到对麻醉深度、身体系统监测的全面麻醉监护，以及后续良好的术后护理及镇痛管理，环环相扣、缺一不可。此外，过程中还可能遇到各种意外情况及特殊情形，皆需参与人员，尤其是实验动物医师有良好的素质训练并正确应对。

一、麻醉前准备

（一）一般准备

在进行麻醉前，实验动物医师应确认参与人员经过专业培训、了解研究方案、熟悉所使用的设备和技术；使用的实验动物应身体健康，无任何临床疾病；若使用麻醉机、呼吸维持系统、监护设备等，必须在使用前仔细检查其组件；若涉及动物术后麻醉苏醒，还应提供适合术后恢复的区域。

（二）药品准备（麻醉前用药）

大动物的麻醉方案中通常包括麻醉前用药，其优点如下。

（1）给予安定剂或镇静剂可以减少动物的攻击性和不安或恐惧感，有助于实施无压力地诱导麻醉。

（2）使用镇痛药可以减轻疼痛，尤其是可以通过"超前镇痛"来更有效地缓解术后的即刻疼痛。

（3）可以使用阿托品或格隆溴铵，减少支气管和唾液的分泌，并保护心脏免受某些操作程序（如气管插管、手术中内脏操作）引起的迷走神经抑制。因为阿托品对兔无效，一般建议使用格隆溴铵（Harrison et al.，2006）。

（4）使用安定剂、镇静剂和镇痛药可以减少产生所需麻醉程度的麻醉剂药量，同时也能使麻醉诱导和术后恢复更顺畅。

如果要使用静脉注射诱导剂，则在注射前45～60min，在静脉上方的皮肤上涂抹局部麻醉霜（如EMLA、Astra）可以消除静脉穿刺的疼痛或不适，也使得动物对操作不敏感，保持固定（Flecknell et al.，1990；Keating et al.，2012）。麻醉前药物方案的选择取决于要麻醉的动物种类、所使用的麻醉剂、研究方案的特殊要求，以及麻醉师的个人喜好。

　　常见的麻醉前用药有：为减少气管和唾液腺分泌物，保护心脏免受迷走神经抑制的抗毒蕈碱药（或抗胆碱药），包括阿托品（Atropine）、格隆溴铵（Glycopyrrolate）；为减少动物的攻击性和不安或恐惧感的安定剂或镇静剂，包括吩噻嗪类药物中的氯丙嗪（Chlorpromazine）、乙酰丙嗪（Acepromazine）、异丙嗪（Promazine），丁酰苯类药物中的氟哌利多（Droperidol）、氟阿尼酮（Fluanisone）、阿扎派隆（Azaperone），苯二氮卓类药物中的地西泮（Diazepam）、咪达唑仑（Midazolam），α2-肾上腺素能激动剂中的赛拉嗪（Xylazine）、美托咪定（Medetomidine）、右美托咪定（Dexmedetomidine），吗啡及与吗啡类似的镇痛药（阿片类药物），还有以氯胺酮（Ketamine）、利他明（Tiletamine）为代表的解离类麻醉剂。常用实验动物的麻醉前用药剂量范围建议请参见附表 11-7、附表 11-10、附表 11-12、附表 11-14、附表 11-16、附表 11-18。

二、麻醉监护

　　不同的麻醉剂会对动物的身体系统产生不同的影响，但是绝大多数药物会抑制呼吸系统和心血管系统并降低体温调节机制，这可能导致缺氧、高碳酸血症、酸中毒、组织和器官血流量减少以及体温过低。诸如此类的变化会影响研究结果，并增加麻醉期间发生严重并发症的风险。所有这些变化都是剂量依赖性的，因此仅提供足以产生所需麻醉深度的麻醉剂量是非常重要的。在整个麻醉期间和恢复过程中，实验动物医师应监视动物的生命体征，预防、及时发现和纠正可能出现的任何问题。

（一）麻醉深度评估

　　尽管不同麻醉剂的作用有所不同，但最初的作用大致相似。给予挥发性麻醉剂或腹腔内注射诸如戊巴比妥之类的药物后，大多数动物会出现共济失调（摇摆）、失去翻身的能力（失去翻正反射），最终保持不动。在这种麻醉深度下，很容易被痛苦的刺激所唤醒，因此，如果要进行外科手术或其他痛苦的手术，则必须让麻醉加深，直到这些反应消失为止。如果静脉注射丙泊酚等麻醉剂，则在 1min 或更短的时间内就会出现意识丧失，因此这种渐进式麻醉反应将不会被看到。

　　麻醉深度可以通过对疼痛刺激的反应、呼吸方式和深度的变化、肌张力的变化，以及心率和血压的变化来评估。诸如脑电图（EEG）、感觉或躯体诱发电位的测量等更复杂的技术也可用于麻醉深度的评估。

（二）身体系统监测

　　麻醉过程中应随时关注呼吸系统、心血管系统及动物体温变化。对动物呼吸方式、深度和呼吸速率的观察有助于判断其呼吸功能受损，大动物可通过观察麻醉呼吸系统储气袋的活动进行监测，另外可以使用食管听诊器来监测呼吸以及心音，或者使用传统听诊器通过胸壁进行监听。同时还可以选择各种电子设备对呼吸速率、肺气交换、潮气末二氧化碳、血气分析、潮气量等辅助监测。

　　对于心血管系统的监测，兔、猫和更大的动物物种可通过外周脉搏（如股动脉）的速率、节律和质量来进行评估；在犬和猪中，可以触诊舌下动脉和指动脉。对脉搏质量的评估可粗略判断体循环动脉压是否正常。还可通过观察可见黏膜（如牙龈）中的毛细血管充盈时间，来判断外周组织灌注是否充足。如果补充时间明显延迟（> 1 s），则表明外周组织灌注不良，可能出现循环衰竭。同时还可以选择各种电子设备对血压、心脏的电生理活动等进行辅助监测。

体温是麻醉期间最容易监测的生理指标之一，可以通过直肠、食道或皮肤进行监测，但应注意的是，许多用于临床用途的仪器（包括某些电子温度计）可测量的最低温度为35℃，小动物的体温可能会迅速降至此值以下，以至于无法测量。关于术中生理指标监测详见第十二章第二节。

三、术后护理及镇痛管理

手术期间密切的麻醉监护是麻醉成功的关键，但提供有效的术后护理更为重要，因为大多数与麻醉相关的问题都会在此期间发生。恢复区的环境必须适合所涉及的物种和操作程序，并且持续提供充足的保暖、液体和营养支持以及护理。实验动物医师需仔细评估动物，确定其是否存在任何疼痛或不适的迹象。如果存在疼痛，则应修改所用的镇痛方案以改善疼痛控制程度。不良的术后护理会加剧并延长由手术引起的新陈代谢紊乱，如果严重忽视，动物可能会死亡。对宠物兽医临床实践中麻醉相关死亡率的调查结果表明，大多数死亡（> 50％）发生在术后时期（Brodbelt et al., 2008）。尽管宠物临床中的某些风险因素与实验动物设施中的风险因素有所不同，但这些结果凸显了良好的术后护理的重要性。

四、意外情况处理

麻醉过程中对动物状态的监视可以使即将发生的问题和紧急情况得到预警，从而及时采取纠正措施。在临床麻醉中，对患者进行成功复苏最为重要，但在科研前提下还必须考虑其他因素。在麻醉过程中出现问题（如严重的呼吸抑制）的动物可能不再适合于某些研究，另外，全面的紧急治疗可能会对动物造成额外的疼痛和不适。在实验开始前，实验动物医师必须考虑这些因素，并制定紧急情况下的适当应对措施。"紧急情况"很少在没有预警的情况下发生，因此保留详尽的麻醉记录可在出现严重问题之前识别不良的发展趋势并采取纠正措施。

五、其他特殊情形

（一）长时间麻醉

动物自身的调节能力使得其能够承受短时麻醉对正常生理机能的多种破坏并存活，即使是在非常差的麻醉技术下。但是，随着麻醉时间的延长，由糟糕的麻醉技术引起的不良影响会变得越来越严重。而且，许多麻醉剂的不良副作用也变得更加明显，需要更高的术中护理标准。一般持续时间超过 60min 的麻醉被视为长时间麻醉。麻醉后是允许动物恢复还是操作结束后处死，对于麻醉本身的操作几乎没有实际区别。长时间的、非恢复性麻醉通常用于进行生理机制或药物代谢的研究，这类研究一般需要稳定的麻醉并尽量减少对各种身体系统的抑制。由于不需要恢复，因此只要生理稳定性可以维持，那么药物的累积作用就不再重要。

由于所有麻醉剂都会在一定程度上抑制呼吸，因此建议对所有长时间麻醉的动物使用氧气，最好给动物进行气管插管并提供辅助机械通气，有助于提供稳定的血气水平。另外，长时间麻醉会引起支气管分泌物积聚、阻塞小气道（Moldestad et al.，2009），使用阿托品或格隆溴铵可以减少分泌物，但仍可能会出现部分气道阻塞，建议通过加湿吸入的气体混合物来促进支气管黏液的自由流动。同时应特别注意预防体温过低，并应仔细监测体液平衡。尽管在长时间手术和麻醉过程中主要关注体液不足，但也要避免由于过度的静脉输液治疗和大量麻醉剂的注入引起的体液过剩。为避免术后不必要的不适，应将动物以尽可能正常的姿势摆放，避免"绑扎"四肢。最好闭上眼睛以免角膜干燥，也可以使用温和的眼药膏（例如，"Visco-Tears"，Ciba Vision 或"Lacri-lube"，Allergan），并及时去除口腔、鼻子和咽部的黏稠分泌物。

（二）怀孕动物麻醉

在对怀孕动物进行麻醉时，既要考虑麻醉对母体的不利影响，又要考虑其对胎儿的影响（Thaete et al.，2013）。在妊娠的最后 1/3 时间，胎儿的不断增大会导致腹部压力增加，影响呼吸活动。当麻醉期间母体处于异常姿势时，会对其产生极大影响。另外，子宫内容物对腹部血管的压力也可能会干扰静脉回流。为了尽量减少这些问题，应注意避免使动物背卧，尽可能侧卧。最好给怀孕动物（尤其是妊娠后期）进行气管插管并辅助通气（Davis and Musk，2014）。诱导麻醉前，怀孕动物不应禁食，因为这会对母体和胎儿产生不利的代谢作用。胎儿对高碳酸血症等引起的母体酸碱平衡变化极为敏感。母体低血压会严重减少胎盘血流量并导致胎儿缺氧。此外，许多物种的胎儿都非常容易发生体温过低，因此必须特别注意保持母体温度，并在胎儿外露时保持其温暖。胎儿中枢神经系统充分发育到能对疼痛刺激作出反应，相对应母体所处的妊娠阶段因物种不同而异。因此，如果要对胎儿进行外科手术，应在开展实验前征询专家意见，如果胎儿已发育至对有害刺激有反应，则必须确保其充分麻醉。以下麻醉建议供参考。

（1）使用综合麻醉技术减少母体的低血压等不良影响，从而最大限度地减少对胎儿的危害。

（2）使用局部和区域麻醉时必须考虑对动物福利的影响。

（3）尽快进行手术和其他操作，以减少麻醉时间。

（4）不论采用哪种麻醉方法，都应通过辅助通气来保持母体的良好氧合作用并限制高碳酸血症。

（5）必要时可采用静脉输液和血浆增容剂来维持血压。

（6）监测母体血糖并纠正可能产生的任何低血糖症。

（7）如果胎儿是通过剖腹产手术分娩的，并且已对母体使用了阿片类镇痛药，则应给新生儿使用纳洛酮以逆转由这些药物引起的呼吸抑制。另外，无论使用何种麻醉剂，给予多沙普仑（Doxapram）刺激呼吸都是有帮助的。

（三）新生动物麻醉

新生动物对低体温非常敏感，呼吸和循环功能差，而且能量储备不足，这都会导致恢复期间出现问题。另外，在麻醉和恢复期间因为离开母亲而"禁食"（无食物来源），使其肝糖原储存快速消耗，可能导致低血糖症。大部分物种的新生儿时期对很多药物的排毒能力较低，因此它们对麻醉剂的反应与成年动物可能有很大不同，新生动物通常需要更高浓度的麻醉剂。例如，年轻的成年大鼠需要大约2%的氟烷浓度来维持手术麻醉，而新生大鼠则需要2%～3%的浓度。麻醉新生动物时，必须注意维持体温、保持良好的通气，并保持体液平衡。在大动物（犬、猫、绵羊、猪）中，可通过脐带血管进行静脉输液。最好使用吸入麻醉剂，以便迅速苏醒并尽快恢复正常喂养。

（四）其他动物

除常用实验动物模型外，还有许多动物品种用于实验研究，实验动物医师需根据动物生理特点进行恰当选择。

以鱼为例，鱼可以通过浸入麻醉剂溶液中进行麻醉。因为鱼可能会对pH和温度的突然变化敏感，因此建议取用饲养水箱中的水进行麻醉剂溶液的配制，并在麻醉箱中进行麻醉操作。尤其重要的是，在麻醉期间应尽量减少对鱼的操作，以避免其皮肤受损，导致术后感染。另外，鱼应该麻醉前禁食24～48h，以避免呕吐及影响鳃的功能。

除以上注射类药物外，实验动物医师也可以选择简单易行的吸入性麻醉剂，单独诱导或作为注射麻醉后的麻醉维持，具体可参照本章第一节。

第三节　麻醉和镇痛的伦理困境

麻醉剂或麻醉技术的具体选择取决于多种因素：麻醉剂本身可能与实验方案有冲突；麻醉的深浅会影响实验结果；也有可能因为成本考虑、设备需求、人员专业性等现实条件影响最终选择。无论选择哪种方法，需牢记麻醉的两个主要目的——防止疼痛并提供人性化的保定方式。因此，麻醉方法本身应该是对动物造成最小痛苦的方法。使用刺激性吸入剂（如乙醚）、佩戴呼吸面罩的诱导方式对动物产生的压力、物理保定方式进行注射类操作时动物的紧张、注射某些麻醉剂导致动物注射部位的疼痛、肌内注射刺激性注射剂后引起长期性肌炎，这些都会引起动物的痛苦（Smiler et al., 1990；Beyers et al., 1991），选择时应慎重考虑。

一、麻醉和镇痛对实验研究的影响

针对某一特定的研究方案，如何选择影响最小的麻醉方法可能是最困难的任务。实验动物医师应全面评估各种麻醉剂的主要药理和生理作用，同时要认识到仅对化合物效果有所了解是不够的。

例如，如果希望动物麻醉时的体循环血压保持在有意识的动物所能承受的范围内，那么在某些大鼠品系中，戊巴比妥似乎比芬太尼 / 氟尼松 / 咪达唑仑更适用；但是，戊巴比妥通过外周血管收缩来维持表面上正常的血压，而心输出量是明显下降的（Skolleborg et al., 1990）。对比而言，芬太尼 / 氟尼松 / 咪达唑仑麻醉的动物的体循环血压较低，但心输出量较高。如何选择取决于哪个对特定研究更重要——血压或心输出量。又如，氨基甲酸乙酯可维持血压，但因其对交感神经系统的刺激作用，使得动物血浆中儿茶酚胺浓度可能升高（Carruba et al., 1987）。诸如此类信息只能通过仔细搜索相关文献才能获得。

因此，建议对麻醉 - 动物模型的相互作用进行评估，将这种相互作用放在对麻醉的总体反应的背景下是很重要的。选择最适宜的麻醉剂和麻醉方案，可以最大限度地保障动物福利，降低动物的麻醉风险及术后支持的压力。

二、必要的动物保定和手术影响

在实施外科手术时，实验动物医师应灵活选择、组合使用物理保定、低剂量的催眠剂或麻醉剂等，以提供有效的、人道而无压力的保定方式。除此之外，还应最大限度地减少动物对于操作、物理保定、饲养间到操作间或实验室转运等的恐惧或痛苦。

外科手术会使动物产生应激反应，其程度与手术的严重程度有关。在哺乳动物中，这种反应包括：动员能量储备（如葡萄糖），使动物能够在损伤中存活；机体会出现一些相关的内分泌反应，如血浆中儿茶酚胺、皮质酮或可的松、生长激素、加压素、肾素、醛固酮和催乳素升高，卵泡刺激素、黄体生成素和睾酮降低，术后初期胰岛素浓度降低、胰高血糖素浓度升高，以及后来胰岛素浓度升高。这些激素反应导致糖原分解和脂肪分解增加，并导致高血糖。尽管这种反应具有明显的进化优势，但许多人认为在目前这种高水平的术中和术后护理下，这种反应在人类和动物中是不必要的，甚至对某些特定研究方案有着潜在的不良影响（Kehlet and Dahl，2003；Giannoudis et al.，2006）。高血糖反应的持续时间各不相同，在大手术后，这种反应可能持续 4 ~ 6h。而蛋白质代谢发生更长时间的变化，导致持续数天的负氮平衡（Desborough，2000）。即使是很小的外科手术，也能产生相对持久的效果。例如，大鼠的血管内插管会导致持续数天的皮质酮升高（Fagin et al.，1983），激素分泌的昼夜节律性的破坏也可能持续相似的时间（Desjardins，1981）。

与手术压力的影响相比，麻醉的影响可能相对不重要。但同时还应注意术后镇痛药的使用，并且再次强调，所使用的任何镇痛药的副作用都应与手术、麻醉的其他作用一起考虑。

综上所述，在制定人道的麻醉和外科手术程序时，应综合考虑可能与某项研究相互作用的所有因素，并尽量减少对研究项目总体目标的干扰，才是最优的方案。

第四节　实验动物常用麻醉剂和镇痛药的管理

实验动物麻醉和镇痛使用药品若涉及受控药，应遵守最新版的《麻醉剂和精神药品管理条例》的相关规定——"第四章第三十五条 科学研究、教学单位需要使用麻醉剂和精神药品开展实验、教学活动的，应当经所在地省、自治区、直辖市人民政府药品监督管理部门批准，向定点批发企业或者定点生产企业购买"。并且要对麻醉剂和精神药品的使用、储存、运输等活动进行全流程监督管理。本章常用受控药品参见附表11-20。

对于使用单位而言，麻醉剂和精神药品的购买、储存和分配必须详细记录，并严格限制能够分配和管理这些物质的人员，对全流程进行闭环管理。记录表格可参见附表11-21～附表11-23。

参 考 文 献

Beyers TM, Richardson JA, Prince MD. 1991. Axonal degeneration and self-mutilation as a complication of the intramuscular use of ketamine and xylazine in rabbits. Laboratory Animal Science, 41(5): 519-520.

Brodbelt DC, Blissitt KJ, Hammond RA, et al. 2008. The risk of death: The confidential enquiry into perioperative small animal fatalities. Veterinary Anaesthesia and Analgesia, 35(5): 365-373.

Brosnan RJ, Eger EI, Laster MJ, et al. 2007. Anesthetic properties of carbon dioxide in the rat. Anesthesia & Analgesia, 105(1): 103-106.

Brown BR, Sipes IG, Sagalyn AM. 1974. Mechanisms of acute hepatic toxicity: Chloroform, halothane, and glutathione. Anesthesiology, 41(6): 554-561.

Cappon GD, Cook JC, Hurtt ME. 2003. Relationship between cyclooxygenase 1 and 2 selective inhibitors and fetal development when administered to rats and rabbits during the sensitive periods for heart development and midline closure. Birth Defects Research Part B: Developmental and Reproductive Toxicology, 68(1): 47-56.

Carruba MO, Bondiolotti G, Picotti GB, et al. 1987. Effects of diethyl ether, halothane, ketamine and urethane on sympathetic activity in the rat. European Journal of Pharmacology, 134(1): 15-24.

Davis J, Musk GC. 2014. Pressure and volume controlled mechanical ventilation in anaesthetized pregnant sheep. Laboratory Animals, 48(4): 321-327.

Desborough JP. 2000. The stress response to trauma and surgery. British Journal of Anaesthesia, 85(1): 109-117.

Desjardins C. 1981. Endocrine signaling and male reproduction. Biology of Reproduction, 24(1): 1-21.

Dodam JR, Kruse-Elliott KT, Aucoin DP. 1990. Duration of etomidate-induced adrenocortical suppression during surgery in dogs. American Journal of Veterinary Research, 51(5): 786-788.

Gong D, Fang Z, Ionescu P, et al. 1998. Rat strain minimally influences anesthetic and convulsant requirements of inhaled compounds in rats. Anesthesia & Analgesia, 87(4), 963-966.

Eger EI. 1981. Isoflurane: A review. Anesthesiology, 55(5): 559-576.

Fagin KD, Shinsako J, Dallman MF. 1983. Effects of housing and chronic cannulation on plasma ACTH and corticosterone in the rat. The American Journal of Physiology, 245(5 Pt 1): E515-E520.

Field KJ, Lang CM. 1988. Hazards of urethane (ethyl carbamate): A review of the literature. Laboratory Animals, 22(3): 255-262.

Field KJ, White WJ, Lang CM. 1993. Anaesthetic effects of chloral hydrate, pentobarbitone and urethane in adult male rats. Laboratory Animals, 27(3): 258-269.

Flecknell PA. 1984. The relief of pain in laboratory animals. Laboratory Animals, 18(2): 147-160.

Flecknell PA. 2016. Laboratory Animal Anaesthesia. 4th Edition. Burlington: Elsevier.

Flecknell PA, Kirk AJB, Fox CE, et al. 1990. Long-term anaesthesia with propofol and alfentanil in the dog and its partial reversal with nalbuphine. Veterinary Anaesthesia and Analgesia, 17(1): 11-16.

Fleischman RW, McCracken D, Forbes W. 1977. Adynamic ileus in the rat induced by chloral hydrate. Laboratory Animal Science, 27(2): 238-243.

Gaynor JS, Muir WW, III. 2014. Handbook of Veterinary Pain Management. 3rd Edition . St Louis: Elsevier.

Giannoudis PV, Dinopoulos H, Chalidis B, et al. 2006. Surgical stress response. Injury, 37: S3-S9.

Gong D, Fang Z, Ionescu P, et al. 1998. Rat strain minimally influences anesthetic and convulsant requirements of inhaled compounds in rats. Anesthesia & Analgesia, 87(4): 963-966.

Harrison PK, Tattersall JEH, Gosden E. 2006. The presence of atropinesterase activity in animal plasma. Naunyn-Schmiedeberg's Archives of Pharmacology, 373(3): 230-236.

Holzgrefe HH, Everitt JM, Wright EM. 1987. Alpha-chloralose as a canine anesthetic. Laboratory Animal Science, 37(5): 587-595.

Kashimoto S, Furuya A, Nonaka A, et al. 1997. The minimum alveolar concentration of sevoflurane in rats. European Journal of Anaesthesiology, 14(4): 359-361.

Keating SCJ, Thomas AA, Flecknell PA, et al. 2012. Evaluation of EMLA cream for preventing pain during tattooing of rabbits: Changes in physiological, behavioural and facial expression responses. PLoS One, 7(9): e44437.

Kehlet H, Dahl JB. 2003. Anaesthesia, surgery, and challenges in postoperative recovery. The Lancet, 362(9399): 1921-1928.

Le Bars D, Gozariu M, Cadden SW. 2001. Animal models of nociception. Pharmacological Reviews, 53(4): 597-652.

Lees P, Landoni MF, Giraudel J, et al. 2004. Pharmacodynamics and pharmacokinetics of nonsteroidal anti-inflammatory drugs in species of veterinary interest. Journal of Veterinary Pharmacology and Therapeutics, 27(6): 479-490.

Lees P, May SA, McKellar QA. 1991. Pharmacology and therapeutics of nonsteroidal antiinflammatory drugs in the dog and cat: 1 General pharmacology. Journal of Small Animal Practice, 32(4): 183-193.

Linde HW, Berman ML. 1971. Nonspecific stimulation of drug-metabolizing enzymes by inhalation anesthetic agents. Anesthesia & Analgesia, 50(4): 656.

MacPherson RD. 2000. The pharmacological basis of contemporary pain management. Pharmacology & Therapeutics, 88(2): 163-185.

Maggi CA, Meli A. 1986a. Suitability of urethane anesthesia for physiopharmacological investigations in various systems. Part 2: Cardiovascular system. Experientia, 42(3): 292-297.

Maggi CA, Meli A. 1986b. Suitability of urethane anesthesia for physiopharmacological investigations. Part 3: Other systems and conclusions. Experientia, 42(5): 531-537.

Mathews KA. 2000. Nonsteroidal anti-inflammatory analgesics. Indications and contraindications for pain management in dogs and cats. The Veterinary Clinics of North America: Small Animal Practice, 30(4): 783-804, vi-vii.

Mazze RI, Rice SA, Baden JM. 1985. Halothane, isoflurane, and enflurane MAC in pregnant and nonpregnant female and male mice and rats. Anesthesiology, 62(3): 339-341.

Moldestad O, Karlsen P, Molden S, et al. 2009. Tracheotomy improves experiment success rate in mice during urethane anesthesia and stereotaxic surgery. Journal of Neuroscience Methods, 176(2): 57-62.

Papich MG. 2008. An update on nonsteroidal anti-inflammatory drugs (NSAIDs) in small animals. Veterinary Clinics of North America: Small Animal Practice, 38(6): 1243-1266.

Rusyn I, Chiu WA, Lash LH, et al. 2014. Trichloroethylene: Mechanistic, epidemiologic and other supporting evidence of carcinogenic hazard. Pharmacology & Therapeutics, 141(1): 55-68.

Severs WB, Keil LC, Klase PA, et al. 1981. Urethane anesthesia in rats. Pharmacology, 22(4): 209-226.

Skolleborg KC, Grönbech JE, Grong K, et al. 1990. Distribution of cardiac output during pentobarbital versus midazolam/fentanyl/fluanisone anaesthesia in the rat. Laboratory Animals, 24(3): 221-227.

Smiler KL, Stein S, Hrapkiewicz KL, et al. 1990. Tissue response to intramuscular and intraperitoneal injections of ketamine and xylazine in rats. Laboratory Animal Science, 40(1): 60-64.

Steffey EP, Gillespie JR, Berry JD. 1974. Anesthetic potency (MAC) of nitrous oxide in the dog, cat, and stump-tail monkey. Journal of Applied Physiology, 36: 530-532.

Svendsen P, Ainsworth M, Carter A. 1990. Acid-base status and cardiovascular function in pigs anaesthetized with α-chloralose. Scandinavian Journal of Laboratory Animal Science, 17(3): 89-95.

Thaete LG, Levin SI, Dudley AT. 2013. Impact of anaesthetics and analgesics on fetal growth in the mouse. Laboratory Animals, 47(3): 175-183.

第十二章　动物实验手术管理

动物手术种类繁多，不同的研究目的会有不同的手术需求，但是在手术中不变的是术前管理、术中监测和术后护理。本章从以下几点出发，分别讨论了无菌手术的术前管理、术中各项指标的含义及应对措施，以及简单的术后监护与管理。

第一节　动物实验术前管理

无菌手术最重要的目的之一为减少术区感染的发生率。借由无菌操作过程、动物术前管理及完善的手术器械可达到此目的。

一、人员管理

（一）手术室内正确着装原则

手术室应与其他地方相隔离，并进行严格的消毒，尽量做到无菌。在手术室要进行正确的着装，从而降低手术人员身上的微生物污染手术室的概率。

手术会引起动物生理应激及情绪应激，并导致手术恢复期免疫系统功能紊乱，使术后动物容易发生感染，而正确的手术着装能降低病原微生物感染动物的概率。手术室衣物包括干净的刷手服、手术帽、口罩和鞋套。在手术室应张贴着装标准。这个标准应该包括不同地点、不同的着装要求。另外，应该提供清洁的指导方法，包括指甲的清洁、摘掉所佩戴首饰的要求。在手术室外，刷手服外面应披件干净的实验工作服。手术准备室也应张贴着装要求，以避免在准备室工作时污染刷手服。实验工作服是一种由塑料或其他材料所制的防护层，在对动物保定和剪毛时使用。进入手术室内应摘下所有的首饰物品，因为首饰里的微生物不能用常规清洗方法清洗，而耳环、项链可能会掉落在手术室内。

（二）手臂擦洗消毒的基本流程

外科手术手臂擦洗是指在手术前用机械清洗法和化学消毒法尽可能地去除指甲、手掌和手臂微生物的过程，也是使外科手术中微生物暴露最少化的过程。

首先要简单地将手和手臂全部清洗一遍以除掉轻贴在表面的碎片和暂居的微生物。皮肤是永远不可能无菌的，这一点需要记住。虽然手术服或手套上有洞（看得见的或看不见的），但是清洗干净皮肤也可将微生物引入手术室的概率降低。因此，即使使用了预防性抗生素，也不能将消毒步骤省略。

手臂清洗包括一个机械清洗过程和一个化学消毒过程。机械清洗过程是指通过摩擦和刷洗产生的摩擦力去除细菌及碎屑的过程，这个过程中能将脏物、油污和轻贴在皮肤上的暂居微生物去除；化学消毒过程中要用到消毒剂、皮肤抗菌剂等，这些物质能使存在于表皮、毛囊和汗腺中的微生物灭活或抑制它们的生长繁殖。

在清洗手臂之前,应将动物保定好移送到手术室,并将其正确保定在手术台上(详见本节"四、实验动物的术前管理")。手术室应配有合适的手术器械。手术中主要的专用设备要提前准备好并进行消毒。

清洗前准备:①摘下耳环、手表、珠宝等首饰及刷手服内的笔、标签和其他物件;②指甲应修剪整齐,不能长于指尖,不能戴人造甲或涂指甲油;③如果戴眼镜,需将其清洗并烘干,并用弹性绳将其固定,防止手术时掉进手术区;④戴口罩和手术帽,要确保手术帽能将头发完全包裹住,口罩干净舒适;⑤将手用皂液、肥皂或粉末状肥皂充分洗净,并用干毛巾擦干;⑥在手术区打开无菌衣和无菌帽,如果没有巡回护士的话,其他无菌器械也应在无菌区打开。

(三)手术衣及手套的穿戴管理规范

穿手术衣及戴手套的目的是建立起无菌区与污染区的屏障,手术衣及手套覆盖手术成员的皮肤以防止其带来污染。为防止术者手臂上滴落的水珠污染手术服及手套,它们应该在远离污染源的地方打开。完成术前手部刷洗后,需要用无菌毛巾彻底擦干手掌及手臂。擦干后双手不能放置低于腰部以下位置。穿手术衣时为了保证无菌,需要另一人协助完成。手套的佩戴有三种方法:封闭法、开放法、协助法。前两种方法只需要一个人就能完成,协助法则需要一个助手。

二、消毒与灭菌

(一)灭菌

成功的手术仰赖确实的了解与执行灭菌技术。灭菌是指消灭物体内外所有微生物(包括细菌、病毒、孢子、真菌与病原性蛋白颗粒)的过程。灭菌方式分为化学方法和物理方法。不同方式间灭菌的速度、效率、危险性与费用皆有不同,各有优缺点。但需注意消毒与灭菌的差别,一般而言,消毒的无菌层级较灭菌低。消毒剂可区分为三级:高效消毒剂可以杀灭一切细菌繁殖体(包括分枝杆菌)、病毒、真菌及其孢子等,对细菌芽孢也有一定杀灭作用;中效消毒剂仅可杀灭分枝杆菌、真菌、病毒及细菌繁殖体等微生物;低效消毒剂则仅能杀死大多数的细菌繁殖体与部分真菌和病毒。同样的消毒剂,在不同的浓度与配方下使用,可能有不同等级的消毒效力。

至于物品需要灭菌或是消毒(以及到什么程度或级数),将随不同情况而异。目前广为使用的分类法将医疗物品区分为三类:重要、次要与非重要。基本上,一旦被污染则有高风险造成动物感染的物品被归类在重要类物品,如手术器械、导管、针及植入物,这些物品皆需要经过灭菌处理。次要类物品则为会与皮肤或黏膜接触者,如喉镜、食道探头,这些物品需要灭菌处理或是高等级的消毒处理。非重要类物品则为仅与皮肤接触者,如听诊器、轮床,只需要低等级的消毒处理即可。

1. 手术器械与材料的清理

手术器械在灭菌前必须经过适当的清洁。不同仪器厂商对于其生产的仪器的清洁、加工处理、操作与保存方式皆有不同的规范。手术器械在使用后需保持干净，不可以有血液、体液、组织或是电烧后的焦炭等有机碎片残留其上。手术器械上任何塑胶、骨水泥或是残留的手术粘胶也需移除。血液、体液及盐水容易造成手术器械的腐蚀与锈蚀，会损坏手术器械。

器械上的残余物会影响器械的正常功能，并且会阻碍杀菌剂到达器械表面而降低灭菌的效力，甚至成为传染性疾病的传播途径。此外，器械上的残余物会与消毒剂产生化学作用，降低消毒剂效力。器械上的有机残余物一旦干燥后即很难移除，很可能造成感染性微生物如产孢子细菌、病毒及病毒性蛋白颗粒的传播。器械使用后，先浸泡在冷水中或用流动的冷水冲洗，有助于减少器械表面残余物的残留。而器械实际清理方式可以采取手动清洁或是通过机器清洗。亚麻布制品如手术衣、毛巾或是创巾在灭菌前皆需要清除污物并且清洗干净。

2. 灭菌方式

1）化学液体杀菌法（冷灭菌法）

冷灭菌法为将器械或其他设备浸泡在液体杀菌剂中以达到降低微生物数量的效果，这项方法已使用了数百年之久。不过虽然有这样的使用经验，但冷灭菌法很难同时达到令人满意的效力，又对人员、器械及环境不产生毒性。此外，和加热灭菌法相比，冷灭菌剂在器械内部及缝隙的灭菌能力会降低。而且由于通常需要用水将冷灭菌剂冲洗掉，需确保水也是无菌的，因此使其使用受到局限。目前，不建议将冷灭菌法用于手术设备，以及一旦受到污染将造成明显后遗症风险的物品。冷灭菌剂常用于内视镜设备的灭菌。

戊二醛为目前最常使用的冷灭菌消毒剂之一，细菌孢子在戊二醛长时间浸泡的情况下可被有效地移除。

过氧化氢能够生成氢氧根自由基干扰细胞膜与核酸，达到消毒的效果。浓度高于7.5%的过氧化氢的杀菌效果比戊二醛还强。过氧化氢须储存在暗处以防止其效力丧失。此外，其对于黏膜有毒性，而且会使某些金属褪色。

氧化剂过氧乙酸的抗微生物效力佳，且其分解产物对环境无害，但因它相对不稳定，导致其有效期较短（大约6天）。

其他如四级铵与次氯酸盐等化合物被视为消毒剂而非灭菌剂。在特定浓度与浸泡时间下，四级铵才能和次氯酸盐达到杀菌的效果。但上述两者的整体效果或不良的特性使其无法作为灭菌剂使用。

2）蒸汽灭菌

蒸汽灭菌锅或高压灭菌器是最常用的灭菌设备，适用于抗高热与耐潮湿的器械。透过湿热的蒸汽，蒸汽灭菌锅可使微生物的蛋白质凝固变性而达到灭菌的效果。热是从蒸汽借由冷凝过程传递，而不仅是如同干热灭菌般借由热吸收。蒸汽灭菌的优点在于相对便宜、有效、无毒性、能快速达到灭菌效果，且广泛适用于不同材质的器械。

蒸汽灭菌锅通常在蒸汽、压力、温度与时间平衡下运作。理想情况下，水分会完全成为蒸汽的形式。压力仅是用来让灭菌过程能在较高温下产生。灭菌所需的温度和时间是相互依存的，温度越高，所需灭菌时间越短；反之亦然。

某些尖锐器械、粉剂与玻璃器皿会被蒸汽灭菌所具有的水分破坏，这些器材可以考虑使用干热灭菌。但在相同温度下，干热灭菌的效果较蒸汽灭菌差，故干热灭菌须在更高温度、更长时间的状态下进行。一般而言，干热灭菌须以 160℃的温度灭菌 120min。使用干热灭菌的灭菌速度较慢，且热在灭菌锅内的散布较慢。为了解决此状况，有些干热灭菌系统具有强制气流装置，可加速灭菌锅内热气的散布。

3）环氧乙烷灭菌

环氧乙烷灭菌为另一种低温灭菌方式。环氧乙烷无色、无味且沸点低（10.5℃）。环氧乙烷通过碱化蛋白质和核酸的方式影响细胞代谢及繁殖，进而达到灭菌的效果。环氧乙烷的浓度越高，灭菌的时间越短。环氧乙烷为有毒性的致癌物质，且有致突变及神经伤害性。使用环氧乙烷灭菌放射性物品会导致有毒分子释放，应该避免。环氧乙烷会分解成破坏环境的物质，因此其使用在许多地方皆受到限制。

4）臭氧灭菌

臭氧灭菌是另一种适用于不耐热器械的灭菌方式。臭氧灭菌的优点在于不会产生毒性残留物，可避免操作人员接触到有毒灭菌剂。臭氧灭菌不适用于木制品或纸制品的灭菌。

5）等离子灭菌

等离子灭菌使用电磁能量使过氧化氢、氧气或过氧乙酸 / 过氧化氢混合物汽化成等离子态。等离子灭菌可用于不耐潮、不耐热的器械灭菌，且灭菌时间短（相对于环氧乙烷灭菌），对环境没有危害。

6）放射线灭菌

γ 辐射也可用于手术器械灭菌。但因其装置昂贵，且有特殊的安全规范，其使用仅限于制造商。放射线灭菌常用于手术缝线与某些植入物。在放射线灭菌时加入惰性气体，可避免聚乙烯材料的植入物受到放射线氧化伤害。此外，有些如骨植入物等生物制品会受到放射线影响而变得较为脆弱，有些药物亦会因此受到损伤。

（二）手术区域的清洁

外科手术的环境应尽可能地保持无菌状态，以使动物最大限度地免受外源性感染。常规清洗和消毒可以达到这个目的。清洗是一个通过使用清洗剂、水进行刷洗以去除污物（包括各种生物体在内）的过程。消毒是一个在无生命的物体表面使用消毒剂破坏多种微生物的过程。消毒剂应该选择使用医疗级别的（达到不污染、无腐蚀、可杀灭细菌和病毒的要求）。

除了对不同动物的常规消毒外，在日常外科程序中，手术室应进行全面、每日一次的清洗（24h 一次，早晚都可以），以提供最好的外科环境。为便于清洗，手术室应维持整洁，不能用来储藏仪器设备。手术室应制定标准操作规程（SOP），用来指导日常清洗和终末清洗。

（三）无菌术

无菌手术最重要的目的之一就是减少术区感染的发生率。借由无菌操作过程，动物术前管理和完善的手术器械可达到此目的。凡是参与动物手术的人员，需要熟悉无菌操作。手术区域是一个严格限制的区域，因为它需要尽可能的无菌。如果不采用适当的技术，手术部位就容易感染。这种获得性感染可能是严重的甚至是致命的。无菌术（去除引起感染的病原性微生物）是使环境获得外科性的清洁，但不是灭菌（去除所有活的微生物，包括孢子）。通过适当的清洁和消毒，以及标准的着装、正确的动物处理和正确的洗手及刷洗，可保证手术区尽可能无菌，有助于预防病原性微生物污染环境和进入外科创口。

1. 外科手术意识

外科手术意识是外科手术操作人员严格遵守无菌技术的保证，任何不规范操作都能增加动物感染的危险，导致对动物的伤害。不管是否有人在场看到违章行为，无菌技术中的任何错误都应立即报告并予以纠正。

2. 无菌术的维持

维持手术区的无菌状态可以通过操作中的消毒和灭菌技术来实现。

（1）使用手术创巾建立无菌区。

（2）所有无菌区使用的物品都应灭菌处理。

（3）所有传递到无菌区的物品都应以无菌的方法打开、调配和传递。

（4）无菌区应不断地进行维持和监护，无菌区绝不能无人照看。

（5）在无菌区内和周围移动的所有人员应该以同样的方式维持无菌区的完整性。外科手术团队的成员必须时刻注意手术室内的无菌和有菌区。

（四）灭菌包裹打开的操作管理

恰当地打开灭菌包裹对维持无菌区是非常重要的。所有的包裹必须进行检查后方可使用。尽管及时地打开包裹是必需的，但速度并不是最重要的，忙乱可能导致不必要的错误。适时也是一个因素，如果灭菌人员没有准备好接受这个包裹或者器械台没有准备好，巡回护士应该考虑稍后在便利的时间再打开包裹。

三、外科设备与仪器的使用及管理

（一）手术期间的装置

很多装置对于手术的成功是必要的。无论是在保证动物的舒适方面，还是辅助外科医生操作乃至麻醉监测等方面，都是手术过程中不可或缺的。

1. 保温设施

循环热水垫经常用于手术动物。这种循环热水垫是手术过程中为动物躺卧部位表面加热的一个很好的方法。其有利于防止动物接触冰冷表面后的体温丢失，从而避免手术过程中经常发生的体温过低。垫子有不同尺寸，有些是一次性使用的，但一般情况下除非外力导致垫子损伤，否则其可以重复使用。

另一种温度调节装置是使用热空气。这种热垫放置在动物的周围，然后充入热空气。可以选择不同大小的热垫以适合不同体型动物。这种包裹动物的、持续的暖气流对于保持体温非常有效。尽管昂贵，这种热垫仍然是循环热水垫的一个替代。虽然这种热垫不耐刺穿，但是很少被刺穿，因为这些热垫是在动物已经麻醉后才贴近动物放置的。

2. 无影手术灯

手术室内充足的照明是必不可少的，使用无影灯可以使医生视觉清晰。有多种品牌和类型的手术灯可以选用。单孔手术灯可以大幅度地横向移动、上下移动以满足手术的需要。安装在天花板或墙壁上的手术灯比立式手术灯更好。安装在天花板上，手术灯不会阻挡手术操作，使手术更容易进行。可拆卸式的手术灯控制手柄能高压灭菌，其包裹灭菌后，可以在手术室内打开且放置在灭菌区。外科医生和手术助手可将手柄装在手术灯上，以便随时进行手术灯的调节。

3. 手术台

高质量的手术台也非常重要。根据手术室的大小和资金预算，有不同的手术台可以选用。台面可以是一个完整的表面或者一个分开的表面。完整表面的手术台通常花费较低，但是相对较难使用，因为液体容易持续留在桌面上污染动物。分开的台面有两个好处：①桌面裂缝下面的收集槽能收集手术区流出的任何液体；②通过调节，有利于动物维持躺卧的体位（特别是较大动物、深胸动物）。

手术台另一个可用的部分是加热台面。这种加热的台面有助于进行体温调节，不再需要在动物身体下面放置循环热水垫。手术台可升高或降低或向一个方向进行倾斜。

4. 电凝装置

手术中止血是关键，电凝装置是常用的进行止血的重要工具。有一次性和重复使用两种电凝装置可以选用。已灭菌的手术人员可按下手柄上的开关或踩踏踏板使电凝装置处于启动状态。

电凝装置有单极和双极之分。单极电凝装置的电极由笔式电极和板式电极组成。笔式电极将高频电流传递到动物身体手术部位，形成很高的电流密度；板式电极则收集作用于动物的高频电流，使其回到电刀，从而完成电流回路。双极电凝装置的电极通常是一个镊子形状的器械，电流由镊形双极器的一个尖端发出，通过动物组织到达另一个尖端。一端为作用电极，另一端为接收电极，使用双极电凝的时候无需电极板，它的作用范围只限于镊子两端之间，对机体组织的损伤程度和影响范围远比单极方式要小得多。

5. 吸引器

吸引器是一个手动或者机械装置，吸除手术区中的液体和空气。可使用注射器、洗耳球或者机械泵来进行抽吸，在手术应用中，机械泵是最常用的。在手术中，吸引器是一个非常有用的工具，如果不使用，会使手术增加许多困难。不管是在腹部、矫形外科还是神经外科手术中，使用吸引器都是至关重要的。腹部冲洗是腹腔探查手术后的一个常规操作，机械式的吸引器抽吸去除冲洗液的能力比其他装置更好。吸引器也常应用到冲洗关节、污染创等不同外科手术中。

抽吸也有危险，实验动物医师必须理解这些危险以防止对动物造成不必要的损害。使用手动装置时，容易控制抽吸的真空压力，但是在使用机械装置时必须注意适当的抽吸强度。充分而不过度的抽吸可满足手术需要。过低的、不合适的抽吸强度不能够充分地去除手术部位的液体和废液。

（二）麻醉监护设备

1. 脉搏血氧仪

脉搏血氧仪用于评价血液中氧饱和度的水平以帮助分析组织灌注情况。脉搏血氧仪同时也监测脉搏频率。血液中的氧通过红细胞中的血红蛋白进行携带。脉搏血氧仪监测血红蛋白被氧饱和的百分率。这种测量通过使用两种不同的光波透过搏动血流经过的组织来完成。传感器发出红光和红外光两种光波。红外光测量氧饱和度，红光测量脉搏频率，光通过组织时，位于对面的光检测器接受光波。机器内的软件比较两种不同波长的吸收率，富含氧气的血（动脉血）吸收较少的光，所以监测器能够监测到更多的光波。因此，显示出较高的动脉氧饱和（SaO_2）读数。

2. 二氧化碳监测仪

二氧化碳监测是对动物呼出气体中二氧化碳或者终末二氧化碳（$ETCO_2$）水平进行测量和评价。这在麻醉过程中是很重要的，因为它能够帮助麻醉师分析动物的呼吸频率及呼吸质量，从而对动物的麻醉深度进行更好的评估。对动脉血中气体样本的评价是评价血液中二氧化碳水平的最好方法。

3. 血压监测仪

血压监测仪通常用来评价清醒和麻醉状态下动物的血压。动物麻醉的时候，监测生理指标是重要的。血压监测仪和其他仪器联合使用，能给麻醉师提供最好的麻醉护理参考。血压监测仪可分为间接血压监测仪和直接血压监测仪。

4. 心电图仪

麻醉动物的连续心电图（ECG）监测能提供有价值的信息。由心电图仪得到的持续或间隔的心率监测可以提醒麻醉师避免意外的发生。

四、实验动物的术前管理

（一）啮齿类动物的术前管理

啮齿类动物不会呕吐，手术前禁食不是必需的，但禁食可以缩短麻醉诱导期。豚鼠应在麻醉诱导前禁食 3 ～ 6h，以减少盲肠和胃中的内容物，否则会限制膈肌的运动并干扰呼吸。这些动物经常在它们的口腔中保留大量的食物，当它们被麻醉时，这可能导致气道阻塞。口腔可以用 10 ～ 20mL 的自来水轻轻冲洗，可以诱导去除前口腔内的糊状物质。所有存活动物手术都将采用无菌程序进行，包括口罩、无菌手套、无菌器械和无菌技术。

手术应在消毒、整洁的区域进行，以促进手术期间的无菌。桌面和非手术设备等硬表面应在设置手术区域之前进行消毒。麻醉动物后，通过修剪、剃毛或使用脱毛剂将毛发从手术部位移除。如果使用脱毛剂，彻底冲洗啮齿动物皮肤上的化学物质或使用中和剂。在适当的情况下提前给予镇痛剂（超前镇痛）。通过使用无菌眼用软膏保护眼睛免受角膜干燥，因为麻醉会消除眨眼反射。通过提供热源来缓解体温降低。用适当的皮肤消毒剂准备手术部位。皮肤消毒时，交替使用消毒剂比使用单一试剂更有效。酒精本身不是一种足够的皮肤消毒剂。无菌擦洗皮肤制剂可能会导致体温过低，与酒精交替使用会降低体温，但会出现反弹阶段，即在使用后几分钟内体温恢复到基线。

（二）兔的术前管理

因为兔不呕吐，禁食对兔来说不是必需的，但在手术前 2 ～ 6h 不进食，可获得更精确的体重，有助于减少肠内容物对膈肌的压力，并改善插管时喉的直接可视化。一般建议进行术前血液检查，以确定兔的生理状态。该信息可用于麻醉程序相关的预后。任何患有呼吸系统疾病的兔都应该在接受手术前进行彻底的评估。兔的肺活量很小，任何肺部疾病都会对麻醉产生负面影响。

（三）大型动物的术前管理

动物应该在进行存活手术之前的 5 ～ 7 天进入设施进行适应。它们在运输过程中容易脱水和减重。对于大多数外科手术来说，术前禁食 6 ～ 8h 的固体食物就足够了。水可以一直提供到手术的时候。

动物可以在预备室中进行诱导麻醉，尽量减少对动物的操作也有助于防止动物不适。如果镇静剂被用作麻醉方案的一部分，最好在其他麻醉剂之前在笼子里给药。动物可以用手推车运输。准备室应与手术室分开，并在该区域进行初步无菌准备。

在外科手术的皮肤准备中通常使用酒精，以及施用诱导外周血管舒张的药物，这样更容易导致动物低温。应持续监测动物体温。可以使用循环加热毯或毯子覆盖被麻醉的动物防止体温过低。

第二节　实验动物术中及术后生理指标的监测管理

麻醉药物可以抑制自主神经系统，降低自主神经系统维持组织灌注的能力。在灌注不足时，全身重要器官及各系统无法得到所需的氧气，这会导致显著的甚至致命的并发症。谨慎且持续地对麻醉动物进行监护，对于理想的麻醉结果是必不可缺的。未能在危险发生的最初引起注意，是在麻醉中或麻醉后发生危险的主要原因。

术中麻醉监测要取得成功，必须经历三个基本过程：稳态失调的早期识别、正确解释变化和适当的干预。麻醉监测的首要原则是确保手术麻醉程度与动物的健康状况相一致。麻醉监测的第二个原则包括正确解释并发症。麻醉监测的第三个原则是相互干预。贴心细致的术后护理与管理可以让动物尽快苏醒并加快恢复，降低术后感染风险和死亡风险。

麻醉监护的三个目的：预见并发症，确认并发症，纠正并发症。应持续监护动物体征（保持体温、脉搏、呼吸、体格检查以及意识状态均正常），监护及记录意义在于监测到不利因素，并在导致不良后果前对其进行纠正。

一、常规生理指标的监测和管理

在麻醉动物时，生命体征被认为是可以被麻醉医生的感官轻易监测的基本要素。虽然专业设备可以作为监测生命体征的辅助手段，但是一个训练有素的麻醉医生应该能够依靠自己的感官（触觉、视觉和听觉）来评估被麻醉的动物。大型实验动物麻醉时应密切注意的生命体征，包括心率（HR）和心跳节律、脉搏、毛细血管再充盈时间（CRT）、黏膜颜色、呼吸频率和体温。对于较小的实验动物（如啮齿类动物），使用这些技术可能是必要的。

（一）心率

心率对整体心输出量（CO）的影响很重要。心率常受麻醉深度的影响，麻醉深度越深，心动过缓发生率越高；麻醉深度越浅，心动过速发生率越高。

（二）脉搏

通常从可触及的部位（如股动脉、舌动脉、耳动脉或尾动脉）对脉搏的强度和规律性进行指尖触诊。触诊脉搏有助于评估心脏的机械活动。触诊可以揭示心律失常的存在。虽然良好的脉搏并不总是麻醉期间一切顺利的绝对标志，但是无脉搏应该被认为是心血管功能问题的显示。

（三）毛细血管再充盈时间（CRT）

毛细血管再充盈时间被定义为"在给予足够的压力使黏膜褪色后，黏膜颜色恢复正常所需的时间"。正常的CRT应小于2.5s。

（四）呼吸频率

呼吸频率可以通过观察动物胸壁的运动、听诊胸腔或者通过观察麻醉机上的呼吸袋来确定。正常呼吸频率的范围有种属特异性，在麻醉任何动物之前都应该熟悉这些值。特别是在较小的实验动物物种（啮齿类动物）中，很难直观地评估呼吸频率。通常情况下，基础代谢率和二氧化碳含量越高，动物的呼吸频率越高。大多数麻醉药都是呼吸抑制剂，一般来说，呼吸频率随着麻醉深度的增加而减少。

（五）体温调节

大多数麻醉程序导致下丘脑体温调节机制的抑制，诱发动物体温过低。这在小型实验动物种类中是一个更大的问题。这些动物的体表面积相对于身体质量来说非常大，这导致了相应的、更多的身体热量流失。

二、脉搏血氧的监测管理

脉搏血氧测定法是一种非侵入性监测方法，可以同时测定脉搏和动脉血中氧合血红蛋白的百分比。监护仪通过测量血流在搏动与非搏动时所产生的光吸收比率进行测定。大多数脉搏血氧仪可以提供脉搏波、脉搏数字显示以及脉搏血氧饱和度（SpO_2）。脉搏血氧测定法有助于评估肺运输氧气的能力，同时也是监测血氧分压（PO_2）的间接指标，用于评估组织灌注。

三、心电图的监测管理

心电图是麻醉过程中提供重要信息的一种技术。心电图广泛适用于大多数大型物种，有时也用于小型实验动物。许多心电图显示器提供连续的心率读数。当连接到记录设备上时，心电图监视器允许在实验的不同阶段连续或间歇地记录心率和节律数据。此外，心电图是诊断麻醉或手术操作可能导致的心律失常的唯一方法。心电图作为一种监测工具的主要缺点是，它仅仅代表心电活动，而不能提供心输出量或组织灌注的评估，后者是评价心血管功能更重要的指标。

四、血压的监测管理

动脉血压的测量对确定麻醉期间心血管功能的充分性非常有帮助。大多数麻醉剂会通过对心输出量、血管紧张度或两者的影响导致血压的剂量依赖性降低，因此，血压逐渐降低的趋势可能是麻醉过深的迹象。然而，要准确解释变化的意义，我们必须考虑影响血压的不同因素。对血压影响最大的因素是心输出量、外周血管阻力（PVR）和血量。

五、潮气量的监测管理

在一个呼吸周期内进入呼吸道的气体量称为潮气量。大多数物种的平均潮气量约为10mL/kg；然而，物种之间可能有很大的差异。监测潮气量通常是根据每次呼吸时胸壁运动的程度或麻醉机呼吸袋中的运动量来主观确定的。

六、实验动物术后苏醒管理

同诱导麻醉和插管一样，苏醒期是整个麻醉过程中最危险的阶段之一。如果发生意外，苏醒期的监护可以使其得到及时纠正。麻醉中出现肺水肿的动物可能在几小时后才会出现反应。因此，动物麻醉结束后至少监护2h。

（一）啮齿类动物术后监护和管理

对经历了长时间麻醉期或外科手术的啮齿类动物皮下注射温热的生理盐水或乳酸林格氏溶液（最高2mL/100g）有助于防止体温过低和脱水，并有助于其恢复。为了避免同类相食，麻醉的啮齿类动物不放回有意识的动物笼内，应等到它完全恢复行走方可放回。将几只麻醉的动物放在同一个笼子里进行恢复通常不会出现问题，尽管它们仍然必须受到适当的监护。提供湿润的食物或重症护理补充剂有助于恢复。

（二）兔术后监护和管理

兔术后应考虑的问题包括最大限度地减少厌食的可能性、提供镇痛和抗生素（必要时），以及监测液体治疗。应提供热支持，直到兔恢复并能保持正常体温。兔应该在安静的地方恢复。过度的噪声或骚动会导致应激增加（如皮质醇增加）、免疫抑制和愈合变慢。应该为动物提供长期的正常食物并在笼子里放适口的食物。

（三）大型动物术后监护和管理

应为大型实验动物提供术后恢复室，以便动物从全身麻醉和手术中恢复。以下为必须提供的条件：

（1）与其他动物进行隔离，直至动物从麻醉中恢复；

（2）干净而卫生的恢复区域；

（3）足够的空间，并能充分考虑动物的舒适性和动物福利，且不能受伤（如在地板或墙上装有防护罩的房间或隔间）；

（4）环境温度可以进行调节，以确保动物体温在正常范围内进行术后恢复；

（5）有经验和经过培训的人员进行术后观察，以帮助确保动物安全地从术后恢复；

（6）术后观察应持续到动物完全从麻醉中恢复，可走动并安全返回饲养室。

术后护理监护对于动物的苏醒、术后恢复以及手术的长期护理都起到了非常重要的作用，在实验中需要给予足够的重视。良好的术后管理可以有效减少不良事件的产生，缩短动物术后苏醒时间及护理时间和难度。

动物实验手术管理是一个整体的过程，需要将各个环节管理统一在一起，从而使动物实验取得良好的短期与长期效果。

参 考 文 献

李林, 赵玉军. 2010. 小动物外科手术护理技术与概念. 沈阳: 辽宁科学技术出版社.

张世杰, 叶力森, 简基宪. 2015. 小动物外科学. 台北: 台湾爱思唯尔有限公司.

Bernal J, Baldwin M, Gleason T, et al. 2009. Guidelines for Survival Rodent Surgery. J Invest Surg, 22(6): 445-451.

Garber JC, Barbee RW, Bielitzki JT, et al. 2011. Guide for the Care and Use of Laboratory Animals. 8th Edition. Washington DC: The National Academy Press.

McGlone J, Swanson J, Ford S, et al. 2010. Guide for the care and use of agricultural animals in research and teaching. 3rd Edition. Champaign, IL: FASS.

第十三章　实验动物仁慈终点

　　随着科学技术的进步和人文伦理的考量，生命健康和医药科研使用实验动物进行实验的过程中，注重动物福利业已成为常态和要求。"替代、减少、优化"的"3R 原则"是当今国际上开展动物实验普遍遵循的动物福利原则，已经逐渐被动物实验人员接受和采纳。在动物实验中注重并设置一定的仁慈终点（humane endpoint），很大程度上体现了"3R 原则"中的"优化"原则，通过改进或完善动物实验的程序，减轻或减少实验动物的疼痛和不安。仁慈终点既需要动物实验科研人员主动关注并合理设定，也是国内外很多实验动物管理机构和学术期刊发表时加以审查的外在要求。仁慈终点的设置，可以在动物实验和动物福利之间找到一个平衡，既保障达到人类科研探索的目的，又能力所能及地保障动物的福利。

第一节　仁慈终点的概念

一、仁慈终点的提出与发展

　　仁慈终点概念的提出是基于人道对待实验动物，在达到实验目的时，选择合适的时间点或者某一阶段终止实验，从而最大限度地减轻动物在实验中的疼痛和痛苦，这个人为选择的点或阶段就称之为仁慈终点。1998 年，在荷兰召开了"生物医学研究中实验动物仁慈终点"大会，此后仁慈终点的概念逐渐被传播和见诸文献专著。一开始，仁慈终点主要是指能反映实验动物遭受严重疼痛、痛苦或者濒临死亡最早的指标，在指标出现之前人为加以干涉，对动物实施安乐死。现在仁慈终点的概念则很大程度上体现了优化原则，通过改进或完善动物实验的程序，在动物因实验而遭受不必要的疼痛和痛苦之前，准确预测出结束实验的时间点或者阶段，从而缩短动物承受疼痛的时间，在得到实验结果和目的的同时，最大限度地避免或减轻动物因为实验带来的疼痛和痛苦等临床反应。因此，仁慈终点包含了一个持续优化的内涵和原则，需要不断寻找更为人道的动物实验终点，使得动物所经历的痛苦不断变小。

二、设置仁慈终点的意义

　　实验动物本身的反应是影响动物实验数据的一个重要因素，动物状况可直接影响其生理和行为的表现，而疼痛或痛苦往往会改变动物的生理或心理行为，从而对动物实验的结果产生较大影响，比如同样的实验操作而出现结果差异较大的情况。有些动物实验在后期会出现动物很痛苦，甚至接近死亡，此时动物生理状况往往很差，实验就有可能出现大量非实验干预导致的直接结果。实验中引起的动物疼痛很多时候不能直接使用药物来缓解，因为需要排除这些药物对实验过程和结果的干扰，一般只能在实验结束才能予以药物缓解疼痛。最理想的仁慈终点标准是在动物的疼痛和痛苦发生之前就能结束实验。设置仁慈终点能够避免或减低动物不适反应，从而降低实验结果的波动，提升数据的稳定性和可靠性。

动物实验需要进行伦理审查，已经成为相关科研实验活动中的共识和流程。伦理审查一般以"3R 原则"为基本原则，而仁慈终点是"3R 原则"中优化原则的体现，所以仁慈终点既是伦理审查的依据，也是伦理审查的内容和关注点之一。各机构或组织的实验动物使用与管理委员会（IACUC）或者安全伦理管理委员会，在审核科研人员递交的动物实验方案时，需要关注是否设置了合理的动物仁慈终点，这是伦理审查的权利和职责。

在现代生命健康和医药领域科研活动中，实验动物的使用种类和使用量持续上升。一些实验过程中不可避免地会导致动物出现一些疼痛和痛苦等反应，因此动物实验容易招致社会公众基于伦理的关注，甚至有动物保护组织或个人会对科研活动中的动物实验有较大意见和反应。而仁慈终点的使用，因为可以最大限度地避免动物痛苦，而且其技术和过程仍在不断优化之中，能够缓和甚至解除社会大众对于动物实验的质疑和关注，从而使得动物实验获得社会的理解和支持，实现动物实验中科学性和人道主义的有机结合。

三、仁慈终点相关的法规或标准

为了保证在科学发展的基础上维护实验动物福利、在实验研究中善待实验动物，目前已有多个国家或区域组织之间缔结条约，或者各国或地区的政府以及职能部门组织制定了相关的法规和标准。这些法规或标准对仁慈终点都有相关指导和规范。

经济与合作发展组织（OECD）于 2000 年发布了《识别、评估和应用临床症状作为安全性评价中动物实验仁慈终点的指南》。该指南适用于所有毒理学动物实验中使用的哺乳动物，给出了仁慈终点的明确定义，同时对疼痛、抑郁、痛苦和死亡等相关概念进行了解释，对如何根据动物的临床症状判断其可能遭受的疼痛或痛苦程度，继而进行仁慈终点程序终止实验或人道处死动物也提出了标准。指南强调在不影响研究的前提下，可以通过合理的治疗减轻疼痛，但如果有迹象表明动物的疼痛很严重并无法治疗缓解，仍然需要人道处死。该指南对在不同类型的特殊毒理学实验中如何设置仁慈终点或人道处死动物提出了实施要点，具有很好的参考和指导意义。

欧盟于 2010 年出台了 2010/63/EU 法令，把仁慈终点提升到法律层面。该法令禁止动物遭受非常严重的疼痛和痛苦，在条款第 13 条中规定"尽可能避免以死亡作为实验终点，以更早期和仁慈的终点取代"；第 15 条规定"如果涉及可能是长期的而不能缓解的剧烈疼痛、痛苦或不适，成员国应确保该项目不被执行"，并在附件八中列出了实验程序中动物痛苦严重程度分类；第 6 条规定了强制性人道处死动物内容，并在附件四中列出了不同实验动物进行仁慈处死的具体指南。

美国《实验动物设施和饲养管理指南》出版于 1963 年，后更名为《实验动物饲养管理和使用指南》，并进行了多次改版，目前是第 8 版，于 2011 年出版。该指南被美国公共卫生局 PHS 作为技术依据和检查准则，并且在全球获得了很高的引用和参考借鉴。指南的内容包括研究机构的政策和职责、动物环境、饲养和管理、实验动物医师护理和总体布局等。2016 年，美国国立卫生研究院 NIH 出版的《动物实验方案中仁慈终点指南》，也对动物实验中仁慈终点的设置集中提出了具体的指导要求和措施。

1998 年加拿大动物保护协会（CCAC）发布了《研究、教学和检测中选择实验动物仁慈终点指南》，对用于生物医学研究、教学及实验中动物疼痛和痛苦终点的选择进行规范，并指出动物使用的优化是一个渐进过程，需要不断寻找更为人道的动物实验终点将动物使用过程中其经历的痛苦最小化。指南主要对如何确定仁慈终点进行了详细介绍，并对啮齿类动物单克隆抗体制备、癌症研究、毒理学研究和毒性测试、疼痛研究、传染病研究、疫苗实验等研究中仁慈终点的确定给予指导意见。指南给出了选择合适仁慈终点的推荐程序：使用评分法对动物身体状况进行评估，所得分数意味着动物偏离正常状态的程度，可看成是动物疼痛和痛苦的增加。

1996 年，日本首相府发布了《动物处理规则》和《动物安乐死规则》。规则要求在不影响实验结果的情况下，应使用麻醉剂，尽可能减少动物痛苦；在实验结束时，或动物生病不能救治而处于痛苦时，应采用安乐死技术处死动物。2006 年，日本教育、体育、科学技术部和卫生部、劳动与福利部联合发布实施了《动物实验基本方针》，要求在教育、检验、研究、生物制品生产或其他科学目的方面使用实验动物时，应该采用不引起动物疼痛或压抑的方法；在动物使用之后不能康复时，必须立即采用引起动物最小疼痛的方法处置动物。

我国关于实验动物福利的“3R 原则”首次出现在 1997 年四部委（国家科委、卫生部、农业部、国家医药管理局）《关于“九五”期间实验动物发展的若干指导意见》中。2006年科技部发布了《关于善待实验动物的指导性意见》，该指导性意见是我国第一部专门针对实验动物福利和动物实验伦理的规范性管理文件，文件第三章第十八条中明确提出在不影响实验结果判断的情况下，应选择仁慈终点，避免延长动物承受痛苦的时间；第六章附则中对仁慈终点的定义是“动物实验过程中，选择动物表现疼痛和压抑的较早阶段为实验的终点”。国家标准（GB/T 27416）《实验动物机构质量和能力的通用要求》第七章中，有多个条款对安乐死和人道终点的实施提出了要求，强化了实验动物人道终点和安乐死术的重要性，但该标准提出的要求还是概略性的、原则性的，内容还不够具体细化，对于评价的内容以及如何评价没有做出具体的规定和建议。2018 年 3 月，中国国家认证认可监督管理委员会发布了认证认可行业标准（RB/T 173）《动物实验人道终点评审指南》。该指南是中国第一部集中于仁慈终点内容的标准，给出了动物实验人道终点确定原则、人道终点评估、人道终点计划以及再评估的标准；内容上借鉴了国际上成熟的经验和做法，相对于目前我国动物实验人道终点工作较为滞后的现状，该标准适度的超前性可起到引导和促进我国实验动物人道终点确定工作的作用。对于实验动物机构，该标准的使用可指导和规范动物实验人道终点工作的开展；对于认可机构或者外部评价机构，该标准的使用能够提高动物实验人道终点评审工作的一致性和有效性。

其他一些国家或地区，如澳大利亚、韩国、法国、印度、泰国、菲律宾等，根据自己的国情和科学发展需要，也制定有形式各异但内容类似的法规或条例，强调仁慈终点和人道处死动物，减少因科学研究进行的实验操作对动物造成的伤害。

第二节　仁慈终点的选择和实施

一、需要考虑实施仁慈终点的情况

许多实验甚至饲养过程都会给动物带来痛苦，因为饲养限制了动物活动的空间和一定的互动自由。这些痛苦从某种方面来说都不是人道的，所以仁慈终点可看成是一种"减轻不人道的终点"。从另外一个角度看，仁慈终点就是指可以避免的痛苦或者避免那些出于科研目的而使动物经历的无必要的痛苦。什么情况需要考虑或实施仁慈终点？这是讨论和实施仁慈终点时首先要考虑的问题。荷兰乌勒支大学 Hendriksen 教授提出的四种情况被实验动物使用人员广泛认可。四种情况包括：①研究的科学目标已经达到，实验没有必要继续进行下去；②动物遭受意外的痛苦，意外的痛苦是指该痛苦不是由实验本身引起的，且是实验开始前未预料到的；③实验开始前预料到动物会遭受这种痛苦，但实验中遭受的痛苦比预料的更严重；④动物遭受的疼痛或痛苦由实验本身引起，并在实验开始前就预料到。

可以看出，在达到研究目的或动物遭受痛苦时都需要考虑实施仁慈终点，即"达到研究目的"并不是实施仁慈终点的必要条件。换言之，当动物遭受的痛苦达到预定级别，即使实验尚未达到预期目标，也可考虑提前结束实验。当然，"是否提前结束实验"的决定必须通过对动物遭受痛苦和研究目的之间进行严谨的"成本效益分析"后才能做出。

二、仁慈终点的计划

仁慈终点不能简单理解为在制定的某个时间点结束实验，而要理解为是对所开展的研究进行的一种优化策略。所以，作为研究的重要组成部分，制定研究计划的同时就要考虑和制定仁慈终点计划。一般来说，计划应在实验开展前由实验人员会同实验动物医师等人员共同制定，且每项动物实验均应制定计划，形式既可以独立存在，也可以作为实验方案中的一部分内容，计划应通过 IACUC 审核。

为利于研究人员制定仁慈终点，诺丁汉大学的 Ashall 和 Millar 发表介绍了终点矩阵（endpont matrix）表格（附表 13-1）。参考 Hendriksen 教授提出的四种情况，终点矩阵将实验终点分为三种：科学终点、合理终点和不可预见终点。通过回答表格中的问题，研究人员可清晰地分析出该研究的科学终点和合理终点，并完成仁慈终点计划所需内容。其中，科学终点对应 Hendriksen 提出的第一种情况，指已达到研究的科学目的，其深层含义为研究目的达到后不允许让动物继续遭受痛苦；合理终点对应于第四种情况，经成本效益分析得到的"合理终点"就是实验应实施的"仁慈终点"，成本效益分析是整个研究项目伦理审查的核心，同时也是确定合理终点的核心，必须在科学研究的目的与动物遭受的疼痛和痛苦之间找到合理的平衡点；不可预见终点对应于第二、三种情况，其涉及的痛苦虽不可预计，但这类情况需要在制定仁慈终点计划时考虑到。识别不可预测的痛苦则要求在实验过程中负责观察动物的人员有足够的责任心和能力。一旦发现，实验动物医师和相关人员需要重新分析成本效益并重新考虑合理终点。制定仁慈终点计划对顺利实施仁慈终点至关重要。终点矩阵的作用在于研究人员结合自身实验对其中提出的通用性问题做出针对性回答，即可确定研究的合理终点——仁慈终点。

三、仁慈终点的实施

（一）观察指标的选择

观察到动物达到允许承受的最高级别疼痛和痛苦指标时就要终止实验，所以在实验开始前要选择针对该实验反映痛苦的观察指标、评分标准及允许承受的级别。不同动物在遭受疼痛和痛苦时会出现不同的行为变化，因此选择观察指标需要考虑到动物的种类。研究人员或负责观察的人员需要熟悉动物特征行为，特别是不同种类动物遭受痛苦时的特殊表现（附表 13-2）。观察动物要认真仔细，不能打扰动物。观察动物的外表和动作，并确认它们的行为是否正常。在接近笼具、固定动物前，检查动物对外界刺激的反应，如噪声、光亮的变化等。根据动物品种不同，对其进行临床检查，记录临床指征并进行计量，同时还应当对动物存在的非正常情况进行评估。

　　常用的反映动物疼痛和痛苦的生理及行为的观察指标包括体质量、体态、可测量临床指标、行为变化以及对外界刺激的反应等，包含这些指标的评分标准已被广泛使用。这里主要推荐加拿大动物保护协会和经济与合作发展组织推荐使用的 Morton & Griffiths 判断标准（附表 13-3）。实际使用时，可以建立观察记录表用于动物观察状况打分，从而为确定终点提供依据。在记录表中，对每一类不同参数的观察情况制定一个从 0（正常或轻微）到 3（与正常相比发生了严重改变）的等级评价系统。将各类别的得分相加，其分值表示动物偏离正常状态的累加效应，可以作为解释动物遭受疼痛和痛苦程度的指标。确定一个总分值，当达到这个分数时，应终止或缓解动物的疼痛和痛苦。随着研究的深入，临床症状评分体系也在不断改进和完善。此外，不同类型实验对动物造成的伤害不同，所以有些实验还会有一些特定的观察指标，除了疼痛和痛苦的一般表现之外，还有与研究相关的特殊表现和症状，本章第三节会逐一加以介绍。

　　（二）观察频率的设定

　　实验处理后的动物会发生一系列的生理或行为改变，必须及时观察动物的症状表现并做好记录，这是动物实验的重要内容和组成部分。要做到客观判断和准确记录，需要确定动物实验的观察点，即什么时候观察动物以及观察频率。一般来说，在实验的关键阶段和预期出现不良结果的时候，需要适当增加观察频率，以便获得最能体现实验目的的临床体征，减轻或避免动物所承受的疼痛和痛苦。

　　针对观察指标，通常要求动物健康状况良好时每天至少观察 1 次；但是如果状况开始恶化，则需增加观察频率。观察频率取决于疼痛和痛苦增加的速率，在动物状态变化的关键期，观察频率应增加到每天至少 2～3 次。

　　每个动物实验需要设定合理的观察频率和时间间隔，这些应根据实验类型和内容、预期可能发生的情况、动物受到影响的程度和进度来决定。例如，感染性研究或毒理学研究中观察动物的次数就多于其他实验，有时需要每几小时就观察一次。研究人员可与有经验的实验动物医师沟通，制定的实验计划尽量能够使得动物遭受痛苦的关键阶段出现在合适的时间，比如上班时间，这样也便于观察。

　　（三）预实验的实施

　　对于常规实验，一般可以依据以往实验结果、权威著作、期刊提供的参考资料来选择仁慈终点。对于新开展的实验研究，对研究过程中动物可能遭受的疼痛或痛苦缺乏了解时，如药物或新方法疗效未知，则应该开展预实验。通过使用少量动物进行预实验可帮助确定发病情况，了解科研实验中动物发病症状、发病率、疾病发展或者恢复的时间进程、疼痛类型和进展速度等情况，从而让实验人员提前了解可能出现的临床症状等信息，为制定仁慈终点计划提供有效信息和参考依据。除此之外，预实验结果还用于计算需要使用的动物的最小数量，为正式实验的分组、确定每组动物数量等提供依据。预实验还给所有实验人员提供了观察动物表现及临床症状的训练机会。

（四）人员培训

研究负责人要确保所有参与动物实验的人员都经过适当的仁慈终点相关知识培训。培训内容包括：动物的正常和异常生理指标及行为状态，疼痛和痛苦评分标准，特别是预设观察指标如肿瘤瘤体大小的观察判断，等等。相关的实验动物保定、麻醉、镇痛和安乐死处置技术，可由实验动物医师对主要研究人员进行培训。相关人员培训后，能够合理做出判断，并具备一定判断未预料的异常变化的能力。培训情况和记录力求翔实，并做好归档保存。

（五）人员职责

研究开展前，相关人员需要知晓自己在仁慈终点计划中的分工和职责，特别是动物观察人员；同时要明确规定，当动物达到耐受局限或出现严重的副作用时，由哪个部门或者人员执行仁慈终点和安乐死程序。建立一定的报告制度，观察人员在观察到动物异常行为和疼痛症状时，可以及时报告。国内外很多机构都有配备实验动物医师人员，IACUC 一般会授权实验动物医师来最终决定是否安乐死动物并予以执行。

具体实施过程中，实验人员如需要修改仁慈终点计划，变更的内容须经过实验动物医师同意，并报告 IACUC 批准。此外，仁慈终点是一个持续优化的过程，实验结束后应对此次实验仁慈终点选择的合理性、科学性进行再评估，以期在今后的研究中进一步修改该类型实验的仁慈终点。

（六）动物管理和使用委员会的作用

实验动物管理和使用委员会（IACUC）在每个机构确定仁慈终点的过程中所起的作用非常重要。IACUC 全权负责整个仁慈终点计划的审查和批准，负责组织相关科研人员和实验动物医师共同管理及实施仁慈终点程序。

作为仁慈终点审批的科学依据，IACUC 应收集以下相关信息，并做出相关评估和要求：
（1）仁慈终点的科学合理性；
（2）基于收集的资料，预计从动物出现疼痛或者应激，直至死亡的预期时间；
（3）预计动物遭受痛苦最严重的时间点；
（4）如果以上（2）和（3）信息未知，是否需要开展预实验；
（5）各项观察指标包括通用指标和特殊指标的设置；
（6）观察和记录人员的名单，是否建立明确的观察结果报告制度；
（7）观察频率（包括整个研究周期和动物遭受痛苦的重点时期）；
（8）研究人员、饲养管理和技术人员是否经过培训并具备观察、照顾动物的能力；

（9）研究开展前，是否有明确的人员分工；

（10）如动物遭受意料之外的痛苦，是否已制定合理的处置流程。

（七）实验动物医师在仁慈终点中的作用

在仁慈终点的计划、审查和实施过程中，实验动物医师有着重要的作用，这是实验动物医师的权利，也是保护动物伦理和福利的义务。作为 IACUC 的重要成员和专业人士，实验动物医师需要全程参与动物实验方案实施前的审核和讨论，尤其是仁慈终点等涉及动物伦理和福利的部分。仁慈终点计划需要体现在科研人员递交的动物实验方案中。对动物实验方案讨论和审批时，实验动物医师需要本着专业的精神，对科研人员设置的仁慈终点是否合理和科学提出自己的意见，以便 IACUC 予以参考和判断。在仁慈终点计划时和实验动物方案审批过程沟通中，实验动物医师有必要和科研人员进行商讨，确定是否需要采取一些合理措施避免或者减轻动物可能遭受的痛苦，并要求对方提供相关文献佐证或者提供仁慈终点设置的合理依据。

仁慈终点的实施伴随着动物实验的开展而进行，实验动物医师这时需要发挥现场管理和监督的职责与作用。实验动物医师随时查看科研人员是否按照计划的指标和频率进行观察、相关动物有无特殊卡片提示、相关观察和处理有无记录。此外，对于有可能涉及仁慈终点的动物，实验动物医师需要关注和抽查动物状况，对动物可能出现的疼痛、痛苦和不适加以留心观察，特别关注观察指标是否超过动物承受范围并达到实施仁慈终点的情况，从而避免有时科研人员观察不专业或不及时，甚至发生为了达到科研目的而忽视动物福利的情况。在一些动物实验中，动物可能会出现一些与实验目的无关或意料之外的痛苦，这时实验动物医师要和科研人员一起判断是否需要仁慈终点的实施。有时现场还要进行紧急干预，并给予动物合适的镇痛或救治措施，体现动物实验医师的专业性和对动物福利的监督维护。当科研人员和实验动物医师的监督意见不一致时，则需要递交给 IACUC 最终决定。紧急情况下，实验动物医师应该被授权可以做出决定。

第三节　仁慈终点在动物实验中的应用

生物医学研究涉及的动物实验种类繁多，各类实验对动物造成的伤害也明显不同。例如，癌症模型动物遭受的痛苦很大程度来源于体内占位性肿块，而感染性动物模型动物的痛苦则来自于病原微生物诱发的严重炎症反应。本章前面部分介绍了评判动物疼痛和痛苦的一些通用指标，下面则介绍仁慈终点应用于不同类型的动物实验中的一些特殊指标和观察要点，主要涉及肿瘤研究、急性毒理测试、感染性动物模型和转基因动物模型应用中仁慈终点的判断方法。

一、单克隆抗体制备中的应用

使用啮齿类动物制备单克隆抗体的杂交瘤技术于 20 世纪 80 年代兴起。由于其产生的抗体为鼠源性抗体且生产过程给动物造成巨大痛苦，另外鼠源性病毒的污染、腹水中无关蛋白质的存在容易影响单克隆抗体的质量，所以该技术已经逐渐被成熟的体外制备单克隆抗体方法所取代。目前，在很多国家，该技术已很难通过 IACUC 审查，除非证明体外方法无法获得该种单克隆抗体，但该类研究在我国仍被广泛应用。

杂交瘤技术从腹腔内注射杂交瘤细胞、产生腹水到收集腹水的整个过程都会给动物造成疼痛和痛苦。对该实验，仁慈终点需要注意以下特殊要求：①观察腹部膨大，以及由于腹水挤压胸腔造成的呼吸不畅；②观察频率方面，注射杂交瘤细胞至尚未产生腹水的第一周内每天观察 1 次，小鼠腹部明显膨大后（预示着产生腹水）则需要每天观察 2 次；③根据小鼠状况，最多允许抽取腹水 2 次，抽取腹水应在麻醉下进行，第二次取腹水后必须结束实验。这些规定可以最大限度地体现应用仁慈终点，以达到减轻动物承受的疼痛和痛苦的目的。需要再次强调的是，杂交瘤技术有可替代的体外方法，只有在充分证明其必要性的前提下，动物管理委员会才能允许其开展。

二、肿瘤研究中的应用

肿瘤研究中经常使用实验动物，为了避免或减轻诱发后的肿瘤对荷瘤动物带来的痛苦，研究人员需要了解肿瘤生物学知识和受影响的组织器官相关知识，从而更好地设定仁慈终点。肿瘤实验目的和动物模型有多种，较难制定统一指南，但有一些指标可以推荐作为肿瘤研究中考虑仁慈终点的原则：①一般实验，肿瘤负担不应超过动物正常体重的 5%，治疗性实验中不能超过动物体重的 10%；②肿瘤不能严重影响动物行使正常功能，或由于肿瘤的生长引起动物痛苦（实体肿瘤）；③动物减轻的体重超过正常动物体重的 20%（应考虑到肿瘤所占的重量）；④肿瘤生长点出现溃疡或感染；⑤肿瘤扩散到周围或远端其他组织器官；⑥因肿瘤引起持续性、自发性损伤或自残。

当动物用于表皮和实质性移植性肿瘤传代，或用于检测某种物质或细胞系是否致癌时，肿瘤外观可以作为仁慈终点的标准，正常情况下肿瘤负担不应超过动物正常体重的 5%。不过，在大鼠脑瘤模型（Fisher 大鼠中的 9L- 神经胶质瘤）实验表明，连续 6 天的体重下降与不可逆转的死亡进程有着密切的联系。在这种情况下，仁慈终点设定在体重连续下降 6 天后，就可以比动物病死的时间大约提早 10 天。在治疗性实验中（如观察肿瘤化疗的疗效时），肿瘤负担不能超过动物体重的 10%（10% 表明，体重 25g 的小鼠皮下肿瘤直径约 17mm，体重 250g 的大鼠皮下肿瘤直径约 35mm）。如果肿瘤生长过于迅速或者缓慢，不适合采用肿瘤大小作为仁慈终点的指标，因为过早的安乐死会缩短动物寿命或存活时间，而存活时间往往是肿瘤治疗是否成功的重要指标。对那些用作药物载体对照或阳性对照的荷瘤动物，应给予特殊考虑。

一些肿瘤细胞株可以导致动物早期死亡，因此应增加观察次数，对早期症状进行评估，建立先于动物垂死或死亡的仁慈终点，将实验在肿瘤造成动物死亡前结束。有些部位的组织肿胀可致痛或致残，应尽量控制肿瘤在这些部位的生长，如后肢肌肉或头骨等部位的肿瘤需要采取适当方法进行监测。肿瘤溃疡的出现可以考虑作为仁慈终点的指标，这是因为一旦肿瘤破溃，肿瘤的生长模式就会改变，同时溃疡组织可导致体液持续丢失、组织坏死和感染，所以对于那些携带可致溃疡肿瘤的动物，一定要对溃疡组织和动物机体任何的恶化体征进行评估。此外，自发性肿瘤的发展可能造成动物痛苦并导致死亡，这一点也须引起关注。

三、急性毒性实验中的应用

急性毒性实验是对药物或其他外源化学物质进行系统毒理学评价研究的起始阶段，包括经口吸入、经皮和其他途径的急性毒性。研究急性毒性效应的表现、剂量 - 效应关系、靶器官和可逆性，对阐述药物和其他化合物的毒性作用具有重要意义。

用于急性毒性实验中的仁慈终点指标和前面章节中介绍的通用指标基本一致。但值得指出的是，鉴于急性毒性检测使用的实验动物数量巨大且对动物造成的伤害严重，国际上包括经济与合作发展组织、加拿大卫生部和美国食品药品监督管理局在内的众多权威组织均发布了针对急性毒性检测的指导方针，具体要求包括：尽量收集和分析已有数据；使用尽可能少的动物；尽可能减轻动物的疼痛和痛苦；尽可能使用替代方法。不鼓励在急性毒性检测中使用半数致死量（LD_{50}）实验，推荐用发病率作为实验终点。除非特别原因，IACUC 原则上不批准 LD_{50} 检测。

目前已经建立并验证了多种急性毒性检测的替代方法，如固定剂量法、上下法、近似致死剂量法、限量实验等。这些替代方法不以死亡作为观察终点，而是以明显的毒性体征作为终点进行评价。此外，如果对所研究的药物和化合物了解不多，可通过查询同类药物和化合物，或具有类似结果的药物和化合物的实验数据，在进行毒理学研究实验设计时给予参考。在研究未知疗效的药物时，可使用少量的动物进行预实验，从最低剂量开始，根据发病率、疗程和观察频率建立早期可观察到的实验终点。预实验中得到的数据有助于特定毒理学研究中仁慈终点的确定。预实验的结果如果提供给管理部门，将有助于管理部门尽快签署和同意草案中提出的研究终点。进行预实验还为所有实验人员提供了了解动物预期出现什么特殊症状的机会。

四、疼痛性实验中的应用

在动物身上进行疼痛研究必然产生疼痛，所有该类研究应遵循以下原则：①动物应暴露于达到实验目的而承受最小痛苦的环境中；②疼痛的时间应尽量短，使用的动物要尽可能少；③在可能的情况下，使用低限疼痛刺激，而不用高限疼痛刺激；④如果使用疼痛敏感的动物模型或进行敏感疼痛实验，且疼痛不以动物反应而结束，为了获得实验结果而需要动物继续承受持续一段时间的疼痛，则须在实验结束后尽可能快地消除动物的疼痛；⑤杜绝可以避免而没有避免的疼痛实验；⑥遭受长期痛苦的动物模型应当在整个实验过程中给予足够的止痛药物。除非研究人员向 IACUC 证明止痛药物的使用会影响实验结果，否则应严格限制造成动物痛苦的实验。

动物可以通过某些应激动作来结束疼痛的刺激，例如，在尾巴打击实验和热盘实验中，动物的第一反应就到了实验终点，这时要将动物从刺激环境中移开。在其他的一些实验中（如急性组织损伤诱导实验，包括扭伤实验），疼痛刺激可能会比预想的实验周期长，动物又无法逃脱。这时如果在得到实验结果后，动物仍持续剧烈疼痛，动物自身反应又不能结束疼痛，就要使用止痛药物或采取安乐死手段尽快结束动物的疼痛。

此外，要特别关注慢性疼痛动物模型，因为诱导产生疼痛的部位往往是动物的关键部位（如佐剂诱导产生的大鼠关节炎）。关节炎常有剧烈的、不能缓解的疼痛和痛苦。在日常管理中，要使这些特殊的动物感到舒适，包括温柔的抓取动物、改进饲料和饮水质量、饲养在铺着厚软垫料的笼具中、保证得到良好的护理。课题负责人、实验动物医师人员和 IACUC 应当保证提供给这些动物可以减轻疼痛或不适的有效措施。

五、感染性实验中的应用

感染性动物模型由于感染病原微生物容易发病，会表现出一些临床症状，如被毛蓬乱、体重下降、流泪、无声、弓背、运动失调、震颤、体温下降、萎靡不振等。在一些感染性实验中（如建立某种传染病病原体毒力的检测方法），常以死亡率作为实验终点。在抗感染研究或疫苗效价测定中，也常用动物的半数保护率（PD_{50}）作为检测指标。以上实验中，动物往往承受巨大的疼痛和痛苦，必须考虑仁慈终点的设定和实施。

感染性实验中，动物仁慈终点的推荐指标主要有：①体温降低超过一定的限度（如超过 4～6℃），其很可能死亡，有研究表明小鼠感染绿脓杆菌后体温降低到 34℃（比正常低 4.5℃）、感染流感病毒后体温降低到 32℃以下（比正常低 6.5℃），均是死亡的征兆；②体重下降，动物被感染后会分泌大量细胞因子，细胞因子的一个作用就是引起食欲不振，因此体重下降也是严重感染的一项指标，建议可将体质量减轻（如下降 10%～20%）作为仁慈终点重要指标；③活动减少、嗜睡等其他生理和行为变化。

六、疫苗评价实验中的应用

疫苗开发和生产后，需要评价其效力和安全性，世界各国和组织对此都有明确的规定。而动物实验是疫苗效力和安全性评价的主要手段及方法之一。在实际工作中，效力实验和安全性评价实验使用的动物数量较大，而且有些实验会给动物带来较大的疼痛和痛苦，所以该类实验中需要开展仁慈终点的研究，不断避免或减少动物的痛苦。

例如，在狂犬疫苗效力实验中，需要将不同稀释度的疫苗腹腔接种小鼠 2 周后，经脑内途径注射狂犬病病毒。免疫后的小鼠接受病毒攻击后逐日观察 14 天，并记录死亡情况，统计第 5 天后死亡和呈现脑症状的小鼠。在实验过程中仔细观察后，可发现小鼠发作狂犬病的典型临床表现可分五期。小鼠健康时算作零期；一期：动物被毛蓬松、弓背，表明已经危及动物福利；二期：动物不活跃，行走更加缓慢，向一个方向做圆周运动；三期：颤抖和运动不稳的神经表现明显增加，表现惊厥并常发作，在此阶段，体重明显下降；四期：通常出现后肢跛行和麻痹症状，不久后动物完全瘫痪，明显脱水；五期：动物濒临死亡，衰竭，明显不吃不喝，存活 1～2 天后死亡。

基于观察结果统计发现，所有出现第三期症状的小鼠无一恢复，并都在数天后死亡。因此，研究人员将第三期症状的出现作为停止实验的终点。在体重下降或出现典型神经紊乱症状的情况下终止实验，既可获得所需要的实验数据，又可避免动物无谓地承受实验后期（3～5 天）的疼痛和痛苦，这是应用仁慈终点的典型实例。

七、转基因动物模型中的应用

转基因动物模型实施仁慈终点与其他研究并无太大差异，其特殊性在于经过转基因操作，动物出现异常的、不可知的健康状况的可能性增加，如抵抗力降低、易发肿瘤或生理功能紊乱等。考虑仁慈终点时，研究人员要结合转基因动物不同基因型可能出现的异常，选择相应的观察指标综合考量。常见的转基因动物缺陷有：过敏性脑脊髓炎、全身性水肿、动脉管壁硬化、糖尿病、多巴胺缺乏、癫痫、脑积水、肿瘤风险增加、牙齿咬合不正、骨质疏松等。

科研人员制作转基因动物时，往往是先得到一小批动物，然后才进行繁殖传代或进行实验。有一些是很早就会出现明显的表型，有些是诱导之后才会出现表型，还有一些需要随着年龄的增加表型才得以显现，所有的表型和预期有可能一致，有可能出现偏离。实验人员在小规模得到转基因动物时，就需要仔细观察实验动物状况，查看动物是否有疼痛、痛苦或者不适表现，从而判断是否需要考虑仁慈终点。例如，特定基因导入后导致实验小鼠较早出现自发性乳腺癌，这种动物就会涉及仁慈终点的设置和实施。

总而言之，仁慈终点的设置和实施是在动物实验和动物福利之间找到一个平衡，其技术和要求随着时代的发展也在变化之中。作为动物实验医师，需要利用自身在动物医学上的优势，掌握相关实验动物的特性，对相关实验动物模型进行接触，对相关实验手段进行了解，熟悉动物伦理福利法规和程序的详细要求，与科研人员一起切实维护好实验动物伦理和福利，促进科学和社会的进步。

参 考 文 献

贺争鸣，李根平，李冠民，等. 2011. 实验动物福利与动物实验科学. 北京：科学出版社：462-481.

刘晓宇，卢选成，贺争鸣. 2016. 实验动物仁慈终点技术研究的发展与应用. 实验动物科学，33(2)：54-60.

刘晓宇，赵海龙，卢选成，等. 2019. 关于建设我国实验动物福利保障体系的思考. 实验动物与比较医学，39(4)：326-330.

刘鑫，胡佩佩. 2016. 医学实验动物保护立法研究. 中华医学伦理学，29(4)：697-700.

史光华，李麟辉，吕龙宝，等. 2019. 实验动物仁慈终点及安乐死的法规现状与思考. 实验动物科学，36(2)：72-75.

史光华，吕龙宝，刘晓宇，等. 2018. RB/T 173-2018 动物实验人道终点评审指南. 北京：中国国家认证认可监督管理委员会：1-10.

汤宏斌. 2014. 实验动物福利. 武汉：湖北科学技术出版社：290-296.

Ashall V, Millar K. 2014. Endpoint matrix: a conceptual tool to promote consideration of the multiple dimensions of humane endpoints. ALTEX, 32(2): 209-213.

Bryan H, Timo N, Gemma P. 2011. The Cost Manual of Laboratory Animal Care and Use. Florida: CRC Press: 333-353.

Dennis MB. 2000. Humane endpoints for genetically engineered animal models. ILAR J, 41(2): 94-98.

Hendriksen CF, Morton DB. 1998. Humane endpoints in animal experiments for biomedical research. Proceedings of the International Conference. Netherlands.

Morton DB, Griffiths PH. 1985. Guidelines on the recognition of pain, distress and discomfort in experimental animals and an hypothesis for assessment. Vet Rec, 116(16): 431-436.

第十四章　实验动物安乐死

"安乐死（euthanasia）"一词源于古希腊，原意是"幸福"地死亡，现多用于描述对无法救治的患者停止治疗或使用药物，让患者无痛苦地死去。实验动物科学中的"安乐死"与人类"安乐死"有所不同，是指使已完成实验任务或达到仁慈终点、生产淘汰或处于濒死状态等确需处死的实验动物在无疼痛和痛苦状态下死亡的手段，即对实验动物实施人道处死。在生命科学相关领域，大量的实验动物作为人类替代者被用于各种实验研究，所以，人类应给予实验动物足够的尊重，在终止实验动物生命时科学确定仁慈终点，同时通过选择合适的安乐死方法、改善环境条件、提高操作人员技术水平，尽可能减少实验动物的疼痛和痛苦。适时对实验动物采取合适的安乐死操作是一种人道的善终技术，不管从减轻实验动物痛苦的角度出发，还是从降低操作人员心理承受能力的角度出发，对实验动物实施安乐死都代表着时代的进步。

第一节　实验动物安乐死机制

实验动物福利伦理的提出，标志着实验动物不再仅仅被当作实验材料和工具而使用，人们开始关注动物的生存条件及心理和行为健康。随着实验动物应用和研究的广泛深入，实验动物福利学和伦理学有了突飞猛进的提升，实验动物学界对实验动物福利伦理相关法律法规的呼声越来越高，科学家们希望以此实现对实验动物的合法保护，并促进动物合理使用。而实验动物安乐死的有效实施，不仅是实验动物福利的关键问题，也是实验动物伦理的重要内容。

一、法规和标准

实验动物安乐死技术在我国起步较晚，但发展很快。实际上，安乐死技术很难做到使实验动物完全感觉不到疼痛和痛苦，为了最大限度减少实验动物的疼痛和痛苦，应同时考虑动物本身和操作人员两个方面。为提高实验动物从业人员专业意识、规范动物实验技术标准操作规程，我国出台了多部法规和标准，指导提高操作人员的技术水平、选择仁慈终点、改善实施安乐死的环境条件以减少动物的痛苦，如《实验动物管理条例》（国务院2017年）、《关于善待实验动物的指导性意见》（科技部2006年）、《实验动物机构质量和能力的通用要求》（GB/T27416）、《实验动物福利伦理审查指南》（GB/T35892）等。

二、实验动物安乐死的必要性

科学界普遍认为选择合适的时机和方法对实验动物实施安乐死，有以下三方面的必要性。

首先，是出于动物福利的需要。依据动物福利和保护的原则，在实验伤害可预期、可控制的情况下，在适当的时机采取适当的方法对实验动物实施安乐死，即仁慈终点。仁慈终点是人为决定的，需要通过动物的临床表现来判断，具有一定的主观性。仁慈终点的确定，应由具有丰富经验的实验动物医师、福利伦理审查员及实验人员共同讨论确定，以保证动物实验达到目的、所选时间段或时间点为最佳时机，并且最大限度地减少实验动物不必要的疼痛和痛苦。

其次，是获得准确实验数据的需要。实验动物处于持续痛苦、焦虑的应激状态时，它们的病理、生理指标及行为学所发生的异常改变都会影响实验数据的可靠性和准确性，所以对实验动物实施安乐死非常重要，这不仅是对动物福利的极大保障，也是对实验结果负责任的表现。

最后，是节约成本的需要。对于一些实验淘汰、实验结束、生产过剩的动物，虽然并未承受巨大的疼痛和痛苦，但也应该及时实施安乐死，节约实验维持成本。

三、实验动物安乐死原理

安乐死方法的科学选择、给药剂量的合理性，都有可能使实验动物在失去意识前将疼痛、焦虑和应激反应降低到最小甚至消除。大致可以通过抑制实验动物呼吸而缺氧（例如，吸入二氧化碳，导致实验动物呼吸性酸中毒和产生可逆性麻醉状态，随后因生命中枢抑制而缺氧）、破坏实验动物生命神经元（例如，吸入麻醉药，直接抑制大脑皮层、皮层下结构和生命中枢）、直接对大脑活动进行物理攻击（例如，系簧枪穿透，直接冲击脑组织）等三种形式实现对实验动物实施安乐死，这些方法可以归类为药物方法和物理方法。安乐死过程应该在动物失去意识之前使疼痛、焦虑和应激降到最小或消除，因为由上述这些原因导致的意识丧失会以不同的比率发生，合适的药物或者方法依赖于动物丧失意识前对应激的反应。

安乐死实施的理想状态，是在实验动物发生肌肉停止运动之前就因丧失大脑功能而丧失意识，这种意识的丧失一般通过心脏骤停或瞬间窒息实现；反之，则不被接受。例如，针对脊椎动物实施安乐死，某些通过麻痹实验动物肌肉造成运动受阻的药物或方法并不适用，因为大脑皮层及相关结构的正常工作依然可以使得动物在临死前产生应激反应和有意识的疼痛。

总而言之，安乐死的方法必须直接影响大脑皮层或相关结构，抑制其工作，从而使实验动物丧失意识，无法感觉到疼痛和痛苦。少部分实验动物在丧失意识后还会发生肌肉活动反射，这种情况动物自己是感受不到的。但是，实验动物一旦发生肌肉活动反射，这个动作会对实验人员心理产生一定的压力甚至障碍。所以，基于缺氧、破坏神经元和物理攻击这三种安乐死方法的局限性，应在安乐死过程、技术熟练程度、持续改进方面对操作人员进行更多的技术培训及心理疏导。

四、实验动物安乐死后处理

对实验动物实施安乐死后，一定要对死亡进行确认，防止动物遭受二次伤害。尤其对某些具有装死习性的实验动物而言，在尸体处理前确认动物死亡，是动物福利和伦理的基本要求。无论采取任何方法的安乐死，实验动物的尸体必须得到妥善处理，且应遵循属地相关法律、法规。在实验动物尸体处理时，同时还应考虑其体内化学残留物的处理（尤其是麻醉药物或致死化学药物、实验药物的残留），防止动物尸体经回收或填埋处理后被其他食腐动物误食。另外，如果实验动物生前做过感染性动物实验，则实施安乐死后需要对动物尸体进行无害化处理，然后按照属地管理要求交由专业机构焚烧或填埋。感染性动物实验的动物进行安乐死所使用的所有仪器、设备和耗材，以及所产生的废弃物，同样需要进行无害化处理。

第二节　实验动物安乐死方法

实验动物安乐死的方法按照作用原理可分为两类，分别为化学方法和物理方法，化学方法又可分为吸入性方法和非吸入性方法；按照可接受程度也分为三类，分别为可接受方法、条件性接受方法和不可接受方法。那么不同的安乐死方法有什么优点和缺点，特定种类的实验动物又适合于哪种安乐死方法，安乐死方法如何选择？下面我们将对这些方法进行详细的描述。

一、按作用原理分类

（一）化学方法

1. 吸入性方法

吸入性方法又称为吸入药物方法。所有通过吸入药物实施的安乐死方法对实验动物福利其实都具有潜在的危害，因为通过实验研究表明，吸入的气化物或气体都需要在肺泡及血液中达到临界浓度时才能够充分发挥作用。实验动物持续暴露在过量吸入剂（麻醉剂）中，然而动物从丧失意识到死亡的时间并不确定，在这个过程中动物会感受到焦虑和痛苦。例如，使用惰性气体（如氩气等）对实验动物实施安乐死，动物会因缺氧而产生张口、急促呼吸的现象，我们将这种现象认定为实验动物痛苦的标志。用于安乐死的吸入性方法是否可行，这取决于实验动物丧失意识前的痛苦表现和痛苦程度，而这种痛苦有可能来自于不适当的操作或者吸入剂（麻醉剂）的作用效果。因此，并没有通用的操作规程和剂量适用于所有吸入剂（麻醉剂）。特别指出，通常新生动物耐缺氧能力较成年动物强，所以如果使用吸入性方法对新生动物实施安乐死，浓度相同时则需要比成年动物花费更长的时间。

吸入性方法常用于对小型实验动物实施安乐死，普遍认为动物重量应小于7kg，这时吸入性方法的效果较好。吸入性方法的具体操作方法有很多种，需要根据环境和可使用的仪器设备（如面罩、气化仪等）来具体确定。吸入性方法可单独使用进行安乐死，也可以用于两步法中的第一步来使用，实验动物首先通过暴露于吸入剂（麻醉剂）中达到无意识状态，然后通过第二种方法完成安乐死。但是，吸入剂（麻醉剂）通常使实验动物产生厌恶感，在给药过程中动物会有挣扎反应，并且在诱导麻醉时出现焦虑，丧失意识前一些动物还会出现躲避行为。因为会发生窒息或兴奋，实验动物失去意识的时间还有可能被延长。

另外，使用吸入性方法实施安乐死的过程中，根据吸入剂（麻醉剂）种类不同，对操作人员会存在暴露、昏迷、低氧、上瘾或身体其他伤害等风险，或长期处于暴露环境造成职业健康伤害，多数吸入剂（麻醉剂）对实验动物实验人员的伤害也非常大。

下面介绍几种常用的吸入剂（麻醉剂）。

1）一氧化碳

标准状态下，一氧化碳（CO）纯品为无色、无臭、无刺激性的气体。CO 微溶于水，混合气体浓度低于 12.5% 时不易燃易爆。CO 的过量吸入会产生致命的低氧血症，它的作用机制是通过与血红蛋白结合阻止红细胞运载氧气（O_2），造成缺氧昏迷甚至死亡。CO 的高致死率是公认的，即使很低的浓度也具有很高的毒性。

对于人类而言，低水平的 CO 中毒通常会出现头疼、头晕以及虚弱等临床症状。当 CO 的浓度上升，还会出现视力下降、耳鸣、恶心、神智沮丧和混乱以及衰竭。暴露于高浓度的 CO，还会出现昏迷、惊厥以及心跳和呼吸骤停。同时，CO 还会刺激大脑中枢神经，导致丧失意识的过程中伴有肌肉的抽搐和痉挛。

科学家发现当 CO 浓度达到 8% 时，豚鼠会在 40s 到 2min 内丧失意识，并在 6min 内死亡；而在同一浓度时，雪貂大概在 1min 内丧失意识，2min 内停止呼吸，并在 5 ～ 7min 内停止心跳。

CO 作为吸入剂的优点是，诱导的血氧不足并不明显，所以针对不同种类的动物可以在无痛或者极轻微不适的情况下丧失意识。如果 CO 的浓度达到 4% ～ 6%，小型实验动物很快就会死亡。CO 作为吸入剂的缺点在于，大部分动物对其有厌恶感，会出现躲避现象。另外，使用 CO 作为吸入剂时要采取防泄漏措施，保护实验人员免遭职业暴露。虽然 CO 不是易燃易爆气体，但在高浓度情况下使用时，还应注意实验仪器设备的防火防爆。

使用 CO 对实验动物实施安乐死时，应特别注意安乐死容器质量以及外环境保护。首先，安乐死容器的质量必须过关，不能有泄漏，有良好的照明以便观察动物情况。其次，CO 法安乐死的过程应保持环境通风，如在室内进行，则需要安装 CO 浓度监测装置来提示室内有害物的浓度。

2）二氧化碳

二氧化碳（CO_2）是一种无色气体，不助燃，可溶于水中形成碳酸。吸入 CO_2 会导致呼吸性酸中毒，并且通过快速降低内环境 pH 实现安乐死。与 CO 相同，使用 CO_2 对实验动物实施安乐死，可通过将麻醉后的实验动物直接放置于密闭的、已填充 CO_2 的容器内，或者将动物暴露于含有逐渐升高浓度的 CO_2 容器内来实现。

CO_2 通过三种机制使实验动物死亡，包括在呼吸系统和视觉系统细胞膜上形成碳酸引起疼痛、造成缺氧导致呼吸急促、动物感到恐惧而引起大脑相关组织受到直接刺激。尽管实验动物暴露在 CO_2 中可能会有应激反应，但因为动物与人无法交流，人类并不能准确地描述动物的主观体验。有研究以大鼠为实验对象，当 CO_2 浓度为 100% 时，30s 左右动物会出现去甲肾上腺素增加，并出现心动过缓和窒息的症状，但是当 CO_2 浓度为 25% 和 50% 并不会出现以上生理反应。这表示，如果采用逐渐升高安乐死容器内

CO_2 浓度的方法，有可能会减少大鼠在丧失意识之前产生的痛苦。CO_2 反应的差异性，可能与基因遗传有关，这就导致不同品种甚至不同品系的实验动物对 CO_2 浓度的敏感性不同。

与其他吸入剂（麻醉剂）一样，CO_2 用于安乐死时使实验动物丧失意识的时间有赖于气体置换率、容器体积及浓度。科学家发现，当 CO_2 浓度为 80% ～ 100% 时，大鼠丧失意识需要 12 ～ 33s 左右；如果 CO_2 浓度降低到 70%，则大鼠丧失意识的时间增加到 40 ～ 50s 左右；反之，如果快速增加 CO_2 浓度，大鼠丧失意识的时间会缩短。

CO_2 作为吸入剂的优点是，能够快速镇静和止痛，并且成本低、便于使用，同时当设备使用恰当时，对实验人员的危害也较小。CO_2 作为吸入剂的缺点在于，大部分动物对其有厌恶感，会出现躲避现象。CO_2 比空气重，常在安乐死容器中出现气体分层或填充不完全的情况。另外，CO_2 以固态（干冰）或液态存在时，如直接与实验动物接触，会造成动物受伤，带来疼痛和痛苦。

3）氮气和氩气

氮气（N_2）和氩气（Ar）都是惰性气体，无色、无臭、无味，并且不易燃易爆。N_2 占大气总量的 78.08%，是空气的主要成分，而 Ar 仅占不到 1%。在吸入性安乐死方法中，N_2 和 Ar 与 CO 作用机制基本相同，通过置换空气造成实验动物缺氧而死亡。

相较于其他动物，啮齿类实验动物对气体成分和浓度的敏感性更高。啮齿类实验动物对 N_2 和 Ar 会产生厌恶感，如果持续置换过程，当惰性气体浓度逐渐升高时，动物会在倒下死亡前开始张口呼吸，并出现明显的惊恐和痛苦。相反，这种由惰性气体导致的低氧状态似乎对禽类厌恶感知影响并不明显。

N_2 和 Ar 作为吸入剂的优点是，对于禽类和猪等实验动物，N_2 和 Ar 用于安乐死能够明显降低动物的痛苦，并且 N_2 和 Ar 不易燃易爆，使用安全方便，同时当设备使用恰当时，对实验人员的危害也较小。N_2 和 Ar 作为吸入剂的缺点在于，啮齿类实验动物和雪貂等对 N_2 和 Ar 表现出较为明显的厌恶感，在丧失意识前就处于一个低氧环境中，表现出张口呼吸等状态直至窒息，这是实验动物痛苦的表现。

暴露于 Ar 或 N_2 混合气体造成的低氧环境，一般用于禽类实验动物的安乐死；Ar 和 N_2-CO_2 混合气体造成的低氧环境，可用于猪的安乐死。对于其他哺乳动物，一般不适用惰性气体的方法实施安乐死。如果没有条件使用其他方法，那么可采用两步法，先将实验动物麻醉使其丧失意识，再放入惰性气体置换空气的容器内处死，这个过程需要较长时间以确保动物死亡。

2. 非吸入性方法

实验动物非吸入性方法实施安乐死所用的试剂主要是化学试剂，需要通过进入动物体内发挥药效。选择使用何种麻醉剂和麻醉途径实施安乐死时，应该充分考虑动物品种、麻醉剂药代动力学、动物保定情况、对实验人员的潜在危害、动物尸体处理等方面。大多非吸入性的安乐死试剂能够诱导实验动物丧失意识，并在这个过程中失去生命功能，但是某些动物可能在死亡前恢复生命。因此，无论使用任何一种安乐死方法，在对动物进行最终处理前必须确定动物已经死亡。

非吸入性方法一般通过四种途径给药，包括注射、浸润、体表给药和口服。

1）注射

使用注射安乐死试剂是对实验动物实施安乐死最快速、最可靠的方法之一，并且这种方法通常不会造成实验动物的恐惧、焦虑和痛苦，所以也是最符合实验动物福利伦理要求的方法之一。如果能正确选择药剂及剂量，加上实验人员技术熟练，那么实验动物可以在停止心跳和呼吸前平稳地丧失意识，基本感觉不到疼痛和痛苦。在静脉注射安乐死试剂前，应先对实验动物进行镇静和麻醉，以减小保定带来的恐惧和痛苦。通过静脉注射，麻醉剂可随血液流动很快到达大脑和中枢神经，造成动物快速丧失意识。如果静脉注射不易实现，则可采用腹腔注射或体腔注射的方法。只有对已丧失意识的动物进行安乐死操作时，才能在骨内、心脏内、肝脏内、脾脏内或肾脏内放置医用导管注射安乐死试剂，以避免动物的不适或痛苦。除肌内注射强有效的阿片类药物（如埃托啡和卡芬太尼）及某些特定麻醉剂之外，对清醒的实验动物不能采用肌内注射、皮下注射、胸内注射、肺内注射、鞘膜内注射和其他非血管内注射的方法进行安乐死。

2）浸润

浸润是水生动物非吸入性安乐死的最佳方法，这种方法能最大限度地减少水生动物的疼痛和痛苦。浸润剂可以通过鳃、口或皮肤被水生动物吸收。浸润剂选择的理想状态，是水生动物能够在出现痛苦和躲避行为前已经丧失意识。

3）体表给药

通过体表给药对实验动物实施安乐死的方法很少使用，因为这种方法大多较为缓慢，被认为损害了动物的福利。但是也有特殊情况，若动物的皮肤高度渗透且所选药物对皮肤无刺激时可使用，例如，使用苯佐卡因凝胶对两栖动物实施安乐死。

4）口服

因为吸收率和呕吐、反刍等造成的药物损失，使得经口服给药存在很多不确定因素，所以口服途径给药通常不能单独作为实验动物安乐死的方法。

下面介绍几种非吸入性方法的常用药物。

1）巴比妥类

巴比妥类药物可以抑制中枢神经系统，直至造成实验动物丧失意识。同时，因为巴比妥类药物对呼吸中枢的抑制作用，过量给药可导致实验动物窒息并伴有心脏骤停。巴比妥类药物通常采用静脉注射，起效很快，并且只会在静脉穿刺时使实验动物产生轻微的疼痛感，所以巴比妥类药物被认为可以用于对实验动物实施安乐死，其中戊巴比妥钠使用最为广泛。

巴比妥类药物用于实验动物安乐死的优点是作用速度快、动物感受的痛苦最少、药物本身成本很低。当然，巴比妥类药物是否能实现人们对它的预期，也取决于药物的使用剂量、浓度和注射率。巴比妥类药物用作安乐死的缺点是动物必须适当保定、某些动物可能会出现一个短暂但痛苦的兴奋期。实验人员必须经过技术培训，使静脉注射的效果达到最优。另外，值得注意的是，巴比妥类药物的使用必须在实验动物医师的监督和指导下进行。如果静脉注射会使实验动物感觉到危险、产生痛苦或动物本身体积太小，也可以选择腹腔注射或者其他腔内注射的方法。心脏注射（哺乳动物及鸟类）、脾脏内注射、肝脏内注射及肾脏内注射必须在动物无意识或麻醉状态下实施（猫肝脏注射除外）。

2）氯化钾和镁盐

氯化钾、氯化镁和硫酸镁溶液因为可以诱导心脏骤停，通过静脉注射或心脏注射可对无意识或处于全身麻醉状态下的实验动物实施安乐死。钾离子的作用机制是其具有心脏毒性，会导致心脏骤停。镁盐溶液可用于某些水生无脊椎动物的浸润麻醉，通过抑制神经活性诱导死亡。

氯化钾和镁盐都是常见的化学试剂，配制方便，且使用这两种试剂对实验动物实施安乐死后，动物尸体内药物残留少，所以如果实验结束后动物尸体不能及时按要求处理，可以选择使用氯化钾和镁盐作为合适的安乐死药物。但是，请注意，这种方法不可以用于清醒的脊椎动物。尽管还没有报道食腐动物因食用氯化钾或镁盐安乐死动物造成中毒的报道，但始终应将动物残余物进行适当的处置，以阻止可能造成的中毒。

3）醇类

醇类物质作为非吸入性安乐死方法的药剂，可以降低神经细胞活性，通过抑制神经系统和呼吸系统引起麻醉及缺氧，最终实现实验动物安乐死。经腹腔注射 0.5mL 浓度为 70% 的乙醇，小鼠陆续会出现丧失肌肉控制能力、昏迷，最终在 2～4min 内死亡。醇类物质作为非吸入性安乐死方法的药剂，推荐用于对生产抗体的小鼠实施安乐死，这种方法可以用作巴比妥类药物安乐死的替代方法。

醇类物质价格低廉且易于获得。但是，如果选择乙醇作为药剂对实验动物实施安乐死，有可能会引起动物无感觉或死亡延迟，而对于体积大于小鼠的实验动物，致死需要的乙醇量会非常大。所以，乙醇在特殊情况下可以作为小鼠安乐死的方法，但不适用于更大型动物的安乐死。三溴乙醇可作为啮齿类实验动物的麻醉剂使用，特殊情况下也可作为啮齿类实验动物安乐死的药剂。

4）分离麻醉剂及 α_2-肾上腺素受体激动剂

注射用的分离麻醉剂及 α_2-肾上腺素受体激动剂能快速诱导实验动物丧失意识并引起肌肉松弛。这些试剂有时会作为两步安乐死方法中的第一步，在对实验动物实施安乐死前使用，以使动物痛苦最小化、便于实验保定。腹腔注射 5 倍于麻醉剂量的分离麻醉剂及 α_2-肾上腺素受体激动剂，可对实验动物实施安乐死。

分离麻醉剂及 α_2-肾上腺素受体激动剂作为安乐死药物的首选给药途径是静脉注射，但是当静脉注射难以实施或操作危险时，也可以采用其他注射方式，如肌内注射和腹腔注射。这类药物中部分为管控药物，有对实验人员和社会造成伤害的潜在危险，必须按照国家管控类药物的相关规定进行管理。

5）次氯酸钠

次氯酸钠被用于对未孵化或已孵化 7 天内的斑马鱼实施安乐死，超出这个时间段的斑马鱼被认为已经具备感知疼痛和痛苦的能力而不能使用该方法。另外，次氯酸钠也被用于终止胚胎生长。

次氯酸钠溶液具有腐蚀性，要求实验人员技术熟练，防止对皮肤、眼睛和呼吸道造成伤害。

6）其他

除以上叙述的以外，还有很多药物可以用于非吸入性方法对实验动物实施安乐死。

例如，超效阿片样物质、三卡因甲基磺酸盐、苯佐卡因盐酸盐、丁香油和丁香酚类物质、喹哪啶、美托咪酯等。但无论是哪种药物，作为非吸入性方法对实验动物实施安乐死，都需要考虑动物品种，以及药物的具体种类、剂量、给药浓度、给药途径等。

（二）物理方法

使用物理方法对实验动物实施安乐死比化学方法更人道，因为物理方法往往速度更快，实验动物感受到的恐惧和焦虑更小，能使动物最快从疼痛和痛苦中解脱。但是物理方法对实验动物实施安乐死，必须对实验人员进行严格的培训，要求实验人员技术熟练、操作适当，并且所使用的设备和器具要足够优良，防止给实验动物带来二次伤害。

1. 穿透性系簧枪

穿透性系簧枪被用于对兔和犬等实验动物实施安乐死。这种方法的作用原理是通过瞬时冲击损伤大脑，使实验动物快速丧失意识并死亡。使用穿透性系簧枪时，为了避免伤害实验人员，对实验动物充分保定非常重要。

穿透性系簧枪有常规和空气喷射两种，无论哪种系簧枪，都需要在使用后及时维护和清洁。穿透性系簧枪对实验动物实施安乐死的方法失败的原因，除了实验人员缺乏经验、技术不熟练外，最主要的就是系簧枪没有得到良好的维护，部件老化、损坏。

穿透性系簧枪安乐死的方法在感官上会给实验人员和旁观者造成影响，所以在场人员应做好充分的思想准备。另外，穿透性系簧枪对脑组织的破坏性极强，不适用于某些需要继续对脑组织进行研究的实验动物安乐死。

2. 颈椎脱臼法

颈椎脱臼法用于对实验动物实施安乐死，已经使用了很多年。实验动物学界普遍认为这是人道的方法，但是需要实验人员有足够的经验和熟练的技术。颈椎脱臼法常用于对小鼠、体重小于200g的大鼠、幼兔实施安乐死。

颈椎脱臼法用于安乐死，可以使实验动物快速丧失意识。但是这种方法对实验人员技术水平要求较高，确保人道、有效地进行操作。特别需要注意的是，如果使用活体动物练习颈椎脱臼法，需要先将动物进行麻醉使其丧失意识。

3. 断头法

断头法常用于对啮齿类实验动物和幼兔实施安乐死。断头法能使实验动物快速丧失意识，不会感受到疼痛和痛苦，并且使用这种方法处死的动物无论是身体组织、体液还是大脑，都不会受到化学污染及物理破坏，非常适用于特定研究的实验动物安乐死。

目前市面上可以购买到对实验动物实施断头的装置，技术熟练的实验人员通常也可以使用一把锋利的剪刀对7日龄以下的啮齿类实验动物完成这个操作。由于断头装置或剪刀、刀片易造成误伤，实验人员在操作时需要进行有效防护，并做好充分思想准备以面对实验动物断头后的视觉影响。用于断头法的装置必须及时维护和保养，以保证刀片的锋利。同样的，使用这种方法对实验动物实施安乐死，需要对实验人员进行技术培训和心理辅导，避免动物感受到痛苦和人员感到不适。

4. 电击

电击法可用于对实验犬和其他一些实验用动物实施安乐死。电击是通过房颤造成动物脑缺氧而死亡，在动物房颤开始到死亡前不会丧失意识。如果电击部位为动物的头部，会造成动物短暂丧失知觉和意识，但并不会造成房颤，所以电击头部必须跟随另一个合适的安乐死方法使动物死亡。如果电击的部位为动物的身体，需要提前配合其他方法让动物处于麻醉或无意识状态，然后电击动物使其死亡。

使用电击法对实验动物实施安乐死时，电极放置的位置非常重要，一方面要避免动物在清醒状态下触电死亡，另一方面还要保证电流能准确流过指定部位实现安乐死。另外，电击法需要使用特定的设备，所以也应加强技术培训，使实验人员能够熟练操作电击设备、找到合适的电击位置。

5. 其他方法

常用的对实验动物实施安乐死的物理方法还有放血法和脑脊髓穿刺法，但是这两种方法一般作为安乐死的辅助方法，用以确保实验动物已经死亡。使用放血法和脑脊髓穿刺法前，实验动物至少要处于丧失意识的状态。所以，放血法和脑脊髓穿刺法不能单独用于对实验动物实施安乐死。

二、按接受程度分类

按照可接受程度，实验动物安乐死方法分为可接受方法、条件性接受方法和不可接受方法。也可以简单地理解为公认用于安乐死的人道方法、存在风险或安全隐患而不能作为常规安乐死的人道方法、公认非人道的方法。安乐死方法的可接受程度，不能抛开动物种类、动物年龄及健康状况、动物数量、实验目的和安乐死方法技术成熟度等因素来讨论，必须要结合动物实际情况、环境条件、人员技术水平等进行选择。当采用的方法所需标准或条件都满足时，可接受方法和条件接收的方法是可以同等使用的。所以究竟哪种安乐死方法为可接受，哪种为条件接受，哪种为不可接受，这个问题将在常用实验动物安乐死操作章节中进行详细介绍。

三、安乐死方法评价原则

对实验动物安乐死药物和方法的选择没有统一标准，只要能使动物麻醉或失去知觉直至死亡，并且死亡过程快速即可，也就是说在特定条件下能够被应用的方法就是最好的安乐死方法。同时，因为以上原因，评价安乐死方法的优劣就显得有些困难。总结来说，评价实验动物安乐死方法需要考虑以下几个方面：

（1）诱导实验动物丧失意识和知觉的能力及所需时间；

（2）方法的可靠性和致死的不可逆性；

（3）与实验目的一致性；

（4）实验人员掌握安乐死技术的熟练程度；

（5）对实验人员的安全性及情绪的影响程度；

（6）与实验动物种类、年龄、健康状况的符合性；

（7）所需药物及设备的易获得性。

动物行为和人员行为表现在评价实验动物安乐死方法时应给予着重关注。动物行为方面，选择实验动物熟悉的环境、温和的保定方法、小心操作、与动物进行交流（语言和行为）等可以在实施安乐死时对实验动物起到镇定作用。需要注意的是，使用镇静剂和麻醉剂虽然可以达到同样的效果，但也可能会使安乐死药物作用时间发生延迟。动物对有害刺激的行为和生理反应包括痛苦的叫声、争斗、试图逃跑、反抗、攻击、流涎、撒尿、排便、脱肛、瞳孔放大、心动过速、出汗、骨骼肌收缩反射造成的颤抖、震颤、痉挛，有意识和无意识的动物都会产生以上反应，所以要学会分辨实验动物应激反应、疼痛、真正丧失意识等的状态。人员行为方面，实验人员可能会对熟悉的实验动物倾注感情，这种亲密关系大多数情况下会对实验人员生活和心理有积极影响，所以一旦需要对实验动物进行安乐死，那么会使实验人员感到伤心、产生心理阴影，并且这种负面情绪可能会在实验人员和其他承担共同工作的同事之间传播。

在实际工作中，实验动物安乐死技术的各种准则仅作为安乐死方法评价的基础，经验丰富的实验动物医师依据动物品种品系、生理状态和行为状态等做出专业的判断。但无论如何，实验动物福利伦理是选择实验动物安乐死方法和执行时必须尊重和遵守的。

第三节　实验动物安乐死的实施

实验动物安乐死实施前要认真评估实验终点/人道终点、选择合适的人员、选择设备器材、选择合适的方法（包含采用的辅助方法）；实施安乐死后要确认动物死亡并合理处置动物尸体。

一、评估实验终点

项目负责人在设计试验方案时，应根据试验目的选择合适的人道终点。确定人道终点时应至少关注以下因素：实验的科学意义；动物可能出现的结果和副作用（疼痛、痛苦和疾病等）；出现这些副作用最可能的时序过程和变化；能及早预测这些副作用的指标。

确定人道终点时，应在科学研究的目的与动物遭受的疼痛/痛苦程度之间找到合理的平衡点；应尽可能避免以动物死亡作为实验的终点，在不影响实验结果的前提下，以尽早地结束实验的时机作为人道终点。对于基于科学目的、以动物濒死或者死亡作为人道终点的情况，人道终点计划中应就以下内容给出合理解释：①以动物濒死或死亡作为实验终点的理由，以及相关实验替代方法的使用情况；②允许动物濒死/死亡的数量及其理由，在实现科学目的的前提下，如何最大限度地降低动物使用的数量；③动物处于濒死状态时是否可被实施安乐死，如否，说明在动物濒死至死亡这个时间段内需获得的实验信息；④能否使用减轻疼痛和（或）痛苦的方法，如否，说明理由；对于以动物发病状态选择人道终点的情况，应充分关注动物在实验过程中所遭受的疼痛、痛苦、焦虑及抑郁等所有的负面影响，同时兼顾对科学目的的满足，在动物濒死或者死亡前结束实验。

目前，实验动物人道终点的通用性指标主要用来评价动物的状态和行为，包括以下几个方面。

（1）体重变化：包括体重快速下降、成长期动物持续无增重、未监测到体重变化但动物呈现恶病质及持续性肌肉消耗情形等，也可反映为动物完全不摄食或摄食减少。

（2）外部体征表现：各种不良因素造成的全身性脱毛或被毛蓬松，无法治疗控制的长期腹泻，持续性的倦怠伴随蜷缩、弓背、目光呆滞、精神委靡、嗜睡或持续躺卧等。

（3）生理指标：动物在疾病发生、发展过程中，机体功能和代谢发生改变的情况，包括可测量的临床指标如心率、呼吸频率、体温、血液、生理生化指标等；描述性的临床症状如腹泻、脱水、渐进性皮炎、咳嗽、呼吸困难、鼻分泌物、黄疸、紫绀或苍白、贫血、出血等。

（4）异常行为：包括活动性下降、警觉性下降、不活跃、刻板行为、离群、自残、焦躁不安等。

二、选择合适人员

在为实验动物实施安乐死时，应严格按照人道终点计划，由经过培训、有经验的人员对动物进行定时观察，以甄别疾病、受伤或异常行为。应注意周末和节假日期间对动物的观察和评估，以便能及时采取措施。

实验过程中如出现未曾预料的疼痛和痛苦时，观察人员需详细记录并向实验动物医师和相关人员报告。当意外出现的疼痛、痛苦超过评估要求时，应提前终止实验。实验动物医师应提出实施人道终点的评估意见。

应按照人道终点计划要求设计记录表格、记录动物使用过程中各种情况，并确保记录的存放安全。实验过程中，实验人员如需修改人道终点计划，应实施偏离程序。变更的内容应得到实验动物医师同意，并报告 IACUC 批准。

目前，为动物实施安乐死的人员分为以下几类：实验动物医师，实验人员，辅助人员。无论是哪一类人员为动物实施安乐死，都要及时关注操作人员的心理及精神状态。若实施人员有极大的心理负担，需要及时干预，为其开展心理辅导。

三、选择合适的安乐死方法

在实施安乐死的操作人员确定以后，要根据实验动物的品种、品系、年龄、体重、数量、是否为感染性、实验场所拥有的设备器材等选择合适的安乐死方法。

如前文所述，实验动物安乐死方法分为可接受、条件性接受、不可接受三种：可接受的方法（acceptable），指的是那些用于安乐死以致会产生人道死亡的方法；条件性接受方法（conditionally acceptable），指的是特定条件下能产生人道死亡，但存在操作者失误的可能性或有安全风险，在科研文献中未被记载，或者需要另一种方法进行验证或确保死亡，当所采用的方法所需标准或条件都被满足时，可接受方法和有条件接受的方法是同等的；不可接受的方法（unacceptable），指任何情形下都是不人道的，或者能够对操作者造成危害的方法。

安乐死方法被列为无条件接受还是有条件接受的条件很难界定，特定条件下被应用的方法就是最好的方法。

四、确认动物死亡

为实验动物实施安乐死之后必须对动物的死亡进行确认。在确认死亡方面，一系列的标准组合是最可信的，包括：脉搏、呼吸、角膜反射、掐趾尖反射消失，听诊器听不到呼吸声和心跳，黏膜变灰，尸体变僵。上述除了尸体变僵之外，其他现象单独出现时都不能被定义为死亡。

对小动物而言，尤其对有假死行为的小动物，需要用心脏穿刺的方法来验证其无意识后是否已经死亡，针头插入心脏后注射器无法抽动就表明心肌肌肉已经没有了运动，说明动物已经死亡了；也可以采用打开胸腔的方法确保动物死亡。

五、动物尸体处置

确认动物死亡后，要对动物尸体采用合适的处置方法。这要根据动物是否进行过感染性实验、放射性实验、是否进行过有毒化学实验等采取不同方法。例如，动物进行过感染性实验要经过高温高压消毒处理后交给符合法律法规要求的、有资质的单位进行处理。

参 考 文 献

高福, 卢选成, 李晓燕, 等. 2019. 美国兽医协会动物安乐死指南 (2013 版). 北京 : 人民卫生出版社.

刘云波. 2008. 实验动物安乐死若干问题. 中国比较医学杂志, 18(2): 76-78.

朱玉峰, 王元占, 杨培梁, 等. 2011. 浅谈实验动物安乐死. 中国医学伦理学, 24(2): 260-264.

Lord R. 1989. Use of ethanol for euthanasia of mice. Aust Vet J, 66: 268.

Lowe-Ponsford FL, Henry JA. 1989. Clinical aspects of carbon monoxide poisoning. Adcerse Drug React Acute Poisoning Rev, 8: 217-240.

Messenger JB, Nixon M, Ryan KP. 1985. Magnesium chloride as an anaesthetic for cephalopods. Comp Biochem Physiol C, 82: 203-205.

Meyer RE, Morrow WEN. 2004. Euthanasia. In: Rollin BE, Benson GJ, eds. Improving the well-bing of farm animals: maximizing welfare and minimizing pain and suffering. Ames, Iowa: Blackwell: 351-362.

Raub JA, Mathieu-Nolf M, Hampson NB, et al. 2000. Carbon monoxide poisoning—a public health perspective. Toxicology, 145: 1-14.

附　表

附表 7-1　实验动物啮齿类和兔不同给药途径的最大给药剂量（Hrapkiewicz et al., 2013）

给药途径	小鼠 剂量 /（mL/30g）	大鼠 剂量/（mL/100g）	豚鼠 剂量 /（mL/kg）	地鼠（成年）剂量 /mL	沙鼠（成年）剂量 /mL	兔 剂量 /（mL/kg）
IP	2.0	2.0	20	3～4	2～3	20
SC	2.5	3.0	20	3～4	3～4	10～20
IM	0.05/ 点位（不推荐）	0.1～0.3/ 点位	0.3mL/ 点位，最多 2 次	0.1	0.1	0.5mL/ 点位
IV	0.125	0.5	5（单次）/20（输液）	0.3	0.3	2.0（单次）/10.0（输液）
PO	1.25	2.0（5 mL max）	20	2.0	1.5	15.0

注：IP，腹腔注射；SC，皮下注射；IM，肌内注射；IV，静脉注射；PO，口服。下同。

附表 7-2　非人灵长类实验动物最大给药剂量（Hrapkiewicz et al., 2013）　（单位：mL/kg）

给药途径	猕猴	狨猴	狒狒
IP	10.0	20.0	5.0
SC	5.0	5.0	3.0
IM	0.5（最大 3.0）	0.5（最大 1.0mL）	0.5（最大 3.0mL）
IV	2.0（单次）/10.0（输液）	2.5（单次）/10.0（输液）	2.0（单次）/5.0（输液）
PO	15.0	15.0	15.0

附表 7-3　小鼠常用药及剂量（Hrapkiewicz et al., 2013）

药物	剂量	给药途径	参考文献
抗微生物和抗真菌药物			
氨苄青霉素	20～100mg/kg q12h 500mg/L 饮用水	PO，SC，IM	Anderson（1994）松下和铃木（1995）
头孢氨苄	60mg/kg q12h	PO	Flecknell（2009）
头孢嘧啶	10～25mg/kg q24h	SC	Harkness 等（2010）
强力霉素	2.5～5mg/kg q12h	PO	Harkness 等（2010）
甲氧苄啶 / 磺胺	30mg/kg q12h	PO，SC	Harkness 等（2010）
泰乐菌素	0.5mg/mL 饮用水 10mg/kg q24h	PO，SC	Collins（1995）Harkness 等（2010）
抗寄生虫药物			
氨基甲酸酯（5%）	每周两次	外用	Harkness 等（2010）
芬苯达唑	20mg/kg q24h，用于 5d 150mg/kg 饲料；服用 7 天停药 7 天，持续 3 次给药	PO	Allen 等（1993）Boivin 等（1996）
氟虫腈	7.5mg/kg q30～60d	外用	Richardson（1997）
其他常用药			
阿替帕美唑	1mg/kg 1～2.5mg/kg	SC，IP，IV IP	Flecknell（1997）Cruz 等（1998）

药物	剂量	给药途径	参考文献
阿托品	0.05 ～ 0.1mg/kg	SC	Harkness 和 Wagner（1995）
	10mg/kg q20min（有机磷过量）	SC	Harkness 和 Wagner（1995）
西咪替丁	5 ～ 10mg/kg q6 ～ 12h	PO，SC	Allen 等（1993）
地塞米松	0.5 ～ 2mg/kg 后减剂量 q12h 持续使用 3 ～ 14 天	PO，SC	Harkness 和 Wagner（1995）
苯海拉明	1 ～ 2mg/kg q12h	PO，SC	Morrisey 和 Carpenter（2011）
多沙普兰	5 ～ 10mg/kg	IP，IV	Flecknell（2009）
呋塞米	1 ～ 4mg/kg q4 ～ 6h	IM	Harrenstien（1994）
纳洛酮	0.01 ～ 0.1mg/kg	IV，IP	Harkness 等（2010）
维生素 B 复合物	0.02 ～ 0.2mL/kg	SC	Anderson（1994）
维生素 K	1 ～ 10mg/kg q24h，使用 4 ～ 6 d	IM	Harkness 和 Wagner（1995）

附表 8-1 人兽共患传染病名录

种类	病种
多种动物共患病（12 种）	炭疽病、弓形虫病、棘球蚴病、钩端螺旋体病、沙门氏菌病、大肠杆菌（O157:H7）病、李氏杆菌病、类鼻疽、放线菌病、肝片吸虫病、丝虫病、Q 热
反刍动物病（4 种）	牛海绵状脑病、布鲁氏菌病、牛结核病、日本血吸虫病
猪病（4 种）	旋毛虫病、猪囊尾蚴病、猪乙型脑炎、猪 II 型链球菌病
禽病（2 种）	高致病性禽流感、禽结核病
犬猫病（2 种）	狂犬病、利什曼病
兔病（1 种）	野兔热

注：引自农业部公告第 1125 号《人畜共患传染病名录》，删减马病（1 种）。

附表 8-2 一类动物疫病病种名录

种类	病种
一类动物疫病	口蹄疫★●、猪水泡病●○、猪瘟☆●、非洲猪瘟、高致病性猪蓝耳病●、非洲马瘟○、牛瘟●○、牛传染性胸膜肺炎●、牛海绵状脑病●○、痒病●○、蓝舌病●○、小反刍兽疫★●、绵羊痘和山羊痘☆●、高致病性禽流感★●、新城疫☆●、鲤春病毒血症●、白斑综合征

注：引自农业部第 96 号公告《一、二、三类动物疫病病种名录》。★国家强制性免疫疫病，☆地方流行性疫病，● OIE 疫病目录包含的疫病，○已消灭或未发生过的疫病。

附表 8-3 二类动物疫病病种名录

种类	病种
动物共患病（9 种）	狂犬病●△、布鲁氏菌病★●、炭疽●△、伪狂犬病☆●、魏氏梭菌病△、副结核病●、弓形虫病、棘球蚴病★●、钩端螺旋体病●
牛病（8 种）	牛结核病▲☆、牛传染性鼻气管炎●、牛恶性卡他热、牛白血病●、牛出血性败血病●、牛梨形虫病（牛焦虫病）●、牛锥虫病●、日本血吸虫病▲○
绵羊和山羊病（2 种）	山羊关节炎 - 脑炎●、梅迪 - 维斯纳病●
猪病（12 种）	猪繁殖与呼吸综合征（经典猪蓝耳病）☆●、猪乙型脑炎●△、猪细小病毒病☆、猪丹毒☆、猪肺疫☆、猪链球菌病☆、猪萎缩性鼻炎●、猪支原体肺炎☆、旋毛虫病●、猪囊尾蚴病△、猪圆环病毒病☆、副猪嗜血杆菌病☆

续表

种类	病种
禽病（18 种）	鸡传染性喉气管炎●、鸡传染性支气管炎●、传染性法氏囊病●、马立克氏病☆、产蛋下降综合征、禽白血病、禽痘、鸭瘟☆、鸭病毒性肝炎●、鸭浆膜炎、小鹅瘟、禽霍乱●、鸡白痢●、禽伤寒●、鸡败血支原体感染●、鸡球虫病☆、低致病性禽流感●☆、禽网状内皮组织增殖症
兔病（4 种）	兔病毒性出血热☆●、兔黏液瘤病●、野兔热▲、兔球虫病
鱼类病（11 种）	草鱼出血热、传染性脾肾坏死病、锦鲤疱疹病毒病●、刺激隐核虫病、淡水鱼细菌性坏死性败血症、病毒性神经坏死病、流行性造血器官坏死病●、斑点叉尾鮰病毒病、传染性造血器官坏死病●、病毒性出血性败血症●○、流行性溃疡综合征●

注：引自农业部第 96 号公告《一、二、三类动物疫病病种名录》，删减二类马病（5 种）、蜜蜂病（2 种）和甲壳类病（6 种）。★国家强制性免疫疫病，☆地方流行性疫病，●OIE 疫病目录包含的疫病，△散发疫病，○已消灭或未发生过的疫病。

附表 8-4　三类动物疫病病种名录

种类	病种
动物共患病（8 种）	大肠杆菌病、李氏杆菌病、类鼻疽、放线菌病、肝片吸虫病、丝虫病、附红细胞体病△、Q 热●○
牛病（5 种）	牛流行性热、牛病毒性腹泻 / 黏膜病●、牛生殖器弯曲杆菌病●、毛滴虫病●、牛皮蝇蛆病●
绵羊和山羊病（6 种）	肺腺瘤病、传染性脓疱、羊肠毒血症●、干酪性淋巴结炎、绵羊疥癣、绵羊地方性流产●
猪病（4 种）	猪传染性胃肠炎☆●、猪流行性感冒☆、猪副伤寒●、猪密螺旋体痢疾☆
禽病（4 种）	鸡病毒性关节炎、禽传染性脑脊髓炎、传染性鼻炎、禽结核病
犬猫等动物病（7 种）	水貂阿留申病☆、水貂病毒性肠炎☆、犬瘟热★☆、犬细小病毒病★☆、犬传染性肝炎☆、猫泛白细胞减少症、利什曼病●
鱼类病（7 种）	鮰类肠败血症、迟缓爱德华氏菌病、小瓜虫病、黏孢子虫病、三代虫病、指环虫病、链球菌病

注：引自农业部第 96 号公告《一、二、三类动物疫病病种名录》，只保留常规实验动物的三类疫病病种，删减三类马病（5 种）、蚕与蜂病（7 种）、甲壳类（2 种）、贝类病（2 种）和两栖与爬行类病（2 种）。★国家强制性免疫疫病，☆地方流行性疫病，●OIE 疫病目录包含的疫病，△散发疫病，○已消灭或未发生过的疫病。

附表 8-5　抗原抗体反应的主要类型（OIE，2017）

反应类型	实验技术
凝集反应	凝集试验
	抗球蛋白试验（Coombs 试验）
沉淀反应	液相沉淀试验
	凝胶内沉淀试验
补体参与的反应	补体溶血试验
	补体结合试验
	免疫荧光技术
	酶联免疫技术
标记免疫反应	放射免疫技术
	化学发光免疫分析
	免疫标记电镜技术

附表 9-1　中国、日本、美国实验动物小鼠及大鼠病原菌排除项目对比

病原体	病原体	中国实验动物国家标准（GB）	日本实验动物中央研究所（CIEA）	美国杰克逊实验室（JAX Lab）	美国查士睿华实验室（Charles River）
沙门菌	*Salmonella* spp.	●/▲	●/▲	●	●
支原体	*Mycoplasma* spp.	●/▲	●/▲	●	●
鼠棒状杆菌	*Corynebacterium kutscheri*	●/▲	●/▲	●	●
牛棒状杆菌	*Corynebacterium bovis*			●	
泰泽病原体	Tyzzer's organism	●/▲	●/▲	● Clostridium piliforme	●
嗜肺巴斯德杆菌	*Pasteurella pneumotropica*	●/▲	●/▲		●
多杀巴斯德杆菌	*Pasteurella multocida*				●
肺炎克雷伯杆菌	*Klebsiella pneumoniae*	●/▲			
金黄色葡萄球菌	*Staphylococcus aureus*	●/▲	●/▲		
绿脓杆菌	*Pseudomonas aeruginosa*	●/▲	●/▲		
支气管鲍特杆菌	*Bordetella bronchiseptica*	▲	▲	●	●
肺炎链球菌	*Streptococcus pneumoniae*		▲		●
念珠状链杆菌	*Streptobacillus monoliformis*			●	●
柠檬酸杆菌	*Citrobacter rodentium*		●	●	●
皮肤真菌	Dermatophytes		●/▲		
肝螺旋杆菌	*Helicobacter hepaticus*		●		●
胆型螺旋杆菌	*Helicobacter bilis*		●		●
幽门螺杆菌	*Helicobacter* typhlonius				●
其他螺旋杆菌	*Helicobacter* spp. Other species				●
CAR 菌	Cilia-associated respiratory bacillus		●	●	●

注：●小鼠必须排除的病原菌；▲大鼠必须排除的病原菌。

附表 9-2　中国、日本、美国实验动物小鼠及大鼠病毒学排除项目对比

病原体	病原体	中国实验动物国家标准（GB）	日本实验动物中央研究所（CIEA）	美国杰克逊实验室（JAX Lab）	美国查士睿华实验室（Charles River）
汉坦病毒	Hantavirus（HV）	▲	●/▲	●	●
鼠痘病毒	Ectromelia virus（Ect.）	●	●	●	●
小鼠肝炎病毒	Mouse hepatitis virus（MHV）	●	●	●	●
仙台病毒	Sendai virus（SV）	●/▲	●/▲	●	●
小鼠肺炎病毒	Pneumonia virus of mice（PVM）	●/▲	●/▲	●	●
呼肠孤病毒III型	Reovirus type III（Reo-3）	●/▲	●/▲	●	●
小鼠微小病毒	Mouse minute virus（MMV）	●	●/▲	●	●
小鼠细小病毒	Mouse parvovirus（MPV）			●	●

病原体	病原体	中国实验动物国家标准（GB）	日本实验动物中央研究所（CIEA）	美国杰克逊实验室（JAX Lab）	美国查士睿华实验室（Charles River）
大鼠细小病毒 RV 株	Rat parvovirus（KRV）	▲			
大鼠细小病毒 H-1 株	Rat parvovirus（H-1）	▲	▲		
大鼠冠状病毒 / 大鼠涎泪腺炎病毒	Rat coronavirus（RCV）/ Sialodacryoadenitis virus（SDAV）	▲	▲		
淋巴细胞脉络丛脑膜炎病毒	Lymphocytic choriomeningitis virus（LCMV）		●/▲	●	●
鼠脑脊髓炎病毒	Mouse encephalomyelitis virus		●/▲	●	●
基尔汉大鼠病毒	Kilham rat virus		▲		
小鼠腺病毒	Mouse adenovirus		●/▲	●	●
小鼠轮状病毒	Epizootic diarrhea of infant mice（EDIM）virus（Rotavirus）		●	●	●
小鼠巨细胞病毒	Mouse cytomegalovirus		●	●	●
小鼠 K 乳多空病毒	mouse K papovavirus			●	●
乳酸脱氢酶升高病毒	Lactic dehydrogenase elevating virus（LDEV）			●	●
小鼠胸腺病毒	Mouse thymic virus（MTV）			●	●
诺如病毒	Mouse norovirus				●
多瘤病毒	Polyoma virus			●	●

注：●小鼠必须排除的病原菌；▲大鼠必须排除的病原菌。

附表 9-3　中国、日本、美国实验动物小鼠及大鼠寄生虫排除项目对比

病原体	病原体	中国实验动物国家标准（GB）	日本实验动物中央研究所（CIEA）	美国杰克逊实验室（JAX Lab）	美国查士睿华实验室（Charles River）
弓形虫	*Toxoplasma gondii*	●/▲	●/▲	●/▲	●/▲
全部蠕虫	All helminths	●/▲	●/▲	●/▲	●/▲
鞭毛虫	Flagellates	●/▲	●/▲	●/▲	●/▲
纤毛虫	Ciliates	●/▲	●/▲	●/▲	●/▲
体外寄生虫（节肢动物）	Ectoparasites	●/▲	●/▲	●/▲	●/▲
卡氏肺孢子虫	*Pneumocystis carinii*		●/▲		
兔脑胞内原虫	*Encephalitozoon cuniculi*			●/▲	●/▲

注：●小鼠必须排除的病原菌；▲大鼠必须排除的病原菌。

附表 9-4　兔类动物的检疫

检疫类型	检疫对象
病原菌	沙门菌▲、假结核耶尔森菌△、小肠结肠炎耶尔森菌△、皮肤病原真菌△、多杀巴斯德杆菌▲、泰泽病原体▲、嗜肺巴斯德杆菌▲、肺炎克雷伯杆菌▲、金黄色葡萄球菌▲、肺炎链球菌▲、乙型溶血性链球菌△、绿脓杆菌▲
病毒	兔出血症病毒▲、轮状病毒▲、仙台病毒▲
寄生虫	体外寄生虫（节肢动物）▲、弓形虫▲、卡氏肺孢子虫▲、全部蠕虫▲、鞭毛虫▲

注：▲无特定病原体动物必须检测项目，需阴性；△必要时检查项目，需阴性。

引自 GB 14922.1—2001《实验动物 寄生虫学等级及监测》；GB14922.2—2011《实验动物 微生物学等级及监测》。

附表 9-5　非人灵长类动物的检疫

检疫类型	检疫对象
病原菌	沙门菌▲、皮肤病原真菌▲、志贺菌▲、结核分枝杆菌▲、小肠结肠炎耶尔森菌△、空肠弯曲杆菌△
病毒	猕猴疱疹病毒Ⅰ型（B病毒）▲、兔猴逆转 D 型病毒▲、猴免疫缺陷病毒▲、猴 T 细胞趋向性病毒Ⅰ型▲、猴痘病毒▲
寄生虫	体外寄生虫（节肢动物）▲、弓形虫▲、全部蠕虫▲、溶组织内阿米巴▲、疟原虫▲、鞭毛虫▲

注：▲无特定病原体动物必须检测项目，需阴性；△必要时检查项目，需阴性。

引自 GB 14922.1—2001《实验动物 寄生虫学等级及监测》；GB14922.2—2011《实验动物 微生物学等级及监测》。

附表 9-6　雪貂的检疫

检疫类型	检疫对象
病原菌	皮肤病原真菌▲、沙门菌▲、空肠弯曲杆菌▲、巴氏杆菌△
病毒	流感病毒△、狂犬病毒▲、犬瘟热病毒▲、细小病毒△
寄生虫	体外寄生虫▲、弓形虫▲、球虫△、全部蠕虫▲、卡氏肺孢子虫△

注：▲必须检测，需阴性；△必要时检项，需阴性。

引自江苏省地方标准：DB32/T 2731.3—2015《实验用雪貂》第 3 部分：遗传、微生物和寄生虫控制。

附表 9-7　陆生农用实验动物检疫范围

规程名称	检疫范围	检疫对象
猪产地检疫规程 农牧发〔2018〕9 号	猪、人工饲养的野猪	口蹄疫、猪瘟、高致病性猪蓝耳病、炭疽、猪丹毒、猪肺疫
反刍动物产地检疫规程 农牧发〔2018〕9 号	牛、羊、人工饲养的同种野生动物	口蹄疫、布鲁氏菌病、牛结核病、炭疽、牛传染性胸膜肺炎、绵羊痘和山羊痘、小反刍兽疫
家禽产地检疫规程 农牧发〔2018〕9 号	家禽、人工饲养的同种野禽	高致病性禽流感、新城疫、鸡传染性喉气管炎、鸡传染性支气管炎、鸡传染性法氏囊病、马立克氏病、禽痘、鸭瘟、小鹅瘟、鸡白痢、鸡球虫病
犬产地检疫规程 农医发〔2011〕24 号	犬、人工饲养与合法捕获的野生犬科动物	狂犬病、布氏杆菌病、钩端螺旋体病、犬瘟热、犬细小病毒病、犬传染性肝炎、利什曼病
猫产地检疫规程 农医发〔2011〕24 号	猫、人工饲养与合法捕获的野生猫科动物	狂犬病、猫泛白细胞减少症
兔产地检疫规程 农医发〔2011〕24 号	兔	兔病毒性出血病、兔黏液瘤病、野兔热、兔球虫病

注：引自猪产地检疫规程 农牧发〔2018〕9 号；反刍动物产地检疫规程 农牧发〔2018〕9 号；家禽产地检疫规程 农牧发〔2018〕9 号；犬产地检疫规程 农医发〔2011〕24 号；猫产地检疫规程 农医发〔2011〕24 号；兔产地检疫规程 农医发〔2011〕24 号。

附表9-8　水生农用实验动物检疫范围

规程名称	类别	检疫范围	检疫对象
鱼类产地检疫规程 农渔发〔2011〕24号	淡水鱼	鲤鱼、锦鲤、金鱼等鲤科鱼类	鲤春病毒血症
		青鱼、草鱼	草鱼出血病
		鲤、锦鲤	锦鲤疱疹病毒病
		斑点叉尾鲴	斑点叉尾鲴病毒病
		虹鳟等冷水性鲑科鱼类	传染性造血器官坏死病
		淡水鱼类	小瓜虫病

注：引自鱼类产地检疫规程 农渔发〔2011〕24号。

附表10-1　大鼠疼痛表现和疼痛程度评估判定指标（贺争鸣等，2015）

	评估项目	轻微疼痛	中度疼痛	严重疼痛
体重（不包括暂时性体重变化）	体重	体重减少原体重的10%以下	体重减少原体重的10%～25%	体重减少原体重的25%以上
	食物/饮水消耗	72h内仅摄食正常量的40%～75%	72h内仅摄食正常量的40%以下	7天内仅摄食正常量的40%或食欲不振超过72h
外观	身体姿势	短时的弓背（特别是在给药后）	间歇性弓背	持续性弓背
	毛发竖起情形	部分毛发竖起	明显毛发粗糙	明显毛发粗糙，伴随弓背、迟钝反应等
临床体征	呼吸	正常	间歇性呼吸异常	持续性呼吸异常
	流涎	短暂	间歇性弄湿下颚附近的皮毛	持续性弄湿下颚附近的皮毛
	震颤	短暂	间歇性（每次10min以下）	持续性（每次10min以上），建议安乐死
	痉挛	无	间歇性	持续性
	沉睡/卧倒	无	短暂（1h以下）	持续（1h以上），建议安乐死
无刺激时的一般行为	社会化行为	与群体有互动	与群体互动较少	无互动行为
对刺激的反应	受刺激时行为反应	变化不大	对刺激有较少的反应	对刺激或外部行为无任何反应

附表10-2　小鼠疼痛表现和疼痛程度评估判定指标（贺争鸣等，2015）

	评估项目	轻微疼痛	中度疼痛	严重疼痛
体重（不包括暂时性体重变化）	体重	体重减少原体重的10%以下	体重减少原体重的10%～20%	体重减少原体重的20%以上
外观	身体姿势	短时的弓背（特别是在给药后）	间歇性弓背	持续性弓背
	毛发竖起情形	部分毛发竖起	明显毛发粗糙	明显毛发粗糙，伴随弓背、迟钝反应等
临床体征	呼吸	正常	间歇性呼吸异常	持续性呼吸异常
	流涎	短暂	间歇性弄湿下颚附近的皮毛	持续性弄湿下颚附近的皮毛
	震颤	短暂	间歇性（每次10min以下）	持续性（每次10min以上），建议安乐死
	痉挛	无	间歇性	持续性
	沉睡/卧倒	无	短暂（1h以下）	（1h以上），建议安乐死

	评估项目	轻微疼痛	中度疼痛	严重疼痛
无刺激时的一般行为	社会化行为	与群体有互动	与群体互动较少	无互动行为
对刺激的反应	受刺激时的行为反应	变化不大	对刺激有较少的反应	对刺激或外部行为无任何反应

附表 10-3　豚鼠疼痛表现和疼痛程度评估判定指标（贺争鸣等，2015）

	评估指标	轻微疼痛	中度疼痛	严重疼痛
体重（不包括暂时性体重变化）	体重	体重减少原体重的10%以下	体重减少原体重的10%～25%	体重减少原体重的25%以上
	食物/饮水消耗	72h内仅摄食正常量的40%～75%	72h内摄食低于正常量的40%	7天内摄食低于正常量的40%，或食欲不振超过72h
外观	身体姿态	短暂的拱背，特别是在给药后	间歇性拱背	持续性的拱背
	皮毛状态	局部脱毛	明显皮毛粗糙，脱毛	明显皮毛粗糙，并伴随其他症状如拱背、反应和行为迟钝
临床症状	呼吸	正常	间歇性的呼吸异常	持续性的呼吸困难
	流涎	偶尔出现	间歇性弄湿下颚附近的皮毛	持续性弄湿下颚附近的皮毛
	震颤	短暂的（特别是在进行实验操作的时候）	间歇性	持续性
	痉挛	无	间歇性（每次10min以下）短暂的（1h以下）	持续性（每次10min以上），建议安乐死
	静卧	无		持续超过1h以上（每次3h以上），建议安乐死
无刺激时的一般行为	社会化行为	与群体有适当的互动	与群体的互动较少	没有任何的互动
	叫声	发出正常频率的叫声	受刺激时发出间歇性的、悲伤、沉闷的叫声	发出悲伤、沉闷的叫声，亦可能完全不叫
对刺激的反应	受刺激时行为反应	压抑，但受刺激时还有正常行为反应	受刺激时亦压抑行为反应	对刺激或外部行为无任何反应

附表 10-4　地鼠疼痛表现和疼痛程度评估判定指标（贺争鸣等，2015）

	评估指标	轻微疼痛	中度疼痛	严重疼痛
体重（不包括暂时性体重变化）	体重	体重减少原体重的10%以下	体重减少原体重的10%～25%	体重减少原体重的25%以上
	食物/饮水消耗	72h内仅摄食正常量的40%～75%	72h内摄食低于正常量的40%	7天内摄食低于正常量的40%，或食欲不振超过72h
外观	身体姿态	短暂的拱背，特别是在给药后	间歇性拱背	持续性的拱背
	皮毛状态	正常	皮毛无光泽，较少整理毛发	不整理毛发，并伴随其他症状如拱背、反应和行为迟钝

	评估指标	轻微疼痛	中度疼痛	严重疼痛
临床症状	震颤	短暂的	间歇性	持续性
	痉挛	无	间歇性的（每次 10min 以下）	持续性（每次 10min 以上），建议安乐死
	静卧	无	短暂的（1h 以下）	持续超过 1h 以上（每次 3h 以上），建议安乐死
无刺激时的一般行为	叫声	发出正常频率的叫声	发出间歇性的、悲伤、沉闷的叫声	发出悲伤、沉闷的叫声，亦可能完全不叫
对刺激的反应	受刺激时行为反应	变化不大	受刺激时有较小且温和的反应	对刺激或外部行为无任何反应

附表 10-5　实验兔疼痛表现和疼痛程度评估判定指标（贺争鸣等，2015）

	评估项目	轻微疼痛	中度疼痛	严重疼痛
体重（不包括暂时性体重变化）	体重	体重减少原体重的 10% 以下	体重减少原体重的 10%～25%	体重减少原体重的 25% 以上
	食物/饮水消耗	72h 内仅摄食正常量的 40%～75%	72h 内仅摄食正常量的 40% 以下或食欲不振超过 48h	7 天内仅摄食正常量的 40% 或食欲不振超过 72h
外观	身体姿势	短时的拱背，特别是在给药后	间歇性弓背	持续性弓背
	皮毛状况	正常	皮毛无光泽，较少整理毛发	皮毛粗糙，完全不整理毛发并伴其他症状如拱背、迟钝反应等
临床体征	呼吸	正常	间歇性呼吸异常	持续性呼吸异常
	流涎	短暂	间歇性弄湿下颚附近的皮毛	持续性弄湿下颚附近的皮毛
	痉挛	短暂	间歇性（10min 以下）	持续性（10min 以上），建议安乐死
	震颤	短暂性	间歇性	持续性（30min 以上），建议安乐死
	沉睡/卧倒	无	短暂（30min 以下）	
无刺激时一般行为	社会化行为	与群体有互动	与群体互动较少	无互动行为
	发声行为			发出悲哀痛苦的叫声
对刺激的反应	受刺激时行为反应	正常反应	对刺激有压抑行为的反应	对刺激或外部行为无任何反应

附表 10-6　犬疼痛表现和疼痛程度评估判定指标（贺争鸣等，2015）

	评估项目	轻微疼痛	中度疼痛	严重疼痛
体重（不包括暂时性体重变化）	体重	7 天体重减少原体重的 10% 以下	7 天体重减少原体重的 10%～25%	7 天体重减少原体重的 25% 以上
	食物/饮水消耗	72h 内仅摄食正常量的 40%～75%	72h 内仅摄食正常量的 40% 以下	7 天内仅摄食正常量的 40% 或食欲不振超过 72h

	评估项目	轻微疼痛	中度疼痛	严重疼痛
外观	身体姿势	正常	间歇性弓背	持续性弓背
	皮毛状况	正常	皮毛无光泽，较少整理毛发	皮毛粗糙，完全不整理毛发并伴其他症状如拱背、迟钝反应等
临床体征	呼吸	正常	间歇性呼吸异常	持续性呼吸异常
	震颤	短暂	间歇性（10min 以下）	持续性（10min 以上）建议安乐死
	痉挛	无	间歇性	持续性
	沉睡 / 卧倒	无	短暂（1h 以下）	持续（1h 以上）建议安乐死
无刺激时一般行为	社会化行为	与群体有互动	与群体互动较少	无互动行为
对刺激的反应	受刺激时行为反应	有温和且正常的反应	对刺激有较少的反应	对刺激或外部行为无任何反应

附表 10-7　非人灵长类动物疼痛表现和疼痛程度评估判定指标

评估项目	轻微疼痛	中度疼痛	严重疼痛
体重（不包括暂时性体重变化）	体重减少原体重的5% 以内	体重减少原体重的10%～20%	体重减少原体重 20% 以上
外观	理毛减少	眼鼻分泌物增加，皮毛无光泽，较少整理毛发	持续性弓背，皮毛粗糙，完全不整理毛发并伴其他症状如拱背、迟钝反应等
临床体征	体温、心率增减小于30%	体温、心率增减大于30%且小于50%	体温、心率增减大于50%
自然行为	有细微的改变	移动力或警觉性降低	呻吟，磨牙，自残，不安
对刺激的反应	轻微或夸大的反应	对刺激的反应中等改变	对刺激的反应剧烈或无反应

附表 11-1　吸入麻醉剂的诱导浓度和维持浓度

麻醉剂	诱导浓度 /%	维持浓度 /%	最小肺泡浓度（MAC）
地氟醚 Desflurane	18	11	6.5～8
恩氟烷 Enflurane	3～5	3	2.2
氟烷 Halothane	4	1～2	0.95
异氟烷 Isoflurane	5	1.5～3	1.38
甲氧氟烷 Methoxyflurane	3	0.4～1	0.22
氧化亚氮 Nitrous oxide	—	—	250
七氟烷 Sevoflurane	8	3.5～4.0	2.7

注：表中数据适用于大鼠，其他物种或有些许差别。Brosnan et al.（2007），Gong et al.（1998），Kashimoto et al.（1997），Mazze et al.（1985），Steffey et al.（1974）.

附表 11-2　实验动物中阿片类镇痛药的建议剂量范围（小动物）（Flecknell, 2016）

药物	小鼠 给药剂量/(mg/kg)	小鼠 给药途径及频率	大鼠 给药剂量/(mg/kg)	大鼠 给药途径及频率	豚鼠 给药剂量/(mg/kg)	豚鼠 给药途径及频率	兔 给药剂量/(mg/kg)	兔 给药途径及频率	雪貂 给药剂量/(mg/kg)	雪貂 给药途径及频率
丁丙诺啡 Buprenorphine	0.05~0.1	皮下，每12h一次	0.01~0.05；0.1~0.25	(1) 皮下或静脉，每8~12h一次；(2) 口服，每8~12h一次	0.05	皮下或静脉，每8~12h一次	0.01~0.05	皮下或静脉，每8~12h一次	0.01~0.03	静脉、肌内或口服，每8~12h一次
布托啡诺 Butorphanol	1~2	皮下，每2~4h一次	1~2	皮下，每4h一次	1~2	皮下，每4h一次	0.1~0.5	静脉，每2~4h一次	0.4	肌内或皮下，每4~6h一次
氢吗啡酮 Hydromorphone	—		—		—		0.1~0.2	口服，每6~8h一次	0.1~0.2	口服，每6~8h一次
吗啡 Morphine	2.5	皮下，每2~4h一次	2~2.5	皮下，每2~4h一次	2~5	皮下或肌内，每4h一次	2~5	皮下或肌内，每2~4h一次	0.5~2	肌内或皮下，每6h一次
纳布啡 Nalbuphine	2~4	肌内，每4h一次	1~2	肌内，每3h一次	1~2	静脉、腹腔或肌内，每4h一次	1~2	静脉，每4~5h一次	—	—
羟吗啡酮 Oxymorphone	0.2~0.5	皮下，每4h一次	0.2~0.5	皮下，每4h一次	0.2~0.5	皮下，每4h一次	0.05~0.2	皮下，每6~8h一次	0.05~0.2	皮下，每6~8h一次
喷他佐辛 Pentazocine	5~10	皮下，每3~4h一次	5~10	皮下，每3~4h一次	—		5~10	皮下、肌内或静脉，每4h一次	—	
哌啶（哌替啶）Pethidine (Meperidine)	10~20	皮下或肌内，每2~3h一次	10~20	皮下或肌内，每2~3h一次	10~20	皮下或肌内，每2~3h一次	5~10	皮下或肌内，每2~3h一次	5~10	皮下或肌内，每2~4h一次
曲马多 Tramadol	5	皮下或腹腔，每6~8h一次	—	皮下或腹腔，每6~8h一次	—		—		—	

注：动物品系、个体对药物反应可能差别很大，因此选择药物时，评估每个个体的镇痛效果至关重要。

附表 11-3 实验动物中阿片类镇痛药的建议剂量范围（大动物）（Flecknell, 2016）

药物	猪		绵羊		非人灵长类		犬		猫	
	给药剂量/(mg/kg)	给药途径及频率	给药剂量/(mg/kg)	给药途径及频率	给药剂量/(mg/kg)	给药途径及频率	给药剂量/(mg/kg)	给药途径及频率	给药剂量/(mg/kg)	给药途径及频率
丁丙诺啡 Buprenorphine	0.01～0.05	肌内或静脉，每6～12h一次	0.005～0.01	肌内或静脉，每4h一次	0.005～0.01	肌内或静脉，每6～12h一次	0.005～0.02	皮下、肌内或静脉，每6～12h一次	0.005～0.01	皮下或静脉，每8～12h一次
布托啡诺 Butorphanol	0.1～0.3	肌内或静脉，每4h一次	0.5	肌内或静脉，每2～3h一次	0.01	静脉，每3～4h一次	0.2～0.4	皮下或肌内，每3～4h一次	0.4	皮下，每3～4h一次
氢吗啡酮 Hydromorphone	—		—		—		0.05～0.2	肌内或皮下，每2～4h一次	0.1～0.2	肌内或皮下，每2～4h一次
吗啡 Morphine	0.2～1	肌内，每4h一次	0.2～0.5	肌内，每4h一次	1～2	皮下或肌内，每4h一次	0.5～5	皮下或肌内，每4h一次	0.3	皮下，每4h一次
纳布啡 Nalbuphine	—		—		—		0.5～2.0	皮下或肌内，每3～4h一次	1.5～3.0	静脉，每3h一次
羟吗啡酮 Oxymorphone	0.15	肌内或静脉，每4h一次	—		0.15	肌内，每4～6h一次	0.05～0.22	肌内、皮下静脉，每2～4h一次	0.2	皮下或静脉，每2～4h一次
喷他佐辛 Pentazocine	2	肌内或静脉，每4h一次	—		2～5	肌内或静脉，每4h一次	2	肌内或静脉，每4h一次	—	
哌啶（哌替啶）Pethidine (Meperidine)	2	静脉或肌内，每2～4h一次	2	静脉或肌内，每2～4h一次	2～4	静脉或肌内，每2～4h一次	10	肌内，每2～3h一次	2～10	肌内，每2～3h一次
曲马多 Tramadol	—		—		1～2	皮下、静脉或口服，一天两次	2～5	皮下、静脉或口服，一天三次	2～4	皮下，每6～8h一次

注：动物品系、个体对药物反应可能差别很大，因此选择药物时，评估每个个体的镇痛效果至关重要。

附 表 ·219·

附表 11-4 实验动物中非甾体类抗炎药的建议剂量范围（小动物）（Flecknell, 2016）

药物	小鼠		大鼠		豚鼠		兔		雪貂	
	给药剂量/(mg/kg)	给药途径及频率	给药剂量/(mg/kg)	给药途径及频率	给药剂量/(mg/kg)	给药途径及频率	给药剂量/(mg/kg)	给药途径及频率	给药剂量/(mg/kg)	给药途径及频率
阿司匹林 Aspirin	120	口服，每天一次	100	口服，每天一次	87	口服，每天一次	100	口服，每天一次	200	口服，每天一次
卡洛芬 Carprofen	5	皮下，每天一次	5	皮下，每天一次	4	皮下，每天一次	(1) 1.5 (2) 4	(1)口服 (2)皮下，每天一次	4	皮下，每天一次
双氯芬酸 Diclofenac	8	口服，每天一次	10	口服，每天一次	2.1	口服，每天一次	—		—	
氟尼辛 Flunixin	2.5	皮下或肌内，每12h一次	2.5	皮下或肌内，每12h一次	2.5	皮下或肌内，每12h一次	1~2	皮下或肌内，每12h一次	0.5~2	皮下，每12~24h一次
布洛芬 Ibuprofen	30	口服，每天一次	15	口服，每天一次	10	肌内，每4h一次	10	肌内，每4h一次	—	
吲哚美辛 Indomethacin	1	口服，每天一次	2	口服，每天一次	8	口服，每天一次	12.5	口服，每天一次	—	
酮洛芬 Ketoprofen	5	皮下，每天一次	5	皮下，每天一次	—	皮下，每天一次	3	肌内，每天一次	3	肌内，每天一次
美洛昔康 Meloxicam	5	皮下或口服，每天一次	1	皮下或口服，每天一次	0.1~0.3	皮下或口服，每天一次	0.6~1	皮下或口服，每天一次	0.1~0.2	皮下或口服，每天一次
对乙酰氨基酚 Paracetamol（Acetominophen）	200	口服，每天一次	200	口服，每天一次	—	口服，每天一次	—		—	

注：动物品系、个体对药物反应可能差别很大，因此选择药物时，评估每个个体的镇痛效果至关重要。

附表 11-5　实验动物中非甾体类抗炎药的建议剂量范围(大动物)(Flecknell, 2016)

药物	猪 给药剂量/(mg/kg)	猪 给药途径及频率	绵羊 给药剂量/(mg/kg)	绵羊 给药途径及频率	非人灵长类 给药剂量/(mg/kg)	非人灵长类 给药途径及频率	犬 给药剂量/(mg/kg)	犬 给药途径及频率	猫 给药剂量/(mg/kg)	猫 给药途径及频率
阿司匹林 Aspirin	10~20	口服, 每4~6h一次	50~100	口服, 每6~12h一次	20	口服, 每6~8h一次	10~25	口服, 每8h一次	10~25	口服, 每48h一次
卡洛芬 Carprofen	2~4	静脉或皮下, 每天一次	2~4	静脉或皮下, 每天一次, 连续2~3天	3~4	皮下, 每天一次	(1) 4 (2) 1~2	(1) 静脉或皮下, 每天一次 (2) 口服, 一天两次, 连续7天	4	皮下或静脉, 一次
氟尼辛 Flunixin	1~2	皮下或静脉, 每天一次	2	皮下或静脉, 每天一次	0.5~2	皮下或静脉, 每天一次	(1) 1 (2) 1	(1) 静脉或肌内, 每12h一次 (2) 口服, 每天一次, 至多3天	1	皮下, 每日一次, 至多5天
布洛芬 Ibuprofen	—		—		7	口服	10	口服, 每24h一次	—	
酮洛芬 Ketoprofen	1~3	静脉、肌内、皮下, 口服, 每12h一次			2	皮下, 每天一次	(1) 2 (2) 1	(1) 静脉或肌内, 每天一次, 至多3天 (2) 口服, 每天一次, 连续5天	(1) 1 (2) 1	(1) 皮下, 每天一次, 至多3天 (2) 口服, 每天一次, 至多5天
美洛昔康 Meloxicam	0.4	皮下, 每天一次	0.5	静脉或皮下, 一日两次; 而后, 口服, 每天一次, 连续5天	0.1~0.2	皮下或口服, 每天一次	0.1~0.2	口服或皮下, 每天一次	0.1~0.3	皮下或口服, 每天一次
甲苯磺酸 Tolfenamic acid	—		—		—		4	皮下, 每天一次, 连续2天	4	皮下, 每天一次, 连续2天
对乙酰氨基酚 Paracetamol (acetaminophen)	—		—		—		15	口服, 每6~8h一次	禁忌使用	

注: 动物品系、个体对药物反应可能差别很大, 因此选择药物时, 评估每个个体的镇痛效果至关重要。

附表 11-6　鱼麻醉剂用量（Flecknell，2016）

药物名称	剂量及用法	作用	麻醉时间 /min	沉睡时间 /min
三卡因同氨苯酸乙酯甲磺酸盐 Tricaine Methanesulphonate（MS-222）	25～300mg/L 溶液，浸泡（使用前需用碳酸氢钠制成缓冲液）	外科麻醉	2	5
依托咪酯 Etomidate	2～4mg/L 溶液，浸泡	麻醉	2	5
苯佐卡因 Benzocaine	新鲜配制的溶液	镇静	—	—
	200mg 苯佐卡因溶于 5ml 丙酮中，将其加入 8L 水中制成 25 ppm（25mg / L）的溶液，浸泡			
	50ppm（50mg / L）溶液，浸泡	外科麻醉	2	5

附表 11-7 啮齿类动物和家兔麻醉术前常用药（Flecknell，2016）

药物名称		剂量及用法		作用
乙酰丙嗪 Acepromazine	大鼠	2.5mg/kg	肌内或腹腔注射	轻度镇静；豚鼠和家兔可达中度镇静
	小鼠	2～5mg/kg	腹腔或皮下注射	
	地鼠	2.5mg/kg	腹腔注射	
	豚鼠	0.5～1.0mg/kg	肌内注射	
	沙鼠	3mg/kg		
	家兔	1mg/kg		
阿法沙龙 / 阿法多龙 Alphaxalone/alphadolone	豚鼠	40mg/kg	肌内或腹腔注射	深度镇静，中度镇痛
	家兔	9～12mg/kg	肌内注射	中至深度镇静，极少的镇痛
乙酰丙嗪 + 布托啡诺 Acepromazine + butorphanol	家兔	0.5mg/kg + 0.5mg/kg	肌内注射	中至深度镇静，中度镇痛
阿托品 Atropine	大鼠	0.05mg/kg	腹腔或皮下注射	抗胆碱能；在某些家兔中作用时间极短
	小鼠	0.04mg/kg	皮下注射	
	地鼠			
	豚鼠	0.05mg/kg		
	沙鼠	0.04mg/kg		
	家兔	0.05mg/kg	肌内注射	
右美托咪定 Dexmedetomidine	大鼠	15～50µg/kg	腹腔或皮下注射	轻度至深度镇静，轻度至中度镇痛；在沙鼠中仅起到镇静作用
	小鼠		皮下注射	
	地鼠	0.25mg/kg	腹腔或皮下注射	
	豚鼠		皮下注射	
	沙鼠	50～100µg/kg	腹腔注射	
	家兔	0.05～0.25mg/kg	肌内或皮下注射	

续表

药物名称		剂量及用法		作用
地西泮 Diazepam	大鼠	2.5～5.0mg/kg	肌内或腹腔注射	轻度镇静；在地鼠和兔中可达中度镇静，对于豚鼠可达深度镇静
	小鼠	5mg/kg		
	地鼠			
	豚鼠	2.5mg/kg		
	沙鼠	5mg/kg		
	家兔	0.5～2.0mg/kg	静脉或肌内或腹腔注射	
芬太尼/倍多罗尔 Fentanyl/dropiderol （Innovar-Vet）	大鼠	0.3～0.5 mL/kg	肌内注射	固定/镇痛；对于地鼠不可预料其镇静程度，对于豚鼠有一定的镇静作用
	小鼠	0.5 mL/kg		
	地鼠	0.9 mL/kg		
	豚鼠	0.44～0.8 mL/kg		
	家兔	0.22 mL/kg		
芬太尼/氟尼松（催眠） Fentanyl/fluanisone （Hypnorm）	大鼠	0.2～0.5 mL/kg	肌内注射	轻度/中度镇静，中度镇静；对于家兔可达深度镇静与镇痛
	小鼠	0.3～0.6 mL/kg	腹腔注射	
	地鼠	0.1～0.3 mL/kg	腹腔注射	
	豚鼠	0.2～0.5 mL/kg	肌内注射	
		0.3～0.6 mL/kg	腹腔注射	
	沙鼠	1.0 mL/kg	肌内或腹腔注射	
		0.5～1.0 mL/kg		
	家兔	0.2～0.5 mL/kg	肌内注射	
甘草酸 Glycopyrrolate	大鼠	0.5mg/kg	肌内注射	抗胆碱能
	地鼠	0.01mg/kg	静脉注射	
	家兔	0.1mg/kg	肌内或皮下注射	

续表

药物名称		剂量及用法		作用
氯胺酮 Ketamine	大鼠	50～100mg/kg	肌内或腹腔注射	深度镇静，固定，轻度至中度镇痛
	小鼠	100～200mg/kg	肌内注射	
	地鼠	50～100mg/kg	腹腔注射	
	豚鼠	100mg/kg	肌内或腹腔注射	
	沙鼠	100～200mg/kg	肌内注射	
	家兔	25～50mg/kg		
美托咪定 Medetomidine	大鼠	30～100 μg/kg	腹腔或皮下注射	轻度至深度镇静，轻度至中度镇痛；对于沙鼠仅有镇静作用
	小鼠		皮下注射	
	地鼠		腹腔或皮下注射	
	豚鼠	0.5mg/kg	皮下注射	
	沙鼠	100～200 μg/kg	腹腔注射	
	家兔	0.1～0.5mg/kg	肌内或皮下注射	
咪达唑仑 Midazolam	大鼠	5mg/kg	腹腔注射	轻度至中度镇静；对于大鼠仅有轻度镇静，而对于豚鼠可达深度镇静
	小鼠		肌内或腹腔注射	
	地鼠		腹腔注射	
	豚鼠		肌内或腹腔注射	
	沙鼠			
	家兔		静脉或肌内或腹腔注射	
赛拉嗪 Xylazine	大鼠	0.5～2mg/kg	肌内或腹腔注射	轻度镇静，轻度至中度镇痛；对于大鼠可达深度镇静
	小鼠	1～3mg/kg	腹腔注射	
	地鼠	5～10mg/kg	肌内或腹腔注射	
	豚鼠	1～5mg/kg	肌内注射	
	沙鼠	2mg/kg		
	家兔	2～5mg/kg		

注：不同动物之间作用效果会有差异。

附表 11-8 啮齿类动物和家兔麻醉剂用量（Flecknell, 2016）

药物名称	动物	剂量	用法	作用	麻醉时间/min	沉睡时间/min
阿法沙龙 Alphaxalone	大鼠	10mg/kg	静脉注射	外科麻醉	5	10
	小鼠					
阿法沙龙/阿法多龙 Alphaxalone/alphadolone	大鼠	6~9mg/kg	静脉注射	固定；对地鼠有一定麻醉作用，对家兔有轻度麻醉，对大小鼠可达外科麻醉	5	10
	小鼠	10~15mg/kg				
	地鼠	150mg/kg			20~60	120~150
	豚鼠	40mg/kg			—	90~120
	沙鼠	80~120mg/kg			—	60~90
	家兔	6~9mg/kg			5~10	10~20
α-氯醛糖 Alpha-chloralose	大鼠	55~65mg/kg	腹腔注射	轻度麻醉；对于地鼠仅有固定作用，对于豚鼠可达中度麻醉，家兔可达外科麻醉	480~600	地鼠为180~240，其余动物只适用于非存活实验
	小鼠	100~120mg/kg			300~420	
	地鼠	80~100mg/kg			—	
	豚鼠	70mg/kg	静脉注射		180~600	
	家兔	80~100mg/kg	静脉注射		360~600	
埃托啡/甲基三甲嗪（Immobilon）+咪达唑仑 Etorphine/methotrimeprazine (Immobilon)+midazolam	大鼠	0.5 mL/kg	皮下注射	外科麻醉，对家兔有严重的呼吸抑制	60~70	120~240
	家兔	0.05 mL/kg + 1mg/kg	肌内注射 静脉注射		50~100	180~240
芬太尼/氟尼松+地西泮 Fentanyl/fluanisone +diazepam	大鼠	0.6 mL/kg+2.5mg/kg	腹腔注射	外科麻醉	20~40	120~240
	小鼠	0.4 mL/kg+5mg/kg			30~40	
	地鼠	1 mL/kg + 5mg/kg			20~40	60~90
	豚鼠	1.0 mL/kg + 2.5mg/kg			45~60	120~180
	沙鼠	0.3 mL/kg + 5mg/kg			20	60~90
	家兔	0.3 mL/kg + 1~2mg/kg	肌内注射 静脉或肌内或腹腔注射		20~40	60~120

续表

药物名称	动物	剂量及用法		作用	麻醉时间/min	沉睡时间/min
芬太尼/氟尼松/咪达唑仑 Fentanyl/fluanisone/midazolam	大鼠	2.7mL/kg	腹腔注射	外科麻醉	30~40	120~240
	小鼠	10.0mL/kg				
	地鼠	4.0mL/kg			20~40	60~90
	豚鼠	8.0mL/kg			45~60	120~180
	沙鼠				20	60~90
	家兔	0.3mL/kg + 1~2mg/kg	肌内注射 静脉或腹腔注射		20~40	60~120
芬太尼+美托咪定 Fentanyl+medetomidine	大鼠	300μg/kg+300μg/kg	腹腔注射	外科麻醉	60~70	240~360
	家兔	8μg/kg+330μg/kg	静脉注射		30~40	60~120
硫仲丁比妥钠盐(硫代巴比妥) Inactin (thiobutobarbital)	大鼠	80mg/kg	腹腔注射	外科麻醉	60~240	120~300
氯胺酮+乙酰丙嗪 Ketamine+acepromazine	大鼠	75mg/kg+2.5mg/kg	腹腔注射	固定/麻醉;对于沙鼠仅有固定作用,对于大鼠可达轻度麻醉,兔可达外科麻醉	20~30	120
	小鼠	100mg/kg+5mg/kg				40~120
	地鼠	150mg/kg+5mg/kg			45~120	75~180
	豚鼠	100mg/kg+5mg/kg	肌内注射			90~180
	沙鼠	75mg/kg+3mg/kg	腹腔注射		—	60~90
	家兔	50mg/kg+1mg/kg	肌内注射		20~30	120~240
氯胺酮+右美托咪定 Ketamine+dexmedetomidine	大鼠	75mg/kg+0.25mg/kg	腹腔注射	外科麻醉;对于豚鼠、沙鼠达中度麻醉	20~30	60~120
	小鼠	75mg/kg+0.5mg/kg				60~120
	地鼠	100mg/kg+0.125mg/kg			30~60	30~60
	豚鼠	40mg/kg+0.25mg/kg			30~40	90~120
	沙鼠	75mg/kg+0.25mg/kg			20~30	
	家兔	15mg/kg+0.125mg/kg	肌内注射			60~90

续表

药物名称	动物	剂量	用法	作用	麻醉时间/min	沉睡时间/min
氯胺酮+地西泮 Ketamine + diazepam	大鼠	75mg/kg+5mg/kg	腹腔注射	固定/麻醉; 对于沙鼠仅有固定作用，对于大鼠可达轻度麻醉，对于家兔可达外科麻醉	20~30	120
	小鼠	100mg/kg+5mg/kg				60~120
	地鼠	70mg/kg+2mg/kg	肌内注射		30~45	90~120
	豚鼠	100mg/kg+5mg/kg			—	30~60
	沙鼠	50mg/kg+5mg/kg	腹腔注射		20~30	60~90
	家兔	25mg/kg+5mg/kg	肌内注射			
氯胺酮+美托咪定 Ketamine +medetomidine	大鼠	75mg/kg+0.5mg/kg	腹腔注射	外科麻醉; 对于豚鼠和沙鼠仅达中度麻醉	20~30	120~240
	小鼠	75mg/kg+1.0mg/kg				
	地鼠	100mg/kg+0.25mg/kg			30~60	60~120
	豚鼠	40mg/kg+0.5mg/kg			30~40	90~120
	沙鼠	75mg/kg+0.5mg/kg			20~30	
	家兔	15mg/kg+0.25mg/kg	皮下注射			60~90
氯胺酮+咪达唑仑 Ketamine + midazolam	大鼠	75mg/kg+5mg/kg	腹腔注射	固定/麻醉; 大鼠可达轻度麻醉	20~30	120
	小鼠	100mg/kg+5mg/kg				60~120
氯胺酮+赛拉嗪 Ketamine + xylazine	大鼠	75~100mg/kg+10mg/kg	腹腔注射	外科麻醉, 对于沙鼠只有固定作用	20~30	120~240
	小鼠	80~100mg/kg+10mg/kg				60~120
	地鼠	200mg/kg+10mg/kg			30~60	90~150
	豚鼠	40mg/kg+5mg/kg			30	90~120
	沙鼠	50mg/kg+2mg/kg			—	20~60
	家兔	35mg/kg+5mg/kg	肌内注射		25~40	60~120

续表

药物名称	动物	剂量及用法	用法	作用	麻醉时间/min	沉睡时间/min
氯胺酮 + 赛拉嗪 + 乙酰丙嗪 Ketamine + xylazine + acepromazine	大鼠	40 ~ 50mg/kg +2.5mg/kg +0.75mg/kg	肌内注射	外科麻醉	30 ~ 40	60 ~ 120
	小鼠	80 ~ 100mg/kg +10mg/kg +3mg/kg	腹腔注射			
	家兔	35mg/kg+5mg/kg+1.0mg/kg	肌内注射		45 ~ 75	100 ~ 150
氯胺酮 + 赛拉嗪 + 布托啡诺 Ketamine+xylazine+butorphanol	家兔	35mg/kg + 5mg/kg+0.1mg/kg	肌内注射	外科麻醉	60 ~ 90	120 ~ 180
美托咪定/咪达唑仑/芬太尼 Medetomidine/midazolam/fentanyl	大鼠	10 ~ 15mg/kg	静脉注射	外科麻醉；对于豚鼠仪有固定作用	5	10
	小鼠	10mg/kg	腹腔注射			20
	豚鼠	31mg/kg			—	
美素比妥 Methohexital	家兔	10 ~ 15mg/kg	静脉注射		4 ~ 5	5 ~ 10
美托咪酯/芬太尼 Metomidate/fentanyl	小鼠	60mg/kg +0.06mg/kg	皮下注射	外科麻醉	40 ~ 60	90 ~ 120
	沙鼠	50mg/kg +0.05mg/kg			45 ~ 90	180 ~ 240
戊巴比妥 Pentobarbital	大鼠	40 ~ 50mg/kg	腹腔注射	固定/麻醉；对于大鼠可达轻度麻醉，家兔可达中度麻醉，沙鼠可达外科麻醉	15 ~ 60	120 ~ 240
	小鼠	50 ~ 90mg/kg			20 ~ 40	120 ~ 180
	地鼠				60 ~ 90	240 ~ 300
	豚鼠	37mg/kg				60 ~ 90
	沙鼠	60 ~ 80mg/kg			20	60 ~ 120
	家兔	30 ~ 45mg/kg	静脉注射		20 ~ 30	
丙泊酚 Propofol	大鼠	10mg/kg	静脉注射	外科麻醉；对于家兔仪达轻度麻醉	5	10
	小鼠	26mg/kg			5 ~ 10	10 ~ 15
	家兔	10mg/kg				

续表

药物名称	剂量及用法		作用	麻醉时间/min	沉睡时间/min
硫喷妥钠 Thiopental	大鼠	30mg/kg 静脉注射	外科麻醉	10	15
	小鼠	30~40mg/kg		5~10	10~15
舒泰 Zoletil50 (Tiletamine/zolezepam)	大鼠	40mg/kg 腹腔注射	固定；对地鼠有一定麻醉作用，对大鼠可达轻度麻醉	15~25	60~120
	小鼠	80mg/kg		—	—
	地鼠	50~80mg/kg		20~30	30~60
	豚鼠	40~60mg/kg 肌内注射		—	70~160
舒泰 Zoletil50+ 赛拉嗪 Tiletamine/zolazepam + xylazine	地鼠	30mg/kg +10mg/kg 腹腔注射	外科麻醉	30	40~60
三溴乙醇 Tribromoethanol	小鼠	240mg/kg 腹腔注射	外科麻醉	15~45	60~120
	沙鼠	250~300mg/kg		15~30	30~90

注：因为动物之间会有较大差异，麻醉的持续时间和沉睡时间（失去对位反射）仅作为一般指南。

附表 11-9 啮齿类动物和兔麻醉剂的拮抗剂的使用（Flecknell，2016）

药物名称	麻醉方案	剂量及用法	作用
阿替帕唑 Atipamezole	使用赛拉嗪、美托咪定或右美托咪定的任何方案	0.1～1mg/kg	肌内、腹腔、皮下或静脉注射	高特异性的 α_2- 肾上腺素受体拮抗剂；所需剂量根据所用的甲苯噻嗪、美托咪定或右美托咪定的剂量而异
丁丙诺啡 Buprenorphine	任何使用阿片类药物（例如芬太尼）的方案	0.01mg/kg 0.05mg/kg	静脉注射 腹腔或皮下注射	起效比布托啡诺和纳布啡慢，但镇痛作用更长
多沙普兰 Doxapram	所有麻醉剂	5～10mg/kg	肌内、腹腔或静脉注射	一般的呼吸兴奋剂
氟马西尼 Flumazenil	苯二氮卓类（例如咪达唑仑）	0.1～10mg/kg		剂量根据苯二氮卓的剂量而异；可能会发生镇定作用
布托啡诺 Butorphanol	任何使用阿片类药物（例如芬太尼）的方案	0.1mg/kg 1～2mg/kg	静脉注射 腹腔或皮下注射	几乎与纳洛酮一样快，可维持术后镇痛
纳洛酮 Naloxone	任何使用阿片类药物（例如芬太尼）的方案	0.01～0.1mg/kg	肌内、腹腔或静脉注射	逆止痛和呼吸抑制
育亨宾 Yohimbine	使用甲苯噻嗪、美托咪定或右美托咪定的任何方案	0.2mg/kg 0.5mg/kg	静脉注射 肌内注射	相对非特异性拮抗剂；不建议使用

附表 11-10　犬麻醉术前常用药（Flecknell，2016）

药物名称	剂量及用法	作用
乙酰丙嗪 Acepromazine	0.1 ～ 0.25mg/kg 肌内注射	轻度至中度镇静
乙酰丙嗪 / 丁丙诺啡 Acepromazine/buprenorphine	0.07mg/kg + 0.009mg/kg 肌内注射	深度镇静，固定，有一定的镇痛作用
阿托品 Atropine	0.05mg/kg 肌内或皮下注射	抗胆碱能
右美托咪定 Dexmedetomidine	5 ～ 40μg/kg 肌内、皮下或静脉注射	轻度至深度镇静，轻度至中度镇痛
甲氧麻黄嗪 Etorphine methotrimeprazine 'Immobilon SA'	0.5ml/kg 肌内注射	固定 / 镇痛
芬太尼 / 倍多罗尔 Fentanyl/dropiderol（Innovar-Vet）	0.1 ～ 0.15ml/kg 肌内注射	固定 / 镇痛
芬太尼 / 氟尼松（催眠） Fentanyl/fluanisone（Hypnorm）	0.1 ～ 0.2ml/kg 肌内注射	中度至深度镇静，中度镇痛
甘草酸 Glycopyrrolate	0.01mg/kg 静脉注射	抗胆碱能
美托咪定 Medetomidine	10 ～ 80μg/kg 肌内、皮下或静脉注射	轻度至深度镇静，轻度至中度镇痛
美托咪定 + 布托啡诺 Medetomidine+butorphanol	5 ～ 10μg/kg 肌内或皮下注射 + 0.1 ～ 0.5mg/kg 肌内注射	轻度至深度镇静，轻度至中度镇痛
赛拉嗪 Xylazine	1 ～ 2mg/kg 肌内注射	轻度至中度镇静，轻度至中度镇痛

注：不同动物之间作用效果会有差异。

附表 11-11　犬麻醉剂用量（Flecknell，2016）

药物名称	剂量及用法	作用	麻醉时间 /min	沉睡时间 /min
阿法沙龙 Alphaxalone	2mg/kg 静脉注射	外科麻醉	10 ～ 15	15 ～ 20
α- 氯醛糖 Alpha-chloralose	80mg/kg 静脉注射	轻度麻醉	360 ～ 600	只适用于非存活实验
氯胺酮 + 右美托咪定 Ketamine +dexmedetomidine	2.5 ～ 7.5mg/kg + 20 μg/kg 肌内注射	轻度至中度麻醉	30 ～ 45	60 ～ 120
氯胺酮 + 美托咪定 Ketamine +medetomidine	2.5 ～ 7.5mg/kg + 40 μg/kg 肌内注射	轻度至中度麻醉	30 ～ 45	60 ～ 120
氯胺酮 + 赛拉嗪 Ketamine + xylazine	5mg/kg 静脉注射 + 1 ～ 2mg/kg 静脉或肌内注射	轻度至中度麻醉	30 ～ 60	60 ～ 120
美索比妥 Methohexital	4 ～ 8mg/kg 静脉注射	外科麻醉	4 ～ 5	10 ～ 20
戊巴比妥 Pentobarbital	20 ～ 30mg/kg 腹腔注射	外科麻醉	30 ～ 40	60 ～ 240
丙泊酚 Propofol	5 ～ 7.5mg/kg 静脉注射	外科麻醉	5 ～ 10	15 ～ 30
硫喷妥钠 Thiopental	10 ～ 15mg/kg 静脉注射	外科麻醉	5 ～ 10	15 ～ 20

注：因为动物之间会有较大差异，麻醉的持续时间和沉睡时间（失去对位反射）仅作为一般指南。

附表 11-12　猫麻醉术前常用药（Flecknell，2016）

药物名称	剂量及用法	作用
乙酰丙嗪 Acepromazine	0.05 ～ 0.2mg/kg 肌内注射	轻度至中度镇静
乙酰丙嗪 + 丁丙诺啡 Acepromazine/buprenorphine	0.05mg/kg + 0.01mg/kg 肌内注射	深度镇静，固定
乙酰丙嗪 + 吗啡 Acepromazine +morphine	0.05mg/kg + 0.1mg/kg 肌内注射	深度镇静，固定
阿法沙龙 / 阿法多龙 Alphaxalone/alphadolone	9mg/kg 肌内注射	中度至深度镇静
阿托品 Atropine	0.05mg/kg 肌内或皮下注射	抗胆碱能
右美托咪定 Dexmedetomidine	40 μg/kg 皮下注射	轻度至深度镇静，轻度至中度镇痛
甘草酸 Glycopyrrolate	0.01mg/kg 静脉注射 0.05mg/kg 肌内注射	抗胆碱能
氯胺酮 Ketamine	5 ～ 30mg/kg 肌内注射 10 ～ 20mg/kg 口服	轻度至深度镇静，轻度至中度镇痛，肌内注射高剂量具有固定作用
美托咪定 Medetomidine	10 ～ 150 μg/kg 肌内或皮下注射	轻度至深度镇静，轻度至中度镇痛
哌替啶 Pethidine	3 ～ 5mg/kg 肌内或皮下注射	轻度镇静，轻度镇痛
赛拉嗪 Xylazine	1 ～ 2mg/kg 肌内或皮下注射	轻度至中度镇静，轻度至中度镇痛

附表 11-13　猫麻醉剂用量（Flecknell，2016）

药物名称	剂量及用法	作用	麻醉时间 /min	沉睡时间 /min
阿法沙龙 Alphaxalone	2 ～ 5mg/kg 静脉注射	外科麻醉	10 ～ 15	45 ～ 120
阿法沙龙 / 阿法多龙 Alphaxalone/alphadolone	9 ～ 12mg/kg 静脉注射 18mg/kg 肌内注射	外科麻醉	10 ～ 15	45 ～ 120
α- 氯醛糖 Alpha-chloralose	70mg/kg 腹腔注射 60mg/kg 静脉注射	轻度至中度麻醉	180 ～ 720	只适用于非存活实验
芬太尼 + 美托咪定 Fentanyl +medetomidine	0.01mg/kg + 20mg/kg 肌内注射	外科麻醉	—	300
氯胺酮 + 乙酰丙嗪 Ketamine +acepromazine	20mg/kg + 0.11mg/kg 肌内注射	外科麻醉	20 ～ 30	180 ～ 240
氯胺酮 + 右美托咪定 Ketamine +dexmedetomidine	7mg/kg + 40μg/kg 肌内注射	外科麻醉	30 ～ 40	180 ～ 240
氯胺酮 + 美托咪定 Ketamine +medetomidine	7mg/kg + 80μg/kg 肌内注射	外科麻醉	30 ～ 40	180 ～ 240
氯胺酮 + 美托咪定 + 丁烷醇 Ketamine+medetomidine + butorphanol	5mg/kg +80μg/kg + 0.4mg/kg 肌内注射	外科麻醉	30 ～ 40	180 ～ 240
氯胺酮 + 咪达唑仑 Ketamine + midazolam	10mg/kg + 0.2mg/kg 肌内注射	外科麻醉	20 ～ 30	180 ～ 240
氯胺酮 + 丙嗪 Ketamine+promazine	15mg/kg +1.12mg/kg 肌内注射	外科麻醉	20 ～ 30	180 ～ 240

药物名称	剂量及用法	作用	麻醉时间 /min	沉睡时间 /min
氯胺酮 + 赛拉嗪 Ketamine + xylazine	22mg/kg +1.1mg/kg 肌内注射	外科麻醉	20 ～ 30	180 ～ 240
美索比妥 Methohexital	4 ～ 8mg/kg 静脉注射	外科麻醉	5 ～ 6	60 ～ 90
戊巴比妥 Pentobarbital	20 ～ 30mg/kg 静脉注射	外科麻醉	60 ～ 90	240 ～ 480
丙烷 Propanidid	8 ～ 16mg/kg 静脉注射	外科麻醉	4 ～ 6	20 ～ 30
丙泊酚 Propofol	5 ～ 8mg/kg 静脉注射	外科麻醉	5 ～ 10	20
噻甲醛 Thiamylal	12 ～ 18mg/kg 静脉注射	外科麻醉	10 ～ 15	60 ～ 120
硫喷妥钠 Thiopental	10 ～ 15mg/kg 静脉注射	外科麻醉	5 ～ 10	60 ～ 120
舒泰 Zoletil50（Tiletamine/zolazepam）	47.5mg/kg + 7.5mg/kg 肌内注射	外科麻醉	20 ～ 40	

注：因为动物之间会有较大差异，麻醉的持续时间和沉睡时间（失去对位反射）仅作为一般指南。

附表 11-14　雪貂麻醉术前常用药（Flecknell，2016）

药物名称	剂量及用法	作用
乙酰丙嗪 Acepromazine	0.2mg/kg 肌内注射	中度镇静
阿托品 Atropine	0.05mg/kg 肌内或皮下注射	抗胆碱能
右美托咪定 Dexmedetomidine	5 ～ 40 μg/kg 肌内或皮下注射	轻度至深度镇静，轻度至中度镇痛
地西泮 Diazepam	2mg/kg 肌内注射	轻度镇静
芬太尼 / 氟尼松（催眠）Fentanyl/fluanisone（Hypnorm）	0.5 ml/kg 肌内注射	固定，镇痛效果良好
氯胺酮 Ketamine	20 ～ 30mg/kg 肌内注射	固定，有一定镇痛作用
美托咪定 Medetomidine	10 ～ 80μg/kg 肌内或皮下注射	轻度至深度镇静，轻度至中度镇痛
美托咪定 + 布托啡诺 Medetomidine +butorphanol	80μg/kg +0.2mg/kg 肌内或皮下注射	轻度至深度镇静，轻度至中度镇痛
赛拉嗪 Xylazine	0.1 ～ 0.5mg/kg 肌内或皮下注射	轻度至深度镇静，轻度至中度镇痛

注：不同动物之间作用效果会有差异。

附表 11-15　雪貂麻醉剂用量（Flecknell，2016）

药物名称	剂量及用法	作用	麻醉时间 /min	沉睡时间 /min
阿法沙龙 / 阿法多龙 Alphaxalone/alphadolone	8 ～ 12mg/kg 静脉注射	外科麻醉	10 ～ 15	20 ～ 30
	12 ～ 15mg/kg 肌内注射	轻度麻醉	15 ～ 30	60 ～ 90
氯胺酮 + 乙酰丙嗪 Ketamine +acepromazine	25mg/kg +0.25mg/kg 肌内注射	外科麻醉	20 ～ 30	60 ～ 120
氯胺酮 + 右美托咪定 Ketamine +dexmedetomidine	4 ～ 8mg/kg + 25 ～ 50μg/kg 肌内注射	轻度 外科麻醉	20 ～ 30	60 ～ 120
氯胺酮 + 地西泮 Ketamine + diazepam	25mg/kg + 2mg/kg 肌内注射	外科麻醉	20 ～ 30	60 ～ 120
氯胺酮 + 美托咪定 Ketamine +medetomidine	4 ～ 8mg/kg + 50 ～ 100μg/kg 肌内注射	轻度 外科麻醉	20 ～ 30	60 ～ 120

续表

药物名称	剂量及用法	作用	麻醉时间 /min	沉睡时间 /min
氯胺酮＋美托咪定＋丁烷醇 Ketamine+medetomidine +butorphanol	8mg/kg +80μg/kg + 0.2mg/kg 肌内注射	外科麻醉	20 ～ 30	60 ～ 120
氯胺酮＋赛拉嗪 Ketamine + xylazine	25mg/kg + 1 ～ 2mg/kg 肌内注射	外科麻醉	20 ～ 30	60 ～ 120
戊巴比妥 Pentobarbital	25 ～ 30mg/kg 静脉注射 36mg/kg i.p. 腹腔注射	外科麻醉	30 ～ 60	90 ～ 240

注：因为动物之间会有较大差异，麻醉的持续时间和沉睡时间（失去对位反射）仅作为一般指南。

附表 11-16　非人灵长类动物麻醉术前常用药（Flecknell，2016）

药物名称	剂量及用法	作用
乙酰丙嗪 Acepromazine	0.2mg/kg 肌内注射	中度镇静
阿法沙龙 / 阿法多龙 Alphaxalone/alphadolone	12 ～ 18mg/kg 肌内注射	深度镇静
阿托品 Atropine	0.05mg/kg 肌内或皮下注射	抗胆碱能
地西泮 Diazepam	1mg/kg 肌内注射	轻度至中度镇静
芬太尼 / 倍多罗尔 Fentanyl/dropiderol（Innovar-Vet）	0.3ml/kg 肌内注射	深度镇静，镇痛效果良好
芬太尼 / 氟尼松（催眠） Fentanyl/fluanisone（Hypnorm）	0.3ml/kg 肌内注射	深度镇静，镇痛效果良好
氯胺酮 Ketamine	5 ～ 25mg/kg 肌内注射	中度镇静，固定，具有一定的镇痛作用
美托咪定＋咪达唑仑＋芬太尼 Medetomidine +midazolam + fentanyl	20μg/kg + 0.5mg/kg +10μg/kg 肌内注射	深度镇静，固定，适用于恒河猴
赛拉嗪 Xylazine	0.5mg/kg 肌内注射	轻度至中度镇静，具有一定的镇痛作用

注：不同动物之间作用效果会有差异。

附表 11-17　非人灵长类动物麻醉剂用量（Flecknell，2016）

药物名称	剂量及用法	作用	麻醉时间 /min	沉睡时间 /min
阿法沙龙 / 阿法多龙 Alphaxalone/alphadolone	10 ～ 12mg/kg 静脉注射 12 ～ 18mg/kg 肌内注射	外科麻醉 固定，麻醉	5 ～ 10 10 ～ 20	10 ～ 20 30 ～ 50
氯胺酮＋右美托咪定 Ketamine +dexmedetomidine	5mg/kg + 25μg/kg 肌内注射	外科麻醉	30 ～ 40	60 ～ 120
氯胺酮＋地西泮 Ketamine + diazepam	15mg/kg + 1mg/kg 肌内注射	外科麻醉	30 ～ 40	60 ～ 90
氯胺酮＋美托咪定 Ketamine +medetomidine	5mg/kg + 50μg/kg 肌内注射	外科麻醉	30 ～ 40	60 ～ 120
氯胺酮＋赛拉嗪 Ketamine + xylazine	10mg/kg +0.5mg/kg 肌内注射	外科麻醉	30 ～ 40	60 ～ 120
美索比妥 Methohexital	10mg/kg 静脉注射	外科麻醉	4 ～ 5	5 ～ 10
戊巴比妥 Pentobarbital	25 ～ 35mg/kg 静脉注射	外科麻醉	30 ～ 60	60 ～ 120

续表

药物名称	剂量及用法	作用	麻醉时间 /min	沉睡时间 /min
丙泊酚 Propofol	7 ～ 8mg/kg 静脉注射	外科麻醉	5 ～ 10	10 ～ 15
硫喷妥钠 Thiopental	15 ～ 20mg/kg 静脉注射	外科麻醉	5 ～ 10	10 ～ 15

注：因为动物之间会有较大差异，麻醉的持续时间和沉睡时间（失去对位反射）仅作为一般指南。

附表 11-18　猪麻醉术前常用药（Flecknell，2016）

药物名称	剂量及用法	作用
乙酰丙嗪 Acepromazine	0.2mg/kg 肌内注射	中度镇静
阿法沙龙 / 阿法多龙 Alphaxalone/alphadolone	6mg/kg 肌内注射	镇静
阿托品 Atropine	0.05mg/kg 肌内或皮下注射	抗胆碱能
氮杂哌酮 Azaperone	5mg/kg 肌内注射	中度至深度镇静
地西泮 Diazepam	1 ～ 2mg/kg 肌内注射	轻度至中度镇静
氯胺酮 Ketamine	10 ～ 15mg/kg 肌内注射	镇静，固定
氯胺酮 + 乙酰丙嗪 Ketamine/acepromazine	22mg/kg + 1mg/kg 肌内注射	固定
氯胺酮 + 美托咪定 Ketamine/medetomidine	5mg/kg + 0.03 ～ 0.08mg/kg 肌内注射	固定
美托咪酯 Metomidate	2mg/kg 肌内注射	中度至深度镇静
舒泰 Zoletil50（Tiletamine+Zolezepam）	2 ～ 4mg/kg 肌内注射	中度至深度镇静

注：不同动物之间作用效果会有差异。

附表 11-19　猪麻醉剂用量（Flecknell，2016）

药物名称	剂量及用法	作用	麻醉时间 /min	沉睡时间 /min
阿法沙龙 Alphaxalone	1 ～ 2mg/kg 静脉注射（肌内注射 1 ～ 2mg/kg 氮杂哌酮之后）	外科麻醉	5 ～ 10	15 ～ 20
阿法沙龙 / 阿法多龙 Alphaxalone/alphadolone	6mg/kg 肌内注射	固定	—	10 ～ 20
	之后再静脉注射 2mg/kg	外科麻醉	5 ～ 10	15 ～ 20
氮杂哌酮 + 美托咪酯 Azaperone +metomidate	5mg/kg 肌内注射 +3.3mg/kg 静脉注射	轻度到中度麻醉	30 ～ 40	60 ～ 90
氯胺酮 Ketamine	10 ～ 15mg/kg 肌内注射	镇静、固定	20 ～ 30	60 ～ 120
氯胺酮 + 乙酰丙嗪 Ketamine +acepromazine	22mg/kg +1.1mg/kg 肌内注射	轻度麻醉	20 ～ 30	60 ～ 120
氯胺酮 + 地西泮 Ketamine + diazepam	10 ～ 15mg/kg + 0.5 ～ 2mg/kg 肌内注射	固定 / 轻度麻醉	20 ～ 30	60 ～ 90
氯胺酮 + 美托咪定 Ketamine +medetomidine	10mg/kg + 0.08mg/kg 肌内注射	固定 / 轻度麻醉	40 ～ 90	120 ～ 240
氯胺酮 + 咪达唑仑 Ketamine + midazolam	10 ～ 15mg/kg + 0.5 ～ 2mg/kg 肌内注射	固定 / 轻度麻醉	20 ～ 30	60 ～ 90
美索比妥 Methohexital	5mg/kg 静脉注射	外科麻醉	4 ～ 5	5 ～ 10

续表

药物名称	剂量及用法	作用	麻醉时间 /min	沉睡时间 /min
戊巴比妥 Pentobarbital	20 ～ 30mg/kg 静脉注射	轻度至外科麻醉	15 ～ 60	60 ～ 120
丙泊酚 Propofol	2.5 ～ 3.5mg/kg（6 ～ 8mg/kg 如果没有术前用药）静脉注射	外科麻醉	5 ～ 10	10 ～ 20
硫喷妥钠 Thiopental	6 ～ 9mg/kg 静脉注射	外科麻醉	5 ～ 10	10 ～ 20
舒泰 Zoletil50 Tiletamine/zolazepam	2 ～ 4mg/kg 肌内注射 6 ～ 8mg/kg 肌内注射	固定 轻度麻醉	20 ～ 30 20 ～ 30	60 ～ 120 90 ～ 180
舒泰 Zoletil50+ 赛拉嗪 Tiletamine/zolezepam +xylazine	2 ～ 7mg/kg + 0.2 ～ 1mg/kg 肌内注射	轻度至中度麻醉	30 ～ 40	60 ～ 120

注：因为动物之间会有较大差异，麻醉的持续时间和沉睡时间（失去对位反射）仅作为一般指南。

附表 11-20　实验动物常用麻醉剂和精神药品分类

麻醉剂	
芬太尼 *	Fentanyl
埃托啡	Etorphine
哌替啶 *	Pethidine
氢吗啡酮 *	Hydromorphone
吗啡 *	Morphine
羟吗啡酮	Oxymorphone
哌替啶 *	Pethidine
第一类精神药品	
氯胺酮 *	Ketamine
丁丙诺啡 *	Buprenorphine
第二类精神药品	
布托啡诺及其注射剂 *	Butorphanol and its injection
纳布啡及其注射剂	Nalbuphine and its injection
喷他佐辛 *	Pentazocine
曲马多 *	Tramadol
地西泮 *	Diazepam
咪达唑仑 *	Midazolam
戊巴比妥 *	Pentobarbital

注：参照 2013 版《麻醉剂和精神药品品种目录》

品种目录有 * 的麻醉剂和精神药品为我国生产及使用的品种。

附表 11-21　麻醉剂、精神药品领取人员备案表

序号	部门	姓名	身份证号/工作证号	部门证明号	附件名称	领取人签名	药品管理人员签名

注：凡需领用麻醉剂品、精神药品的人员必须在实验动物设施备案，备案时要递交部门证明、领取人身份证/工作证复印件；未在实验动物设施备案的人员，不得领取此类药品。

附表 11-22　麻醉剂、精神药品使用领取专用登记表

序号	日期	取药人		事由	药　品						管理人		退空瓶	
		部门	姓名		批号	名称	有效期	剂量/只	数量	退还量	部门	姓名	数量	日期

附表 11-23　麻醉剂、精神药品剩余量销毁专用登记表

序号	部门	主持销毁人姓名	身份证号/工作证号	数量	编号	时间	地点	销毁人姓名	药品管理人员签名	备注

注：凡需销毁的麻醉剂品、精神药品必须是剩余余量的集中并有编号，必须有主持销毁、销毁人员和实验动物设施药品管理人员在场才能销毁并作好销毁记录和备案，备案时要有备案人员的身份证号/工作证号。

附表 13-1　终点矩阵（ Ashall and Millar，2014 ）

类型	定义	判定（研究前考虑如何实施）	察觉（研究过程由谁、何时、怎样实施）
科学终点	将已获得研究所需所有数据作为终点	必须获得的实验数据是什么？ 所需数据何时收集完成？ 科学终点对动物可能遭受的痛苦和成本收益有何影响？	由谁制定科学终点（如 PI）？ 何时开始监督实验数据收集情况？ 如何监督和报告实验结果？ 由谁做出达到科学终点的决定？
合理终点	通过成本效益分析，将允许动物承受的最高级别痛苦作为终点。 达到该级别痛苦时必须终止实验，无论科学终点是否达到	伦理审查中需分析成本效益。 实验开始前，确定允许动物承受的痛苦级别及其观察指标。 采取何种措施避免或减轻动物可能遭受的痛苦？	谁经过培训能识别动物遭受的痛苦？ 如何识别和报告合理终点？ 由谁做出结束实验的决定？ 采取了哪些减轻动物痛苦的措施？ 可使用哪些替代方法？
不可预见终点	由于动物遭受了与实验目的无关或事先未预测到的痛苦而判断的终点	除实验前预料到的痛苦外，其他常见疼痛和痛苦指标也必须检测。 以下两种情况必须终止实验：动物除遭受预料到的痛苦外还遭受意料之外的痛苦，导致其痛苦超出允许的成本效益；意料之外的痛苦干扰实验，影响科学终点	谁经过培训能识别动物遭受的痛苦（意料之外的）？ 由谁做出是否继续实验的决定（实验动物医师和动物福利审查者需重新分析成本效益并重新考虑合理终点）？ 哪些措施可减轻动物意料之外的痛苦？哪些替代方法可使用？

附表 13-2　不同实验动物疼痛、痛苦和不适的特殊表现（ Morton and Griffiths，1985 ）

动物种类	姿态或运动	声音	情绪	其他
大鼠	持续睡眠	抓取或按压受影响部位时尖叫	可能变得更温顺或更易怒	小鼠会扭动打滚，吃食幼崽
兔	看上去焦虑，面朝笼子（躲藏的姿势）	尖锐的叫声	踢、刮伤或反应迟钝	没有食物或水的泼洒；吃食幼崽
豚鼠	拖拉后腿	急促反复的尖叫	很少发怒；通常是平静的；表现出恐惧和不安	没有食物或水的泼洒
狗	焦虑的警视；寻找凉的平面；夹着尾巴；目光悲伤	狂吠、特殊声音尖叫	易怒或局促不安、极其顺从；失控	阴茎突起；频繁排尿
猫	蜷缩成一团	特殊的哭声或嘶嘶声，啐唾沫	耳朵耷拉；很怕被抓；畏缩	
猴	头部前倾，两臂身前交叉摆动	尖叫、惨叫	表情痛苦	

附表 13-3　动物疼痛和痛苦等级量化表（ Hendriksen and Morton，1998 ）

项目	评分	变量
体质量变化	0	正常
	1	不确定；体质量降低＜ 5%
	2	体质量降低 10%～15%；排便的量和粪便性状有变化
	3	体质量降低＞ 20%；不摄食、不饮水
体态	0	正常（被毛光滑，眼睛清亮）
	1	缺少梳理
	2	被毛凌乱，眼、鼻出现分泌物
	3	被毛极度凌乱，体态异常（如弓背），目光呆滞，瞳孔放大
可测量临床指标	0	正常（各项指标处于生理标准内）
	1	微小变化，有统计学意义

项目	评分	变量
可测量临床指标	2	体温变化 1～2℃，心率和呼吸频率加快达到30%
	3	体温变化＞2℃，心率和呼吸频率加快达到50%以上，或明显下降
行为	0	正常
	1	细微变化
	2	异常行为，活动性下降，警觉性下降，不活跃，离群
	3	无刺激时发声，自残，焦躁不安或长时间不动
对外界刺激的反应	0	正常（正常的刺激后反应行为）
	1	轻微抑郁或反应过度
	2	异常反应，行为适度改变
	3	对刺激反应强烈，或肌肉反应微弱，处于昏迷前期状态

附表 14-1　不同物种动物安乐死的药物和方法

方法	可接受的	条件性接受（辅助方法，见正文）
水生无脊椎动物	S6.3：浸入麻醉溶剂中（镁盐，丁香油，丁子香酚，乙醇）	S6.3：辅助方法（第二步）包括：70%乙醇，10%中性福尔马林，脑脊髓捣毁法，冷冻，煮沸
两栖动物	S7.3：视动物种类而定——按照说明注射巴比妥类药物、分离型麻醉药和麻醉剂；外用或注射 MS 222 缓冲液；外用苯佐卡因	S7.3：视动物种类而定——按照说明使用吸入麻醉剂，CO_2，系簧枪穿透或枪击，手动钝力击伤头部，小于 4g 的动物死亡后立刻快速冷冻
禽类（同家禽）	S5：静脉注射巴比妥类药物	S5：吸入麻醉剂，CO_2，CO，N_2，Ar，颈椎脱臼法（小型鸟和家禽），断头（小型鸟） S7.6：枪击（自由放养的鸟类）
猫	S1：静脉注射巴比妥类药物，过量注射麻醉剂、Tributame 及 T-61	S1：巴比妥类药物（更换给药途径），吸入过量麻醉剂，CO^*，CO_2^*，枪击[*]
牛	S3.2：静脉注射巴比妥类药物	S3.2：枪击，系簧枪穿透
犬	S1：静脉注射巴比妥类药物，过量注射麻醉剂、安乐死液 Tributame、安乐死液 T-61	S1：巴比妥类药物（更换给药途径），吸入过量麻醉剂，CO^*，CO_2^*，枪击[*]，系簧枪穿透[*]
有鳍鱼	S6.2：浸泡在苯佐卡因或盐酸苯佐卡因缓冲液中，异氟烷，七氟烷，硫酸喹哪啶，MS 222 缓冲液，2-苯氧乙醇，注射戊巴比妥，快速冷冻（适合种类），乙醇	S6.2：丁香子酚，异丁子香酚，丁香油，饱和CO_2，水，断头/断颈/钝力击晕后刺毁脑脊髓或放血，浸泡（研究设施），系簧枪（大鱼）
马科动物	S4：静脉注射巴比妥类药物	S4：系簧枪穿透，枪击
海洋哺乳动物	S7.5（圈养）：注射巴比妥类药物 S7.7（散养）：过量注射巴比妥类或麻醉剂	S7.5（圈养）：吸入麻醉剂 S7.7（散养）：枪击，钝力击伤，内爆去脑
非人灵长类	S2.3，S7.4：过量注射巴比妥类或麻醉剂	S2.3，S7.4（视动物种类而定）：吸入麻醉剂，CO，CO_2
家禽	S3.4：过量注射巴比妥类或麻醉剂	S3.4：CO_2，CO，N_2，Ar，低气压致晕，颈椎脱臼（视解剖结构而定），断头术，钝力击伤，电击，枪击，系簧枪穿透
兔	S2.4：静脉注射巴比妥类药物	S2.4：过量吸入麻醉剂，CO_2，颈椎脱位法（视解剖结构而定），系簧枪穿透，非系簧枪穿透
爬行动物	S7.3：视动物种类而定——按照说明注射巴比妥类药物/MS 222、分离型麻醉药、指定麻醉剂	S7.3：视动物种类而定——按说明吸入麻醉剂，CO_2，系簧枪穿透或枪击，手动钝力击伤头部，小于 4g 的动物死亡后立刻快速冷冻，脊髓分离/脑破坏（鳄鱼）

续表

方法	可接受的	条件性接受（辅助方法，见正文）
啮齿动物	S2.2：注射巴比妥类或巴比妥类组合、分离型麻醉药组合	S2.2：吸入麻醉剂，CO_2，CO，三溴乙醇，乙醇，颈椎脱位法，断头术，聚焦束微波辐射
小反刍兽	S3.2：注射巴比妥类药物	S3.2：CO_2（幼龄羊），枪击，系簧枪穿透，非穿透系簧枪（幼龄羊）
猪	S3.3：注射巴比妥类药物	S3.3：CO_2，CO，N_2，Ar，枪击，电击，穿透系簧枪，非穿透系簧枪（小猪），钝力击伤

注：* 不推荐作为常规方式使用。
引自 AVMA Guidelines for the Euthanasia of Animals: 2020 Edition.

附表 14-2　不可接受为安乐死主要方法的药剂和方式节选

药剂或方式	评论
空气栓塞	空气栓塞可能伴有抽搐、角弓反张和尖叫。如果要用，也只能用于麻醉后动物
窒息	机械性窒息（捂死、勒死、溺死）不可接受
燃烧	化学或热焚烧动物是一种不可接受的安乐死方式
水合氯醛	犬、猫、小型哺乳动物不可接受
氯仿	氯仿具有肝细胞毒性和疑似致癌性，因此对工作人员极具危险
氰化物	氰化物对人员极度危险，而且这种死亡方式极不美观
降压（不包括证明可实现安乐死的低气压晕厥）	降压作为安乐死方法不被接受，原因如下：①许多容器设计的降压速率是动物推荐最适速率的 15～60 倍，因此体腔内气体膨胀导致动物疼痛和痛苦；②幼龄动物对缺氧耐受，呼吸停止前需要较长降压时间；③可能会发生意外压力恢复和受伤动物的恢复；④无意识的动物可能会出血、呕吐、抽搐、排尿、排便
溺死	溺死不是一种安乐死的方法，而且是不人道的
放血	因为极端低血容量伴随的焦虑，放血作为单独的处死方式应仅用于无意识动物
甲醛	除海绵动物外，直接把动物浸泡于福尔马林中处死是不人道的
日用品和日用溶剂	丙酮、清洁剂、四元化合物（包括四氯化碳）、泻药、杀虫剂、二甲基酮、季铵产品、抗酸剂，以及其他没有明确设计用于治疗或安乐死的有毒物质都是不可接受的
低温	低温是一种不合适的安乐死方式
胰岛素	胰岛素引起低血糖，在低血糖发作前可导致相当大的痛苦（行为改变、易怒、定向障碍），这可能导致也可能不会导致死亡
硫酸镁，氯化钾	不可用于清醒脊椎动物的安乐死药剂
钝力击头	除仔猪和小型实验动物外，一般不被接受。尽可能用其他方法替代钝力击头
神经肌肉阻断剂（尼古丁、硫酸镁、氯化钾和所有的类箭毒药物）	这些药物单独使用时都会在动物失去意识前导致呼吸停止，因此动物在不动之后仍能感受到疼痛和痛苦
快速冷冻	快速冷冻作为单独的安乐死方式是不人道的，小于 4g 的爬行动物、两栖动物和小于 5 日龄的晚熟啮齿类动物死亡后立刻冷冻除外。其他情况下，应先处死动物或使动物无意识再冷冻（有鳍鱼的速冷不属于快速冷冻）
士的宁	士的宁会造成剧烈的抽搐和痛苦的肌肉收缩
胸廓压迫	不可用于清醒动物

注：引自 AVMA Guidelines for the Euthanasia of Animals: 2020 Edition.

附表 14-3   AVMA 动物安乐死指南图片: 2020 版

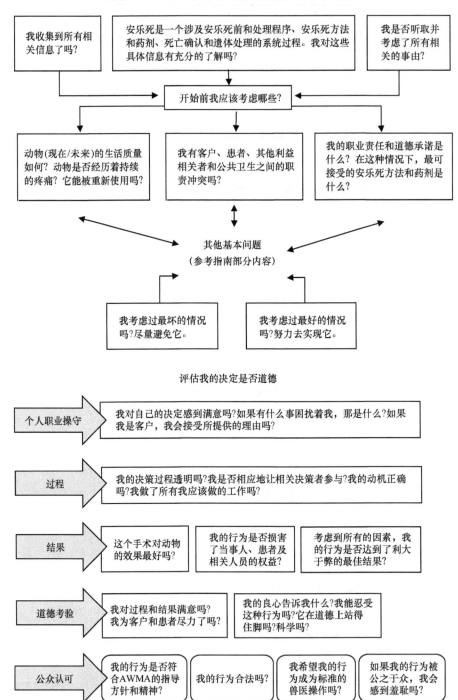

（修改自 bio-graphix.com）

实验动物科学丛书

Ⅸ 实验动物工具书系列

中国实验动物学会团体标准汇编及实施指南（第一卷）（3，978-7-03-053996-0）

中国实验动物学会团体标准汇编及实施指南（第二卷）（4，978-7-03-057592-0）

中国实验动物学会团体标准汇编及实施指南（第三卷）（6，978-7-03-060456-9）

中国实验动物学会团体标准汇编及实施指南（第四卷）（12，978-7-03-064564-7）

中国实验动物学会团体标准汇编及实施指南（第五卷）（17，978-7-03-069226-9）

中国实验动物学会团体标准汇编及实施指南（第六卷）（18，978-7-03-071868-6）

毒理病理学词典（9，918-7-03-063487-0）